근대 인천화교의 사회와 경제

— 인천화교협회소장자료를 중심으로

이 도서는 2009년도 정부(교육과학기술부)의 재원으로 한국연구재단의 지원을 받아 출판되었음(NRF-2009-362-A00002).

중국관행 자료총서 06

근대 인천화교의

사회와 경제

인천화교협회소장자료를 중심으로

韓國仁川華僑協會·국립인천대학교 중국학술원 공동기획

이정희·송승석 저

學古房

『중국관행자료총서』 간행에 즈음하여

한국의 중국연구가 한 단계 심화되기 위해서는 무엇보다 중국사회 전반에 강하게 지속되고 있는 역사와 전통의 무게에 대한 학문적 · 실증적 연구로부터 출발해야 할 것이다. 역사의 무게가 현재의 삶을 무겁게 규정하고 있고, '현재'를 역사의 일부로 인식하는 한편 자신의 존재를 역사의 연속선상에서 발견하고자 하는 경향이 그 어떤 역사체보다 강한 중국이고 보면, 역사와 분리된 오늘의 중국은 상상하기 어렵다. 따라서 중국문화의 중층성에 대한 이해로부터 현대 중국을 이해하고 중국연구의 지평을 심화 · 확대하는 연구방향을 모색해야 할 것이다.

근현대 중국 사회 · 경제관행의 조사 및 연구는 중국의 과거와 현재를 모두 잘 살펴볼 수 있는 실사구시적 연구이다. 그리고 이는 추상적 담론이 아니라 중국인의 일상생활을 지속적이고 안정적으로 제어하는 무형의 사회운영시스템인 관행을 통하여 중국사회의 통시적 변화와 지속을 조망한다는 점에서, 인문학적 중국연구와 사회과학적 중국연구의 독자성과 통합성을 조화시켜 중국연구의 새로운 지평을 열 수 있는 최적의 소재라 할 수 있을 것이다. 중층적 역사과정을 통해 형성된 문화적 · 사회적 · 종교적 · 경제적 규범인 사회 · 경제관행 그 자체에 역사성과 시대성이 내재해 있으며, 관행은 인간의 삶이 시대와 사회의 변화에 역동적으로 대응하는 양상을 반영하고 있다. 이 점에서 이러한 연구는 적절하고도 실용적인 중국연구라 할 것이다.

『중국관행자료총서』는 중국연구의 새로운 패러다임을 세우기 위한 토대 작업으로 기획되었다. 객관적이고 과학적인 실증 분석이 새로운 이론을 세우는 출발점임은 명확하다. 특히 관행연구는 광범위한 자료의 수집과 분석이 결여된다면 결코 성과를 거둘 수 없는 분야이다. 향후 우리 사업단은 이 분야의 여러 연구 주제와 관련된 자료총서를 지속적으로 발간할 것이며, 이를 통하여 그 성과가 차곡차곡 쌓여 가기를 충심으로 기원한다.

2015년 2월

인천대학교 중국학술원
HK중국관행연구사업단
단장 장정아

책을 내면서

1999년 10월 초 인천차이나타운을 처음으로 찾았다. '대구의 화교' 특집 기사를 쓰기 위해 기자의 신분으로 인천차이나타운을 취재한 것이다. '차이나타운'이라 해서 큰 기대를 하고 찾았건만 찾는 사람도 손님을 맞을 분위기도 없는 삭막한 거리 풍경에 큰 실망을 하고 돌아간 기억이 새롭다. 이것이 필자와 인천차이나타운 간의 인연의 시작이다.

그리고 2005년 8월 대구화교정착100주년 기념행사의 자료 조사와 행사 협조를 구하기 위해 소상원(蕭相瑗) 대구화교협회장과 함께 두 번째로 인천차이나타운을 방문했다. 당시는 일본 대학의 교수이자 화교 연구자의 신분으로 찾았다.

당시 만났던 분이 필명안(畢明安) 인천화교협회장, 류창룡(劉昌隆) 인천화교협회부회장, 양감민(楊鑑珉) 중화루 대표였다. 양감민 대표는 다정다감한 분으로 중화루에 우리를 초대하여 맛있는 중화요리를 대접해주신 것을 기억한다.

다시 10년 후인 2014년 8월 이번에는 인천대학교 중국학술원의 교수로서 인천차이나타운을 방문했다. 1999년, 2005년의 인천차이나타운을 기억하는 필자에게 차이나타운의 엄청난 변화에 놀라움을 금하지 않을 수 없었다. 인천차이나타운의 입구에는 패루가 세워져 있고, 상점과 식당은 육안으로도 금방 알 수 있을 정도로 늘었으며, 차이나타운을 찾는 관광객은 눈에 띄게 늘었다. 차이나타운이 너무 상업화된 경관으로 조성되고 있다는 비판도 없는 것은 아니지만 10년, 15년 이전을 기억하는 필자에게는 '신선한 충격'이었다.

그러나 10년 세월은 인간의 나이를 10살 더 먹게 한다. 양감민 중화루 대표는 아쉽게도 이 세상을 떠나고 계시지 않았다. 중화루는 손덕준(孫德俊) 인천차이나타운상가번영회 공동회장의 경영으로 바뀌었다. 필명안 당시 화교협회장은 지금 인천화교학교 동사장(董事長)을 맡고 있고, 류창륭 부회장은 변함없이 인천화교협회의 부회장으로서 협회의 '안주인' 역할을 하고 있다. 두 분이 아직도 현역으로 열심을 다해 인천화교 사회를 지탱하고 있는 모습을 보고 친근감과 감사의 마음을 느낀다.

이렇듯 필자는 인천, 인천화교와 무관한 사람이다. 그런데도 이렇게 근대 시기 인천화교의 사회와 경제에 관한 책을 쓰게 된 것은 다음과 같은 경위가 있기 때문이다. 필자가 지난해 8월 중국학술원에 부임한 직후, 중국학술원이 "인천화교협회소장자료"를 전수 조사하여 아카이빙하는 작업에 잠깐 참가할 기회가 있었다. 이미 전체 작업의 9할이 끝난 상태였으며, 인천화교협회에서 새로 보내어진 자료의 정리 작업을 도왔다. 이들 자료를 만져보는 순간 한국에도 이런 자료가 지금까지 남아있는 것이 신기하고 감사할 따름이었다.

사실 역사학의 연구는 자료 없이는 불가능하다. 15년간 화교 연구를 해 온 필자에게 자료는 생명처럼 소중한 것으로 여기고 있다. 따라서 "인천화교협회소장자료"가 없었다면 이 책의 출판은 있을 수 없는 것이다.

이것을 생각하면 이 책의 공저자인 송승석 교수님께 감사하지 않을 수 없다. 송 교수님은 인천화교협회와 오랜 기간 쌓아온 신뢰를 바탕으로 끈질긴 설득의 결과 지난 100년간의 "인천화교협회소장자료"를 전수 조사할 수 있게 되었으며 그 결과 연구 자료로 활용할 수 있게 된 것이다. 무엇보다 이들 자료를 지금까지 잘 보존하고 여러 어려움이 있는데도 불구하고 전수 자료 조사를 허락해준 인천화교협회 및 인천화교에 머리 숙여 감사드리고 싶다. 또한 자료의 디지털아카이빙 작업에 참가한 모든 연구보조원 여러분께도 감사의 말씀을 드린다.

필자는 인천화교에 관한 기존의 연구 성과나 일반 소개서에 잘못된 사실을 전하는 것을 자주 발견했다. 사회의 혼란의 근저에는 진실을 밝히려는 노력 부족과 진리를 경시하는 풍조가 있다. 인천차이나타운의 올바른 조성도 인천화교사회와 인천의 발전도 '온고이지신(溫故而知新)'에서 찾아야 한다. 우리가 과거의 화교 역사를 연구하는 이유는 바로 여기에 있다. 진리를 탐구하는 학자로서 잘못된 역사를 후세에 물려주는 것은 죄를 짓는 것이나 다름없다고 생각한다. 이 책은 이런 생각과 "인천화교협회소장자료"의 만남에서 탄생한 것이다.

그러나 "인천화교협회소장자료"의 해독은 쉽지 않았으며, 근대 시기 인천화교에 관한 가능한 한 많은 기초 자료를 실으려는 욕심 때문에 필자는 능력의 한계에 부딪쳤다. 그때마다 많은 분들의 도움으로 '위기'를 극복할 수 있었다.

송승석 교수님은 인천화교 관련 모르는 것이 있을 때마다 조언을 주셨고 관련 논문이나 책을 소개해 주셨다. 중국학술원의 이민주 선생님과 서은미 선생님은 집필 과정에서 많은 도움을 주셨으며, 스허단(史賀丹) 연구보조원은 이 책의 주요 참고 자료인 『인천중화상회 보고서』의 원문 타이핑을 해주셨다. 자료에 등장하는 수저우마(蘇州碼) 수자의 판독은 인천화교협회의 류창룽(劉昌隆) 부회장과 부극정(傅克正) 전 화교학교 교원의 조언을 받았다. 그리고 중국학술원의 가족 같은 분위기는 이 책을 집필하는데 무엇보다 큰 힘이 됐다. 신세진 모든 분들에게 깊은 감사의 말씀을 드린다.

마지막으로 이 책을 막상 세상에 내놓으려니 두려움이 앞선다. 화교를 비롯한 석학제현의 깊은 아량을 바란다.

2014년 5월 松島亭에서

이정희 씀

목 차

부록 289

그림 및 표 목차

범례(凡例)

1. 본서에서는 1945년 8월 이전의 국명, 지명, 민족명은 '조선'으로 통일한다.

2. 조선 개항기는 1876년 조선의 개항에서 일본제국주의에 의한 '한일합방' 직전까지의 시기를 가리킨다. 조선 식민지기는 '한일합방'부터 1945년 8월 15일 해방되기까지의 시기이다. 해방초기는 해방에서 한국전쟁 발발 때까지의 시기를 가리킨다.

3. 근대 조선 거주 중국인을 '조선화교'라 표기하며, 인천 거주의 중국인은 '인천화교'로 표기한다. 중국인 상인은 화상(華商), 중국인 농민은 화농(華農), 화교 노동자는 화공(華工)으로 표기한다.

4. 일본 통치 하에서 사용된, 오늘날에는 부적절한 국명, 지명, 사건명, 조직명은 사료 인용의 관계상 역사적 용어로서 괄호로 하지 않고 그대로 표기한다.

5. 서울의 표현은 '한일합방' 이전에는 한성(漢城), 식민지기는 경성(京城), 해방 후는 서울로 표기한다.

6. 조선화교 및 한국화교의 성명은 한글 한자음으로 통일하고 그 옆에 한자를 병기했다. 단, 조선 및 한국 주재 중국영사관원의 성명은 중국어 병음으로 통일하고 그 옆에 한자를 병기했다.

서

“인천화교협회소장자료”의 사료적 가치

1. 조선화교 연구의 사료

2000년대에 들어서면서 조선화교에 대한 연구는 국내는 물론이고 해외에서도 활발히 진행되고 있다. 이와 관련한 연구 성과를 소개하자면 별도의 논문이 필요할 정도로 많기 때문에, 여기서는 상세한 언급은 자제하기로 하겠다.[1]

최근 들어 이처럼 조선화교에 대한 연구가 활발해지게 된 데에는 '중국굴기(中國崛起)'라는 국제현실, 마이너리티에 대한 한국사회의 관심 그리고 무엇보다 지금껏 일반에 공개되지 않았거나 접근이 불가능했던 사료들이 새롭게 발굴, 발견되었기 때문이다.

1990년대까지만 해도 조선화교 연구에서 참고할 수 있는 자료라고 해봐야 타이완 중앙연구원 근대사연구소가 1972년 편집해 출간한 『청계중일한관계사료(淸季中日韓關係史料)』와 『구한국외교문서 · 청안(舊韓國外交文書 · 淸案)』 정도였다. 『청계중일한관계사료』는 청국정부 총리아문 당안(檔案) 내의 조선당(朝鮮檔)과 외무부 당안 중의 한일상무, 변무, 교민, 어염, 항운 등과 관련된 교섭 안건 등을 집성한 것이다. 총 11권 가운데 본문은 총 9권이고, 시기는 1864년에서 1912년 3월 13일까지이다. 이 중에는 조선화교 관련 문건도 다수 포함되어 있다. 따라서 개항장 내 화상의 상업 활동, 화상과 조선인 간의 마찰 및 충돌과 관련한 교섭 안건 등에 대한 연구는 대부분 이 사료를 근간으로 하고 있다. 그리고 고

1) 조선화교연구에 관한 성과는 참고문헌에 자세히 수록해 두었다. 참고하기 바란다.

려대학교 아세아문제연구소가 조선정부의 통리기무아문 및 외부(外部)가 주조선 청국외교기관과 교섭한 왕래문건을 연월일 순으로 정리해 1970년대에 출간한 것이 『구한국외교문서(舊韓國外交文書)』 가운데 8권~10권(총3권)인 이른바 『청안(淸案)』이다. 이 사료의 생성 시기는 1883년부터 대한제국의 외교권이 박탈당한 1905년 10월까지이다.

한편, 2000년대 들어 국내에서는 한중일의 근대시기 외교 사료의 공개와 디지털아카이빙이 급속히 진행되었다. 한국 국가기록원이 소장하고 있는 "조선총독부 외사과 문서"는 일제강점기 조선의 외국영사관과 왕래한 문서를 모아놓은 것으로, 이 중에는 주(駐)경성중국총영사관과 왕래한 문서도 다수 포함되어 있어 조선화교 연구의 기초 사료로 활용되고 있다.[2)]

타이완 중앙연구원 근대사연구소 당안관은 주(駐)조선 청국 및 중화민국의 공사관 및 각 영사관이 생성한 당안을 "주한사관당안(駐韓使館檔案)"이란 이름으로 2004년에 청말(淸末)시기, 2006년에 중화민국 시기 당안을 각각 디지털아카이브 형태로 공개했다. 이 사료는 베이징(北京)정부와 난징(南京)국민정부 시기의 당안이 총망라되어 있어 일제강점기 조선과 중국 간의 관계나 화교 연구에 더할 나위 없이 중요한 사료라 할 수 있다.[3)]

반면, 중일전쟁 시기인 1938년 1월 장제스(蔣介石) 국민당정부가 조선의 각 영사관을 폐쇄했기 때문에, "주한사관당안"에는 베이징임시정부와 왕징웨이(汪精衛) 난징국민정부 시기 조선의 영사관 당안은 포함되어

2) 진홍민, 왕은미(역) (2005), 「쟁점과 동향: 한국정부문서에 포함된 민국시기의 한, 중관계 관련 사료」, 『중국근현대사연구』제27집.

3) 이 사료에 관해서는 김희신 (2011), 「근대 한중관계의 변화와 외교당안의 생성: 『淸季駐韓使館保存檔』을 중심으로」, 『중국근현대사연구』제30집, 의 연구가 매우 상세하다.

있지 않다. 왕징웨이 난징국민정부 시기 주경성총영사관 및 각 영사관의 당안은 난징에 있는 중국 제2역사당안관에 소장되어 있다. 이 당안은 "왕위교무위원회당안(汪僞僑務委員會檔案)", "왕위외교부당안(汪僞外交部檔案)"등으로 보존되어 있다. 또한 일본 도쿄의 동양문고(東洋文庫)에는 왕징웨이 난징국민정부의 주일대사관 당안인 "중화민국국민정부(왕징웨이정권) 주일대사관당안(中華民國國民政府(汪精衛政權)駐日大使館檔案)"이 소장되어 있다. 이상의 사료는 모두 각 정부기관에 의해 발행된 공문서이다. 이외에도 최근 조선화교 연구에 많이 활용되고 있는 것으로는 서울대학교 규장각과 중앙도서관에 소장되어 있는 "동순태(同順泰)문서"가 있다. 동순태는 조선 최대의 화상으로 동아시아를 무대로 경영활동을 전개한, 지금으로 말하자면 종합상사였다. 서울대학교 규장각과 중앙도서관에 소장된 '동순태문서'는 총 66책에 달해, 이를 활용한 연구가 꾸준히 이루어지고 있다.[4)]

그런데 조선 및 한국의 화교단체가 기록한 사료가 대량으로 또 체계적으로 정리되어 조선화교 연구에 활용된 사례는 최근까지 전무했다. 조선화교의 사회단체 가운데 핵심적인 역할을 담당한 것은 중화상회(中華商會) 조직이며, 1938년에는 정치적인 목적이긴 하지만 전국적인 중화상회의 연합체인 '여선중화상회연합회(旅鮮中華商會聯合會)'가 결성되어 활동하고 있었다.

조선화교의 중화상회 조직은 화교 대중과 주조선영사관 및 중국정부의 가교역할을 담당함으로써 지역 화교사회가 안고 있는 다양한 대내

4) "동순태문서"의 사료적 가치에 대해서는 다음의 두 연구가 상세하다. 강진아 (2007), 「동아시아경제사 연구의 미답지: 서울대학교 중앙도서관 고문헌자료실 소장 朝鮮華商 同順泰號關係文書」, 『동양사학연구』100. ; 石川亮太 (2004), 「ソウル大學校藏 『同泰來信』の性格と成立過程: 近代朝鮮華僑研究の手がかりとして」, 『東洋史論集』32, 九州大學東洋史硏究會.

의 문제를 해결했다. 조선의 중화상회는 민단(民團)의 역할과 상공회의소의 역할을 겸했으며, 화교 관련 각종 문제 해결을 위해 본국의 영사관은 물론이고 조선의 각 지역 행정기관과 교섭활동을 펼쳤다. 따라서 중화상회의 각종 사무자료는 조선화교 연구의 1차 사료로서 그 가치는 매우 높다고 할 수 있다.

또한 중화상회 조직은 조선을 비롯한 해외지역뿐만 아니라 중국 각지에도 존재했기 때문에, 근대 중국의 사회조직 및 그것의 해외 현지화에 관한 비교연구에도 상당한 기여를 할 수 있을 것이다.

이번에 인천대학교 중국학술원이 새롭게 발굴한 "인천화교협회소장자료"는 상기와 같은 의미에서 조선화교 연구뿐 아니라 근대 중국 상회 연구에도 큰 공헌을 할 것으로 기대된다.

2. "인천화교협회소장자료"의 현황

인천대학교 중국학술원과 인천화교협회는 2013년 11월 12일 동 협회 소장 미공개자료 전수조사 및 전산화 작업을 위한 정식 조사업무 협약을 체결했다. 한국의 각 지역 화교협회 가운데 이처럼 소장 자료 전체를 연구기관에 공개한 것은 국내 최초라 할 수 있다.

중국학술원과 인천화교협회는 이 협약체결을 계기로 동 자료에 대해 본격적인 조사 작업에 착수했다. 중국학술원 소속 인원 24명이 약 1년 동안 자료취합 및 클리닝 → 분류 및 목록작성 → 디지털화(스캐닝, 사진촬영, 이미지보정) → 자료보존처리 바인딩 → 라벨부착 및 진공포장 → 수장고 설치 작업을 순차적으로 진행, 역사의 창고에서 오랜 기간 잠자고 있던 '자료'를 연구자들이 활용할 수 있는 '사료'의 형태로 다시 탄생시켰다.

중국학술원이 자료 전수조사 및 전산화 작업을 한 결과, 현재까지 파악된 사료는 문헌사료 약 1,300건(잡지 및 책 포함), 비문헌사료(지도, 인감, 사진) 약 600건에 달한다. "인천화교협회소장자료"는 현 인천화교협회의 전신인 인천중화회관, 인천중화상무총회, 인천중화총상회, 인천화상상회, 인천중화상회, 인천화교자치구공소, 인천화교자치회, 인천화교자치구, 그리고 인천화교협회의 명칭으로 생성된 것이다.

"인천화교협회소장자료"의 자료 생성기간은 가장 빠른 것이 1905년이며 약 100년간에 걸쳐 있다. 인천대학교 중국학술원은 동 자료 가운

데 1905년부터 1949년까지의 근대시기 문헌 및 비문헌 사료의 검토를 마쳤다. 생성 기관과 일자가 분명한 문헌 및 비문헌 사료를 표로 정리한 것이 **|부표1-1|**과 **|부표1-2|**이다.

|부표1-1|은 근대시기 문헌사료 목록이다. 사료의 건수는 총67건이다. 문헌 생성 시기는 1905년부터 1949년까지이다. 시기별로 보면 1905~1909년이 3건, 1910~1919년이 51건, 1920~1929년이 5건, 1930~1939년이 7건 그리고 1940년대 1건이다. 전체문헌 67건 가운데 1910년대가 76%로 절대적으로 많았다.

1920년대, 1930년대, 1940년대 문헌이 이처럼 상대적으로 적게 남아있는 것은 이 시기에 인천중화상무총회 및 화상상회가 문서를 생성하지 않아서 그런 것이 아닐 것이다. 인천화교의 경제는 1920년대 가장 번성하고 인구도 가장 많은 시기였다. 난징국민정부의 성립 및 국민당 인천직속지부의 성립은 1920년대 말에 이뤄지기 때문에 많은 문헌이 생성되었을 것이다. 그것은 인천영사관 및 인천판사처가 경성총영사관 및 본국의 외교부에 보고한 당안은 상당부분이 인천중화상무총회와 화상상회의 조사 자료를 근거로 한 것이기 때문이다.

또한 한국전쟁 발발 후 인천상륙작전으로 구(舊) 청국조계가 연합군의 함포 사격으로 큰 피해를 입었다고 하지만 사실은 그렇지 않았다. 당시 인천중화상회 겸 남한화교자치인천구공소의 건물은 전혀 피해를 입지 않았으며 피해를 입은 화교 주택도 많지 않았다고 한다.5) 그렇다면 1920~1940년대의 문헌은 소실된 것은 아닐 것이며, 어떤 정치적 이유나 자료 보관의 미비로 처분되었을 수도 있다.

|부표1-2|는 동 소장 자료 가운데 근대시기의 사진 및 인감 자료를

---

5) 2014년 11월 13일 인천차이나타운에 있는 풍미(豊美)식당에서 미국에서 일시 귀국한 한중정(韓中正)씨 인터뷰. 한중정 씨는 1944년 인천차이나타운에서 출생했다.

중심으로 한 목록이다. 비문헌자료 건수는 총 18건이다. 이 가운데 사진 자료가 16건, 인감 자료가 2건이다. 사진은 1910년대가 1장, 1920년대가 2장, 1930년대가 12장, 1940년대가 3장이다. 1930년대의 사진이 전체의 75%로 가장 많다. 이 시기의 사진은 산동동향회의 증축 기념, 난징국민정부 칭다오(青島)함대 소속 군함인 해잔호(海琖號)의 인천항 방문기념[6], 1931년 7월 인천배화사건 관련 사진이다. 그리고 인감 자료는 1929년부터 1945년까지 인천화교협회의 전신인 인천화상상회(仁川華商商會) 그리고 1945년 말 인천화상상회에서 개칭된 '인천중화상회'의 인감이다.

6) 「中國軍艦來仁」, 『매일신보』, 1931년 6월 7일.

3. "인천화교협회소장자료"의 사료적 가치

여기서는 이들 소장 자료가 인천화교 및 조선화교 그리고 근대 중국의 상회(商會) 연구에 있어 어떤 사료적 가치가 있는지 8가지 주제로 분류해 간단히 소개해보기로 하겠다.

(1) 청국조계 관련문서

청국조계 관련 문서는 **|부표1-1|**의 2, 3, 4, 36, 62의 자료이다. 인천의 청국조계와 관련된 기존의 연구는 대부분 그것의 성립과정과 개요를 설명하는데 역점이 두어져 있다. 반면, 청국조계의 운영이나 분포에 관한 구체적인 연구는 미미한 편이라 할 수 있다. 아마도 이는 관련 자료의 부족에 따른 어쩔 수 없는 결과라 할 수 있을 것이다. 이렇게 볼 때, 상기 자료가 새롭게 발견되었다는 것은 청국조계에 대한 상세한 분석에 큰 밑거름이 될 수 있을 것으로 믿는다.

인천 청국조계는 1882년 10월 조선과 청국 간에 체결된 〈조청상민수륙무역장정(朝淸商民水陸貿易章程)〉 제4조에 근거해 1884년 4월 2일 맺은 〈인천구화상지계장정(仁川口華商地界章程)〉으로 구체화되었다.(부록4 장정 참조) 인천청국조계는 현재의 선린동과 북성동 일대 약 5천 평에 조성되었으며, 일제강점 직후인 1913년 11월 일본과 중국 간의 〈조선의 중화민국 거류지 폐지 협정〉에 의거해 1914년 3월말 폐지되었다. 약 30년간 존속한 셈이다.(부록4 협정 참조)

목록의 2번 자료인 '인천청국거류지지세표(仁川淸國居留地地稅表)'는 1908년 청국조계의 지주별 지세 일람표이다. 동순태(同順泰)를 비롯한 25명 지주의 성명, 면적 그리고 지세 금액이 조선화폐와 일본화폐로 분류 기재되어 있다. 25명의 지주 가운데 '동청철도(東淸鐵道)'라 기재된 것은 러시아가 만주에 건설한 동청철도이며, 이 철도는 러일전쟁 후 남만주지선은 일본에 할양되었다. 동청철도 회사가 청국조계에 242평(800㎡)의 땅을 임차하고 있었다는 것은 매우 흥미롭다.

3번 자료인 1908년의 '삼리채청상지지세(三里寨淸商地地稅)' 일람표는 청국조계가 화상 인구의 증가로 가득 차면서 위안스카이(袁世凱)의 요구로 설치된 새로운 조계이다. 당시 화상들은 삼리채 일대에 마련된 이 조계지를 기존의 청국조계(구계舊界)와 구분해 '신계(新界)'라 불렀다. 그러나 청일전쟁 직후, 청국정부가 조선정부와 맺은 모든 조약이 일방적으로 폐지되고, 화상들도 전란을 피해 잠시 귀국한 사이에 이 '신계'지역에는 조선인들이 들어와 초옥을 짓고 살게 되었다. 이는 훗날 화교 지주들이 조선인 가옥의 철거를 주장하게 되면서 양자 간에 분쟁의 빌미로 작용하기도 했다.[7] 그런데 1900년대 말기 '신계'가 어떻게 되었는지 지주 구성에 어떤 변화가 있었는지 명확하지 않았는데, 이 자료는 그러한 궁금증을 어느 정도 해소해 줄 수 있지 않을까 기대된다. 1908년 '신계'에는 22명의 지주가 총 66.22엔의 지세를 납부했다.

4번 자료인 '선통3년 윤6월 서횡가 · 중횡가 · 계후가 호구조사표(宣統三年閏六月西橫街 · 中橫街 · 界後街戶口調査表)'는 1911년 윤 6월(음력) 현재 청국

---

7) 李銀子 (2012), 「仁川三里寨 中國租界 韓民가옥철거 안건연구」, 『東洋史學硏究』 Vol.118.

조계 내의 서횡가(西橫街) · 중횡가(中橫街) · 계후가(界後街)에 거주하는 화교 호구 조사표이다. 그런데 전체 호수가 나오는 것이 아니라 서횡가 2호, 중횡가 3호, 계후가 1호 밖에 기재되어 있지 않다. 이것으로 볼 때 청국 조계는 그들이 정한 거리 명칭이 존재했다는 것을 알 수 있다. 세 개의 거리에 있던 화상의 상호는 쌍성태(雙盛泰), 화승당(華昇堂), 영순잔(榮順棧), 공화(公和)이며 이들 상호에 거주하는 점원의 성명과 원적이 나와 있다. 62번 자료 가운데에는 1935년 3월 현재 인천화교 부동산 조사표가 포함되어 있다. 이에 대해서는 제4장에서 자세히 다루고자 한다.

(2) 중화상회의 각종 장정(章程) 관련문서

중화상회의 각종 장정 관련 문서는 **|부표1-1|**의 22, 23, 59, 60 그리고 62~66이다. 자료 22와 23은 인천중화상무총회 장정 관련 문서이다. 이에 대해서는 제2장에서 자세히 검토하기로 하겠다. 자료 59와 60은 중화민국 난징국민정부가 1929년 8월 공포한 〈공상동업공회법(工商同業公會法)〉과 1930년 7월 공포한 〈공동동업공회법 시행세칙〉이다. 62~66은 조선 중화상회의 연합조직인 「여선중화상회연합회(旅鮮中華商會聯合會)」 관련 장정이다. 이에 대해서는 5장에서 구체적으로 검토하게 될 것이다. 조선 중화상회의 장정이 이처럼 원본 그대로 발견된 것은 인천중화상무총회와 여선중화상회연합회가 처음이 아닐까 한다.

(3) 중화상회의 위생, 의료, 소방 관련문서

중화상회의 위생, 의료, 소방 관련 문서는 **|부표1-1|**의 7, 14, 16, 19, 20, 49, 53이다.

7번 자료인 「쓰레기 및 오물 청소 계약서(塵芥及汚物掃除契約書)」는 1912년 4월 일본인 인천거류민단 이와사키(岩崎) 민장(民長)과 인천중화회관 동사(董事, 이사) 황석영(黃錫榮) 사이에 맺은 청국조계 인근인 경정(京町)과 신정(新町)에 거주하는 화교의 쓰레기(塵芥) 및 오물 청소에 관해 맺은 계약서이다. 이 계약서에 따르면, 인천중화회관은 동 지역의 쓰레기와 오물의 청소 및 운반을 담당해 처리할 것, 그 비용으로 매월 말일까지 20엔을 거류민단에 지불할 것, 계약기간은 1912년 4월 1일부터 1913년 3월 31일까지로 되어 있다.

인천 일본거류지의 인천거류민단은 1906년 인천 이사청(理事廳)의 권고로 거류지의 청결을 유지하고 전염병 예방을 목적으로 위생조합을 조직했다. 일본거류지를 20개의 위생조합구역으로 구분하고 해당 구역 내 거주하는 호구는 모두 조합원으로 가입해야 했고, 선출된 위원은 상시 자기의 관할 구역을 순찰해 전염병의 예방, 급수나 배수를 위한 도랑, 하수의 청소 감독 등을 하고 있었다.[8] 이 자료와 『인천부사(仁川府史)』를 조합해 보면, 경정(京町)과 신정(新町)에 화교의 거주자가 많았으며, 이들은 쓰레기와 우물의 청소를 철저하게 하지 않아 문제가 된 것 같다.

인천중화회관은 이 비용을 지불하기 위해 화교주민에게 위생기부금을 거두고 있었던 것으로 보인다. 20의 「위생연단영수증급장정오관(衛生捐單領收證及章程五款)」은 화교 최풍산(崔風山), 범근남(范勤楠), 왕수령(王秀令)이 1913년 위생기부금을 낸 영수증 6장인데, 범근남의 경우에는 10월부터 12월까지 매월 30전을 낸 것으로 되어 있다.

인천중화회관은 일본인 의사와 의무촉탁계약(醫務囑託契約)을 체결해

8) 仁川府 編纂 (1933), 『仁川府史』, 548쪽.

청국조계 및 인천거주 화교에게 진단 및 치료의 서비스를 제공했다. 발견된 의무촉탁계약서 가운데 체결 일자가 가장 빠른 것은 1912년 9월 1일이며 1914년 9월 1일자 계약서도 있다.(자료 16) 동 계약서에는 계약기간을 1년으로 하고 매년 갱신하도록 되어 있다. 의무촉탁 금액은 연간 총 200엔으로 4분기 별로 각각 50엔씩 지급하는 것으로 되어 있다. 중화회관이 의무촉탁의에게 지불한 50엔의 영수증은 3장 보존되어 있으며, 그 영수증 발행일자는 1916년 9월, 1919년 7월, 1919년 10월이다. (자료 49, 52, 53)

중화회관과 의무촉탁 계약을 한 일본인 의사는 신정 3정목(新町三丁目)에 있던 다카기병원(高木病院) 원장인 다카기 스케이치(高木助市)였다. 다카기에 대해 상세히 알려진 것은 없으나, 도쿄의 메이지진구(明治神宮)의 신영(新營) 봉찬헌금의 인천부 기부자 중의 한 명이었고,[9] 1923년 인천부협의원(仁川府協議員) 선거에 출마했으며[10], 인천부 금곡리(金谷里)에 있던 조선인촌(주)(朝鮮燐寸(株))의 감사로 참여한 것[11]을 보면, 당시 인천부의 일본인 명망가였던 것으로 보인다.

또 하나 매우 흥미로운 점은, 중화회관이 전염병 환자를 격리 수용하는 피병원(避病院)을 설립했다는 사실이다. 조선 최초의 피병원은 1911년 한성위생회(漢城衛生會)의 주도로 설립된 순화원(順化院)으로 알려져 있는데, 그 3년 뒤에 화교 전용 피병원이 인천에 설립되었다는 것은 조선의학사에도 알려지지 않은 사실이어서 주목된다. 자료 37 「피병원방옥공사합동(避病院房屋工事合同)」은 중화회관이 화상 영창호(永昌號)와 피병원 건축공사와 관련해 맺은 가계약서이다. 이 자료 중에는 피병원의

---

9) 「경기봉찬헌금」, 『매일신보』, 1917년 3월 3일.
10) 「仁川府議　선거한 결과」, 『매일신보』, 1923년 11월 22일.
11) 中村資良 編 (1921), 『朝鮮銀行會社要錄』, 東洋經濟新報社, 41쪽.

설계도도 함께 포함되어 있다. 또한 자료 41 「피병원연금단(避病院捐金單)」은 피병원 건축 시, 화교 헌금자의 목록으로 많은 인천 화상들이 동참한 것을 확인할 수 있다.

여기서 문득 중화회관이 피병원을 왜 1914년에 설립했을까 하는 의문을 갖게 된다. 그 배경에는 1910~1911년 만주에서 발생한 페스트의 영향이 있었을 것으로 추정된다. 이 페스트로 인한 사망자는 6만여 명에 달했다.[12)]

당시 인천중화회관 및 중화상무총회 지도자 중의 한 명인 왕성홍(王成鴻)은 1894년 인천에 이주해 1911년 당시 만주의 페스트 방역작업에 기여한 공로로 동삼성총독(東三省總督)으로부터 은급 5품을 제수 받은 사실이 있다.[13)] 그는 이 방역과정에서 페스트의 위험을 누구보다 잘 알고 있었을 것이기 때문에 인천에 화교를 위한 피병원을 설립한 것은 아닐까 추측된다. 인천중화회관이나 인천거류민단 등이 상기와 같이 1910년대 초반 위생문제를 상당히 중요하게 받아들이고 대처한 데에는 만주에서 발생한 페스트의 영향이 클 것으로 짐작된다.

인천중화회관이 인천거류민단에 소방단의 기부금을 낸 자료도 확인되었다. 자료 18과 19는 1912년의 「소방비기부금영수증(消防費寄附金領收證)」이다. 이 영수증에 따르면, 중화회관이 거류민단에 지불한 소방단(消防團) 기부금은 연간 200엔으로 당시로서는 매우 큰 금액이었다. 1914년 4월 부제(府制) 실시로 인천거류민단은 해체되고 민단의 업무는 지방

12) 만주 페스트에 대해서는 다음의 연구를 참조 바람. 신규환 (2012), 「제1 · 2차 만주 폐페스트의 유행과 일제의 방역행정(1910-1921)」, 『醫史學』21-3. ; 신규환 (2014), 「제국의 과학과 동아시아 정치: 1910~11년 만주 페스트의 유행과 방역법규의 제정」, 『동방학지』167.

13) 그는 근대시기 인천화교의 유력한 지도자의 한 명이었다. 영어와 일본어에 능통했다. 1911年8月12日, 「添派王成鴻爲仁川華商董事並呈送履歷」, 『朝鮮檔』(02-19-011-02-018).

행정기관에 모두 이양되었기 때문에 1914년 이후의 소방비 기부금 관련 영수증은 동 소장 자료에서는 확인되지 않았다.

인천중화회관은 중화회관 건물에 대한 화재보험을 영국계 보험회사에 들었다. 자료 7은 1911년과 1913년 영국 보험회사인 "The North British & Mercantile Insurance Company"에 중화회관 건물에 대한 화재보험을 들고 있었는데, 중화회관의 보험금은 회관의 앞면 1,500엔, 뒷면 800엔, 왼쪽 측면 350엔, 오른쪽 측면 150엔으로 총 3천 엔이었다. 중화회관은 월 15엔을 보험금으로 동 회사에 납부하고 있었다.

(4) 중화상회의 등기증명 및 화교사회 규율 관련문서

중화상회의 등기증명 및 화교사회 규율 관련문서는 **|부표1-1|**의 15, 25, 28, 29이다.

중화회관 및 중화상무총회는 중국 국내의 말단 행정기관과 같은 역할을 수행했다. 화교사회의 규율을 바로잡고 조선의 국내법을 잘 준수하도록 교화하는 역할, 화교 간의 다툼을 중재하거나 공증하는 역할 등을 했다.

자료 15는 중화회관이 1912년 5월 4일 공포한 〈화상준수장정(華商遵守章程)〉이다. 이 장정은 한일합방 직후, 인천화교를 둘러싼 정치 환경의 변화에 중화회관이 어떻게 대처했는지 알려주는 귀중한 자료이다. 이 장정에는 화교가 지켜야 할 규칙 8개가 포함되어 있다.

앞에서 소개한 자료 20의 「위생연단영수증급장정오관(衛生捐單領收證及章程五款)」에 장정 5관은 바로 8개의 조항을 정리한 것으로 내용은 거의 동일하다. 중화회관은 교민들이 상기 장정을 잘 지키도록 위생연단의 영수증에 기재한 것이다.

화상의 상거래 당사자는 화상 뿐 아니라 조선인, 일본인 그리고 서양인으로 다양했다. 당시 상거래 계약에서 중요한 것은 인감으로, 이의 확인을 중화상무총회에 의뢰하는 사례도 꽤 있었던 것 같다. 자료 25의 「손윤령인감증명원(孫潤齡印鑑證明願)」은 인천부 부내면(府內面) 거주 조선인 손윤령이 중화상무총회의 정이초(鄭以初) 회장에게 자신의 인감이 이전과 같다는 것을 증명해 달라는 요망서이다. 특히 이 자료는 한자와 한글이 섞여 있어 매우 흥미롭다.

그리고 자료 28의 「원생동유화항상거래증명존근(源生東裕華恆商去來證明存根)」과 29의 「법순복유화항상거래증명존근(法順福裕華恆商去來證明存根)」은 화상 간의 거래에서 화물수송의 지체로 인한 피해 상황을 인천중화상무총회가 증명하는 문서이다.

(5) 중화상회의 국채매입 및 구제 관련문서

중화상회의 국채매입 및 구제 관련문서는 **|부표1-1|**의 17, 21, 42, 44, 46, 47이다.

인천중화회관 및 인천중화상무총회는 중화민국 건국 초기 궁핍한 재정으로 어려움을 겪고 있던 중화민국정부를 위한 모금활동에 참가하거나 국채매입에도 적극 참여했다는 문서가 동 소장자료에서 발견되었다.

자료 17의 「교거조선인천부국민연청책(僑居朝鮮仁川埠國民捐淸冊)」은 1912년 중화민국정부를 위해 인천화교가 기부한 '국민연(國民捐)'으로 자원옌(賈文燕) 인천영사가 100엔을 기부한 것을 비롯해 영사관원 및 화교 77명이 1,953.5엔을 모금했다. 이 국민연 모금운동은 황싱(黃興)의 제창으로 시작되어 중화민국정부는 세계 각지의 화교도 동참하도록 각국의 중국공사관 및 영사관에 연락했다. 주일 중국공사관에서 마팅량(馬廷良) 경성총영사에게 국민연 모금 참여 공문을 받은 것은 1912년 7월 3일이었고, 마 총영사는 즉시 조선의 각 영사관에 연락해 교민들도 동참하도록 했다.[14] 인천중국영사관은 이 연락을 받고 인천중화회관의 협조로 모금활동을 전개했을 것이다.

또한 인천화교는 1915년 이른바 중화민국의 '애국공채'를 매입했다. 자료44의 「구매공채성명수목(購買公債姓名數目)」은 1915년 4월 경 중화민국 국채를 구매한 인천화교의 성명과 금액 목록이다. 국채를 구매한 인원은 172명이며, 구매총액은 9,871.55엔에 달했다. 자료 46 「민국4년내국공채매입수거(民國四年內國公債買入收據)」는 매입한 국채의 이자를 적은 것이다. 상기 자료들을 통해, 인천화교들이 중화민국 건국 초기 '국민연(國民捐)' 모금운동과 국채 구매에 동참해 애국활동에 적극 참가하고 있었다는 것을 알 수 있다.

동 소장 자료 가운데에는 구제 관련문서도 포함되어 있다. 자료 21 「왕전석구제안(王田錫救濟案)」은 1913년 경상북도 김천군에 잡화점을 개설한 왕전석이란 화교가 수재(水災)로 인해 막대한 재산상의 피해를 입고 귀국하기위해 인천 소재 인합동잔(仁合東棧)에 숙박하다 자신의 처지를 비관해 자살을 기도하다 큰 부상을 입고 병원에서 치료를 받고 있는 것을, 인합동잔이 그의 처지를 불쌍히 여겨 인천중화회관에 도움을 요청한 문서이다.

(6) 중화상회의 운영수지 관련문서

중화상회의 운영수지 관련문서는 **|부표1-1|**의 1, 24, 40, 45, 50, 51, 54이다.

동 소장자료 가운데 중화회관 및 중화상무총회의 운영 관련 수입과

14) 「民國國民捐」, 『매일신보』, 1912년7월4일.

지출을 기록한 장부가 다수 포함되어 있어 동 조직의 활동을 해명하는데 많은 도움을 줄 수 있을 것이다. 자료 1은 1905~1915년까지 중화회관의 직원 월급을 기록한 장부이다. 이 자료를 통해, 중화회관이 정식 직원 외에 소사, 청소부, 야경 등을 고용해 월급을 지급하고 있었다는 사실을 확인할 수 있다. 또한 중화회관 내에 화영학당(華英學堂)을 설립 운영하고 2명의 교사를 고용, 영어와 중국어를 가르치고 있었다는 것도 아울러 확인되었다. 자료 1은 10년이란 장기간에 걸쳐 직원에게 지급한 월급이 기재되어 있어 직원의 교체 상황도 면밀히 파악할 수 있다.

자료 40은 중화상무총회의 이재원(理財員)인 왕성홍(王成鴻)이 1914년 5월 15일부터 1918년 7월 4일까지 중화상회의 돈의 흐름을 기록한 장부이다. 자료 45는 인천의 일본인 상점인 하타노상점(波多野商店)이 인천중화회관에 판매한 물품을 기재한 장부이다. 동 회관은 사무용품이나 석탄 등을 동 상점에서 다량으로 구매한 것으로 나오는데, 이는 일본인 상인과의 관계를 해명하는데 도움을 줄 것이다. 자료 50은 중화상무총회지출장부(中華商務總會支出帳簿)로 1917년 1월부터 11월까지 각종 지출이 당좌예금수표(當座預金手票) 부본(副本)에 기재되어 남아있다.

자료 51은 중화상무총회의 수지장부로 1918~1923년 사이의 수입과 지출이 기재되어 있다. 자료 54는 중화상무총회의 회비와 인천화교소학교의 수입과 지출이 1919년 1월부터 12월까지 기재되어 있다. 이 장부는 특히 인천화교소학교의 운영 실태를 분석하는데 매우 중요한 기초 사료라고 할 수 있다.

(7) 중화상회의 당좌예금 관련문서

중화상회의 당좌예금 관련문서는 **|부표1-1|**의 8, 9, 38, 39, 48이다.

인천중화회관과 중화상무총회는 1910년대 주하치은행(十八銀行) 인천지점과 주로 거래한 것 같다. 주하치은행은 1877년 나가사키현(長崎縣)) 지방은행으로 설립되었고, 1878년 1월 업무를 개시했다. 동 은행은 1890년 10월 제1호 지점을 일본 국내가 아니라 인천에 설립하고 이후 조선 각지에 9개 지점을 설치, 조선 영업을 적극적으로 전개했다. 주하치은행 인천지점은 1936년 2월 조선총독부의 금융통제로 9개 지점을 모두 조선식산은행(朝鮮殖産銀行)에 양도하고 해산했다. 따라서 주하치은행 인천지점은 약 45년간 인천에서 영업한 것이 된다.

인천중화회관 및 중화상무총회는 주하치은행 인천지점에 당좌예금을 개설해 거래를 했다. 동 지점은 당좌예금 고객에게 계정장부와 수표장부 그리고 입금표를 교부했는데, 동 소장자료에는 이들 장부와 입금표의 부본이 모두 남아있다. 이들 장부와 입금표는 양자 간의 거래관계를 해명하는데 도움을 줄 뿐 아니라, 근대시기 당좌예금이 어떻게 이뤄지고 있었는지 밝힐 수 있어 한국근대금융사 연구에도 도움을 줄 수 있을 것이다.

자료 8은 1911~1914년의 당좌예금 입금표로 중화회관과 중화상무총회가 해당 계좌에 어느 시기에 얼마를 예금했는지 정확히 파악할 수 있다. 자료 9는 1911~1918년의 당좌예금 계정장부로 동 은행 인천지점이 작성한 장부이다. 자료 38은 1914~1916년의 당좌예금수표 부본이다. 중화상무총회가 발행한 수표의 부본이기 때문에 동 상회와 거래관계에 있던 상점, 전등회사, 전화국, 다카기병원(高木病院) 등에 대한 지급도 당좌수표로 이루어진 것을 알 수 있다. 자료 39는 1914~1917년의 당좌예금입금 부본으로 동 지점이 작성한 것이다. 자료 48은 동 상회가 1915~1917년에 발행한 수표의 부본을 모아 놓은 장부이다.

상기 5개 자료와 중화회관 및 중화상무총회의 운영수지 관련문서를 상호 대조하여 조사해 본다면, 동 상회의 1910년대 운영 실태가 다각도로 분석될 수 있을 것이다.

(8) 중화상회의 상업 관련문서

중화상회의 상업 관련문서는 **|부표1-1|**의 13, 31, 35, 61, 62이다. 인천중화상무총회는 남방(南幇), 북방(北幇), 광방(廣幇) 등 3방 화상의 연합체로 출발한 만큼 상업 진흥에 큰 역점을 두고 있었기 때문에 화상의 상업 활동에 도움이 되는 동 상회의 구체적 활동을 보여주는 문서가 동 소장자료에 적지 않게 발견되었다.

자료 13은 조선총독부가 1912년 3월 28일에 공포한 〈조선관세정률령(朝鮮關稅定率令)〉을 중국어로 번역한 것이다. 조선의 화상은 '한일합방' 직후 관세가 어떻게 바뀔 것인지 주목하고 있었는데, 이러한 궁금증을 풀어주기 위해 동 법령을 번역해 소개한 것으로 보인다. 일본은 조선에서 무역활동을 하고 있던 구미 국가의 반발을 우려해 관세를 10년간 유예하는 조치를 취해 큰 변동은 없었으나, 각 상품에 대한 관세율을 정확히 파악하려는 화상의 요구를 충족시켜 주기 위해 동 법령을 번역해 화상들에게 배포했을 것이다.

자료 31은 〈인천부부세조례(仁川府府稅條例)〉를 중국어로 번역한 것이다. 부세(府制)가 1914년 4월 시행된 후, 각 부(府)는 지방세인 부세를 도입했다. 인천부는 1914년 20개조로 이뤄진 부세를 공포했다. 이 부세에는 시가지세부가세, 가옥세부가세, 영업세, 호별세(戶別稅) 등의 세금부과원칙이 기재되어 있기 때문에 화상에게는 절대적으로 필요한 정보였을 것이다.

자료 35은 1913년 10월부터 12월까지의 3개월간 포목상인 덕순복(德

順福), 금성동(錦成東), 객잔(行棧)인 천창잔(天昌棧)의 수입내역을 기록한 것이다. 이 문서에는 이들 3개 화상이 수입한 상품의 물량, 금액, 세율, 납세액이 기재되어 있다. 덕순복과 금성동은 주로 마직물, 견직물, 면직물, 면화 등을 수입했고, 천창잔은 소금을 주로 수입했다.

4. 『인천중화상회 보고서』 사료 소개

본 절에서는 특별히 "인천화교협회소장자료" 가운데 『인천중화상회 보고서』에 대해 소개하고자 한다. 이 문건은 다음 네 개의 소문건의 합본으로 이루어져 있다. 이 보고서의 원문 전문과 번역문 전문은 【부록3】에 실었다.

첫 문건인 「인천화상상회 화상상황 보고(중화민국24년3월)」은 인천화상상회가 1935년 3월 인천화상의 상황(商況)을 보고한 문건이다. 이 문건은 네 개의 소주제로 나눠져 있다. 첫째, 중국에서 수입되는 각종 상품이 어떻게 감소하게 되었는지 그 원인을 분석한 것이다. 중국산 수입품은 1920년대 초반까지 수입이 원활하게 이뤄졌으며 1920년대 후반부터 전반적으로 감소 추세로 돌아섰는데 그 원인을 분석한 것이다. 둘째와 셋째는 화상의 수출입 곤란 상황을 개괄적으로 분석한 것이다. 넷째는 인천화상의 각종 상업 및 금융 거래 관계를 소개한 것이다. 화상에 의한 상품의 구매, 주문, 판매부터 은행 거래까지 상세히 소개하고 있어 당시 인천화상의 각종 네트워크를 밝히는데 도움을 줄 것이다.

두 번째 문건인 「인천화상상회 화교상황 보고(중화민국24년3월)」은 인천화교의 조선 이주 및 형성, 각종 사회단체와 화교소학교를 소개 및 분석한 것이다. 이 문건은 크게 세 항목으로 나눠져 있다. 첫째는 중국인의 조선이주의 연혁을 소개한 것으로, 화교의 시각에서 자신의 조선이주를 어떻게 인식하고 있었는지 확인하는데 중요한 문서이다. 둘째는 중국인의 조선이주가 1930년대 중반 감소하게 된 원인을 분석하고, 인천의 각 사회단체를 소개한 문서이다. 이 문서는 조선총독부가 1934년 9월 도입한 〈중국인의 조선입국제한조치〉의 내용과 영향을 화상의 입장에서 구체적으로 분석한 것이어서, 이 조치의 연구에도 도움을 줄 수 있다. 그리고 인천화상상회, 산동동향회관, 남방회관, 광방회관 등의 각종 화교단체 소개는 이들 단체의 연혁과 사업내용을 파악하는데 기초적인 사료라 할 수 있다. 셋째는 인천화교의 교육상황을 인천화교소학과 노교소학(魯僑小學)을 중심으로 분석, 인천화교학교의 역사를 밝히는데 큰 도움을 줄 수 있는 문서이다.

세 번째 문건인 「민국24년도 인천화상상회의 교상 상황 보고」는 인천화상의 1935년도 1년간의 상황(商況)을 보고한 것이다. 이 문서는 인천화상이 1년간 수입한 상품 각각의 수입부진 상황, 판매상황 등을 상세히 소개한 것으로, 1930년대 중반 중국의 금융공황이 인천화상에 어떠한 영향을 주었는지 알려주는 문서이다.

네 번째 문건인 「인천중화상회 보고의 화상 개황 의견서 (1949년 10월)」는 해방초기 인천화상의 상업 활동의 현황을 분석하고, 중국정부에 도움을 요청하는 의견이 포함된 문서이다. 해방 직후, 인천화상상회는 인천중화상회로 명칭이 변경되기 때문에 이 문건의 생성기관은 인천중화상회가 된다. 참고로 상기 네 문건을 『인천중화상회 보고서』로 한 것은 '중화상회'의 명칭이 중화상무총회, 중화총상회, 화상상회 등의 명칭을 포괄하고 있기 때문이며, 실제로 해방 직후 인천중화상회가 존재했기 때문이다. 이 문건은 화상의 조직과 연혁 개황, 해방기 화상의 쇠락 상황, 한국정부의 화상 정책, 중국 정부에 화상의 상업 활동 개선을 요구하는 내용으로 이루어져 있다. 해방기 화상을 둘러싼 각종 환경 및 한국정부의 화교정책을 파악하는데 중요한 문서라고 할 수 있다.

필자는 이상 네 개의 문건으로 이루어진 『인천중화상회 보고서』를 충분히 활용하는 가운데, 근대 인천화교의 사회단체와 경제활동을 검토해보고자 한다.

1

조선화교 및 인천화교의 형성과정

1. 화교의 조선이주 연혁

근대 조선화교는 자신들의 조선 이주의 역사를 어떻게 인식하고 있었을까?

「인천화상상회 화교상황보고(중화민국24년 3월)」 가운데 '화교의 조선이주 연혁'은 그러한 질문에 일정한 답을 주는 귀중한 자료이다.

먼저, '화교의 조선이주 연혁(華僑來鮮沿革)'의 원본 및 번역문을 소개해 보기로 하겠다.

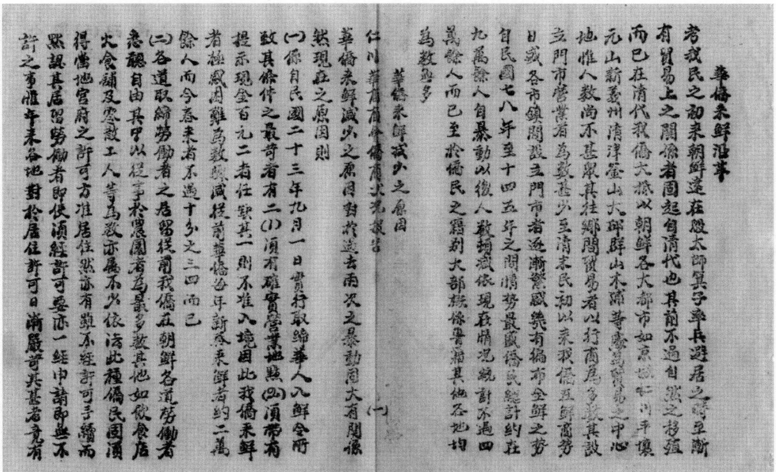

華僑來鮮沿革
考我民之初來朝鮮遠在殷太師箕子率兵避居之時至斷
有貿易上之關係者圖起自清代也其前不過自然之移殖
而已在清代我僑大抵以朝鮮各大都市如京城仁川平壤
元山新義州清津釜山大邱群山木浦等處為貿易之中心
地惟人數尚不甚眾其往鄉間貿易者以行商為多裁其設
立門市營業者為數甚少至清末民初以來我僑在鮮商勢
日盛各市鎮開設立門市者逐漸繁盛幾有遍布全鮮之勢
自民國七八年至十四五年之間情勢最盛僑民總計約在
九萬餘人自暴動以後人數頓減依現在情況統計不過四
萬餘人而已至於僑民之籍別大部係魯籍其他各地均
為數無多

仁川華商商會僑商狀況報告

華僑來鮮減少之原因 (一)
華僑來鮮減少之原因對於過去兩次之暴動固大有關係
然現在之原因則
(一)係自民國二十三年九月一日實行取締華人入鮮令所
致其條件之最苛者有二(1)須有確實營業地點(2)須帶有
提示現金百元二者任缺其一則不准入境因此我僑來鮮
者極感困難為數頓減從前華僑每年新來鮮者約二萬
餘人而今春來者不過十分之三四而已
(二)各道取締勞働者之居留從前我僑在朝鮮各道勞働者
急聽自由其中以從事於農園者為最多數其他如飲食店
火食舖及零散工人等為數亦屬不少依據此種僑民固須
得當地官府之許可方准居住然亦有雖不經許可手續而
默認其居留勞働者即使須經許可要亦一經申請即無不
許之事惟年來各地對於居住許可日漸嚴苛其甚者竟有

|그림1-1| 화교의 조선이주 연혁(華僑來鮮沿革)

|번역문|

화교의 조선이주 연혁

우리 상민이 처음으로 조선에 온 것은 멀리로는 태사(太師) 기자(箕子)가 병사를 이끌고 피난해 이주한 때까지 거슬러 올라간다. 청대(淸代)부터 점차 무역상들이 이주하기 시작했고, 그 전에는 자연적인 이주에 불과했다. 청대에 우리 화교는 대개 조선의 대도시인 경성, 인천, 평양, 원산, 신의주, 의주, 청진, 부산, 대구, 군산, 목포 등지의 무역중심지에 거주했다. 그러나 인구는 별로 많지 않았으며, 고향과의 무역을 하는 행상이 다수였고, 점포를 설립하여 영업하는 자는 극소수였다. 청말민초(淸末民初) 이래 우리 화교는 조선에서의 상세(商勢)가 날로 융성해 각 도시와 농촌에 점포를 설립하는 자가 날로 번성하고 조선 전국에 점포가 산재하는 세력을 형성했다. 민국 7, 8년(1918, 1919)부터 민국 14, 15년(1925, 1926)까지의 상세가 가장 번성해 교민의 총수는 약 9만 명에 달했다. 폭동 이후부터 인구는 점차 감소해 현재는 약 4만 명에 불과하다. 교민의 원적(原籍)별 분포는 대부분 산동성 출신이고, 기타 지역은 모두 합해도 많지 않다.[15]

먼저 이 사료에서 눈에 띄는 것은, '화교'라는 명칭을 사용하고 있다는 점이다. '화교'라는 용어는 1870, 80년대에 청국이 조약에 근거한 외교관계에 돌입했을 때 재외거류민의 상민을 정의할 필요가 생겼는데, 이때 사용한 말이 '교거화민(僑居華民)'이었다. 이 '교거화민'에서 어순을 뒤바꾸고 간략화 하여 신조어로 만들어진 것이 '화교'라는 용어이다.[16]

중화민국주조선총영사관(中華民國駐朝鮮總領事館)이 1930년 3월 펴낸 『조

15) '화교의 조선 이주 연혁', 〈인천화상상회 화교 상황 보고 중화민국24년(1935년) 3월〉, 『인천중화상회 보고서』(인천화교협회소장).

16) 可兒弘明 · 斯波義信 · 遊仲勳 編 (2002), 『華僑 · 華人事典』, 弘文堂, 105-106쪽.

선화교개황(朝鮮華僑概況)』도 제목에 '화교'라는 용어를 사용했다.[17] 조선에서 영업하는 화교상인은 자신들의 관점에서 '교상(僑商)'이라 불렀고 일반적으로는 '화상(華商)'이라 했다. 그런데 조선총독부는 '조선화교'라는 용어를 별로 사용하지 않았고, 조선의 지나인(朝鮮に於ける支那人)이라는 용어를 상용했다.

인천화상상회는 중국인의 조선 이주의 역사를 기자(箕子)까지 거슬러 올라가서 파악하고 있다는 점이 매우 흥미롭다. 앞의 『조선화교개황』 역시 이와 마찬가지로 조선화교의 연원을 기자에 두고 있다.[18] 이런 인식이 현대까지 이어져 1991년 출판된 양자오췐 · 쑨위메이(楊昭全 · 孫玉梅)의 『조선화교사(朝鮮華僑史)』에도 "은(殷)의 왕족 기자가 5천명을 이끌고 조선에 간 것이 조선화교의 시작"이라고 소개하고, 그때부터 근대, 현대까지를 포괄해 조선화교의 역사를 개괄했다.[19] 중국학자가 동아시아 각 지역 및 국가의 화교역사를 정리할 때는 고대의 중국인 이주시기부터 거슬러 올라가 서술하는 것이 일반적인 것으로 새로운 것은 아니다.

중국인이 경제적 목적으로 조선에 대량 이주하기 시작한 것은 1882년 10월 조선과 청국 간에 〈조청상민수륙무역장정〉이 체결되면서 부터라는 것은 '화교의 조선이주 연혁'에 "청대(清代)부터 점차 무역상들이 이주하기 시작했고"라고 기술한 부분을 통해 알 수 있다. 인천화상상회는 인천화교 경제가 가장 융성한 시기를 1918~1926년으로 인식하고 있다는 것도 주목할 필요가 있다.

조선화교 경제는 대체로 1910년대와 1920년대에 발전해 1930년을

17) 中華民國駐朝鮮總領事館 (1930), 『朝鮮華僑概況』. 이 자료는 총 40쪽의 소책자로 그 대부분의 내용은 1924년 조선총독부가 발행한 『朝鮮に於ける支那人』을 번역한 것이며, 1920년대 후반 조선화교의 변화된 양상을 약간 추가했다.

18) 中華民國駐朝鮮總領事館, 앞의 사료 (1930), 2쪽.

19) 楊昭全 · 孫玉梅 (1991), 『朝鮮華僑史』, 中國華僑出版公司, 27쪽.

정점으로 1931년 7월 발생한 제2차 배화사건[20]으로 급격히 쇠퇴했다는 것이 일반적인 인식이다. 그런데 인천화상상회가 조선화교 경제가 가장 융성한 시기를 1918~1926년으로 인식한 것은 1927년 12월 전라도, 인천을 중심으로 발생한 제1차 배화사건의 피해가 인천화교의 뇌리에 강하게 남아있기 때문으로 추정된다. 제1차 배화사건으로 인천화교의 피해가 없었던 것은 아니었지만 제2차 배화사건에 비교하면 미미한 것이었기 때문이다. 이에 대해서는 제5장에서 상세히 소개하도록 하겠다.

교민의 인구가 상기의 기간에 9만 명에 달했다는 것은 잘못된 것이다. 조선화교의 인구가 9만 명을 돌파한 것은 1930년이기 때문이다.[21] 인천화상상회는 1935년의 인구가 4만 명에 불과하다고 했는데, 조선총독부의 인구조사에 의하면 1934년 12월 말 당시의 인구는 4만 9,334명, 1935년 12월 말의 인구는 5만 7,639명이었다.(|표1-1| 참조) 따라서 인천화상상회가 "4만 명에 불과하다"고 한 것보다는 실제 인구가 더 많았다는 것을 알 수 있다. 또한 "폭동(제2차 배화사건: 역자) 이후부터 인구는 점차 감소"라고 했지만, 1932년부터는 점차 인구가 회복되고 있었기 때문에 사실과는 다르다고 볼 수 있다.(|표1-1| 참조) 제2차 배화사건이 화교에게 큰 충격을 안겨주었기 때문에 이와 같은 판단을 했을 수 있을 것으로 보인다.

---

20) 일반적으로 1931년 7월 발생한 화교배척사건을 '만보산사건'(萬寶山事件)이라 한다. 그러나 만보산사건은 그 함의가 포괄적이다. 즉, 만보산사건은 만주 지역 거주 조선인에 대한 중국 관헌과 중국인의 배척 사건, 『조선일보』의 오보로 인한 조선인의 중국인 배척 사건 전반을 포괄한다. 이 책에서는 조선인이 조선 국내서 화교를 배척한 사건을 다루고 있기 때문에 1927년 12월의 화교 배척사건을 '제1차 조선배화사건', 1931년 7월의 화교 배척사건은 '제2차 조선배화사건'으로 표기한다.

21) 정확한 인구는 9만 7,183명이다. 이 인구는 조선총독부의 국세조사에 의해 밝혀진 것으로 조사 시점은 1930년 10월이었다. 朝鮮總督府 (1934), 『昭和五年朝鮮國勢調查報告: 全鮮編 第一卷 結果表』.

|표1-1| 조선화교 및 인천화교의 인구(1909-1944)

연도	조선화교(A)	인천화교(B)	B/A(%)
1909	9,568	2,497	26.1
1910	11,818	2,886	24.4
1911	11,837	1,582	13.4
1912	15,517	1,844	11.9
1913	16,222	1,503	9.3
1914	16,884	-	-
1915	15,968	1,125	7.0
1916	16,904	1,173	6.9
1917	17,967	1,262	7.0
1918	21,894	753	3.4
1919	18,588	793	4.3
1920	23,989	1,318	5.5
1921	24,695	1,360	5.5
1922	30,826	1,786	5.8
1923	33,654	1,579	4.7
1924	35,661	1,713	4.8
1925	46,196	2,085	4.5
1926	45,291	2,072	4.6
1927	50,056	2,077	4.1
1928	52,054	1,922	3.7
1929	56,672	2,232	3.9
1930a	67,794	1,940	3.6
1930b	91,783	3,372	3.7
1931	36,778	1,469	4.0
1932	37,732	1,502	4.0
1933	41,266	1,820	4.4
1934	49,334	1,884	3.8
1935	57,639	2,291	4.0
1936	63,981	3,265	5.1
1937	41,909	805	1.9
1938	48,533	1,064	2.2
1939	51,014	1,386	2.7
1940	63,976	1,749	2.7

연도	조선화교(A)	인천화교(B)	B/A(%)
1941	73,274	2,082	2.8
1942	82,661	-	-
1943	75,776	2,041	2.7
1944	71,573	1,938	2.7

* 출처: 이정희 (2008), 「해방 초기 인천화교의 경제활동에 관한 연구」, 『인천학연구』제9호, 92쪽. ; 李正熙 (2012), 『朝鮮華僑と近代東アジア』, 京都大學學術出版會, 10-11쪽을 근거로 작성 함.

* 주: 1930b의 인구는 조선총독부가 1930년 10월 실시한 국세조사에 의한 통계 임.

한편, "교민의 원적(原籍)별 분포는 대부분 산동성 출신이고, 기타 지역은 모두 합해도 많지 않다."고 했는데 이것은 정확하다. 조선총독부 경무국이 조사한 자료에 의하면, 1931년 12월 말 현재, 화교 3만 8,212명 가운데 북방(北幇, 주로 山東省, 河北省 출신자)의 인구는 3만 7,312명으로 전체의 97.6%, 남방(南幇, 浙江省, 湖北省, 江蘇省 등의 華南지역 출신자)의 인구는 677명으로 전체의 1.8%, 광방(廣幇, 廣東省 출신)의 인구는 223명으로 전체의 0.6%를 각각 차지하는데 불과했다.[22]

22) 南滿洲鐵道株式會社經濟調査會 (1933.9.15.), 『朝鮮人勞動者一般事情』, 27-28쪽.

2. 화교의 조선이주 감소 원인

「인천화상상회 화교 상황 보고(중화민국24년3월)」 가운데 '화교의 조선이주 감소 원인'이라는 자료를 통해, 인천화상상회가 중국인 조선이주 감소를 어떻게 인식하고 분석하고 있는지 살펴보자. 먼저 해당 자료의 번역문을 보도록 하자.

|번역문|

화교의 조선 이주 감소의 원인은 과거 두 차례의 폭동과 큰 관계가 있으며 (현재의) 원인은 다음과 같다.

1. 민국 23년(1934년) 9월 1일부터 실시된 화인의 조선 입국 단속령은 그 조건이 가장 가혹한 것이 두 가지다.

① 확실한 영업점을 가질 것,

② 현금 100엔을 반드시 휴대하여 제시할 것.

이 두 가지 가운데 하나라도 만족하지 못할 경우 입국을 불허했다. 이로 인해 조선으로 이주하는 우리 화교는 극히 곤란을 느껴 그 수가 극적으로 감소했다. 이전에는 매년 봄 조선에 이주하는 화교의 수는 약 2만 명에 달했는데 올봄에는 그 10분의 3, 4로 줄어들었다.

2. 각 도는 노동자 거류를 단속했다. 이전 조선 각 도의 화교 노동자는 자유로웠다. 그 가운데 야채재배 종사자가 가장 많았다. 기타 음식점, 호떡집 및 개별 노동자 등이었다. 여러 법률에 의거해 이와 같은 종류의 교민은 (현지) 관청의 허가를 받아야 했으며, 거주는 비록 허가절차를 밟지 않더

라도 묵인했다. 해당 거류 노동자는 허가를 거쳐 신청을 하면 허가받지 못하는 것은 없었다. 그러나 연래(年來) 각지의 거주허가는 날로 엄격해지고 심한 경우는 결국 허가를 받지 못해 구축(驅逐)되어 귀국하는 뜻밖의 사고를 만나는 자도 있었다. 조선에 거주하는 우리 화교의 생활은 날로 불안하다.

3. 목공, 와공(瓦工), 석공의 제한. 이전 조선에는 건축 관계의 노동자가 있었다. 그 가운데 목공, 석공, 와공이 많았다. 화인은 임금이 저렴하고 노동을 견뎌내는 인내력이 있었다. 때문에 매년 이 같은 종류의 노동자가 조선에 오는 자가 매우 많았다. 최근 경성과 인천 두 지역을 제외한 기타 각 도(道)의 각 지역은 화교노동자의 잔류를 허가하지 않는 곳이 많다. 이 또한 막대한 영향을 주었다.[23]

인천화상상회는 1930년대 중반 중국인의 조선이주가 급격히 감소한 원인에 대해 분석을 했는데, 첫 번째 원인으로는 두 차례의 배화사건, 다른 원인은 1934년 9월을 전후 한 조선총독부의 이주제한정책을 들었다.

|표1-1|을 보면, 제1차 배화사건이 터진 1927년 12월의 조선화교 인구는 5만 56명인데, 다음해 12월은 5만 2,054명으로 거의 변화가 없었다. 1920년대 중반 조선화교 인구증가율이 꽤 높았던 것을 감안하면 증가율이 뚝 떨어진 것은 확실하다. 그러나 인구가 절대적으로 감소한 것은 아니었고, 약 2천 명 오히려 증가했다. 반면, 인천화교 인구는 약간 감소한 것으로 나타났다. 이것으로 제1차 배화사건이 중국인의 조선이주에 영향을 준 것은 틀림없지만 그렇다고 전체적으로 감소한 것은 아니기 때문에 영향은 미미했다고 볼 수 있다. 단, 인천화교 인구는 약간 감소했고 인천이 제1차 배화사건의 주요한 피해지역이었기 때문에 조선 전체의 인구도 감소했다고 충분히 판단할 수 있었을 것이다.

23) '화교의 조선 이주 감소의 원인', 〈인천화상상회 화교 상황 보고 중화민국24년(1935년) 3월〉, 『인천중화상회 보고서』(인천화교협회소장).

제2차 배화사건이 화교의 인구감소에 얼마나 큰 영향을 주었는지는 **|표1-1|**을 통해 분명히 알 수 있다. 즉, 1930년 12월 6만 7,794명에서 1931년 12월에는 3만 6,778명으로 46%나 감소했으며, 인천화교 인구는 같은 기간 39% 감소했다. 또한 중국인의 조선입국자 수는 1930년 8월 2,583명에서 제2차 배화사건 직후인 1931년 8월에는 2,299명으로 줄어들었고 1년 후인 1932년 8월에는 1,988명으로 급감했다. 반면, 출국자 수는 1931년 7월에 1만 7,327명에 달했다.[24]

다음은 인천화상상회가 지적한 조선총독부의 이주제한정책을 보도록 하자.

조선총독부는 만주 거주 조선인 및 조선인의 만주 이주를 고려하여 중국인의 조선입국을 적극적으로 제한하지 않았다. 그런데 1934년 9월부터 중국인 입국 시, 100엔의 제시금(提示金)과 취업할 직장이 확실한 자가 아니면 입국을 제한하는 조치를 취했다.

이전에도 중국인의 조선입국에 대해 제한조치가 없었던 것은 아니었다. 1899년 9월 대한제국과 일본 간에 체결된 〈한청통상조약〉 제4조 제4항에 화교의 거주에 대해 다음과 같은 규제조항을 두었다.

> 兩國의 人民들은 兩締約國의 開港場에서 外國貿易을 하는 地域 外에서 土地 或은 家屋을 貸借하며 或은 倉庫를 開設함을 不許한다. 本 約定의 違犯에 對한 刑罰로서는 土地를 沒收하며 또한 原價의 2倍의 罰金에 處한다.[25]

그러나 대한제국은 일본과 제 외국공관의 비협조와 압력으로 이 규

24) 南滿洲鐵道株式會社經濟調査會, 앞의 자료 (1933.9.15.), 20-21쪽.
25) 國會圖書館立法調査局 (1965), 『舊韓末條約彙纂 (1876-1945) 下卷』, 371쪽.

정을 제대로 집행하지 못했다. 화교는 청국조계 이외의 이른바 '내지(內地)'에서 공공연히 거주한 결과, 1910년의 12월말 내지 거주 화교의 호수와 인구는 화교 총호수와 총인구의 40%와 36%를 차지했다.[26)]

'한일합방' 직후, 일본정부는 1910년 8월 29일 〈통감부령〉 제52호 「조약에 의해 거주의 자유가 없는 외국인에 대한 건」을 공포했다. 그 전문은 다음과 같다.

> 조약에 의해 거주의 자유가 없는 외국인으로 노동에 종사하는 자는 특히 지방장관의 허가를 받지 않으면 종전의 거류지 이외에서 거주 또는 영업을 할 수 없다. 전항(前項)의 노동의 종류는 조선총독이 이를 정한다. 제1항의 규정을 위반하는 자는 100엔 이하의 벌금에 처한다.[27)]

조선총독부는 10월 1일 〈조선총독부령〉 제17호로 노동의 종류를 농업, 어업, 광업, 토목, 건축, 제조, 운반, 인력거(挽車), 하역인부에 종사하는 노동자로 정했다. 또한 제17호는 지방장관이 공익상 필요하다고 인정할 경우 노동자에게 발급된 거주허가증을 취소할 수 있도록 했다.[28)] 즉, 〈통감부령〉 제52호와 〈조선총독부령〉 제17호는 중국인노동자의 내지 이주를 제한한 것이지 그들의 입국 자체를 제한한 것은 아니었다.

또한 조선총독부는 이들 노동자 가운데에서도 개별적으로 이주한 노동자에 대해서는 문제 삼지 않고 단체로 이주하는 쿨리만을 단속의 대상으로 삼았다. 조선총독부의 아리요시 타다이치(有吉忠一) 총무장관이 마팅량(馬廷亮) 주경성청국총영사에게 〈통감부령〉 제52호에 대한 문의

26) 李正熙 (2008), 「'日韓併合'と朝鮮華僑」, 『華僑華人硏究』第5號, 56쪽.
27) 한국학문헌연구소 편 (1990), 『조선총독부관보1』, 아세아문화사, 26쪽.
28) 한국학문헌연구소 편, 앞의 자료 (1990), 234쪽.

에 대해 다음과 같이 회답한 것에서 분명히 알 수 있다.

> 본령 제정의 목적이 주로 귀국 노동자 가운데 장래 단체를 이뤄 내지에 도래하거나 생업에 종사하는 자에 대한 단속 시행에 있습니다. 이미 조선 내지에서 혹은 금후 이주하는 개별 노동자에 대해서는 비중을 두지 않고 있습니다.[29)]

그러나 이러한 〈통감부령〉 제52호는 조선총독부 당국에 의해 제대로 시행되지 못했다. 조선총독부는 조선인 노동계의 여론을 반영해 화교노동자를 사용하는 기관 혹은 업체에 대해 사용제한규정을 공포했다. 1911년 5월 〈내훈(內訓)〉 갑 제9호 「관영사업에 청국인 사용을 금지하는 건」은 관영사업에 화교노동자를 사용할 때는 매번 조선총독의 허가를 받도록 했으며, 1922년 8월 이후에는 총독 대신 도지사의 허가를 받도록 완화했다. 민영사업의 경우는 1924년 7월 민영사업주가 중국인 노동자를 모집할 때에는 사전에 경찰서의 승인을 받도록 했다. 그럼에도 화교노동자의 인구가 급속히 증가하자, 조선총독부는 1930년 12월 각 도청에 관영사업 및 관청 보조 사업에 대해서도 화교노동자를 사용할 때에는 노동자 총수 및 연인원의 10분의 1 이내로 하고, 민영사업은 5분의 1 이내로 사용을 제한했다.[30)]

한편, 인천중화회관은 일제강점 후 상기와 같은 조선총독부의 제한 조치에 대해 자체적으로 적극 대처했다. 인천중화회관이 1912년 5월 4일 공포한 〈화상준수장정(華商遵守章程)〉은 '한일합방' 직후 인천화교를

29) 1911年1月30日(양력1911년2월28일)收, 朝鮮總督府總務長官有吉忠一가 馬廷亮總領事에 보낸 공문, 「領事裁判權合併後有關巡警防疫勞動關係」, 『駐韓使館保存檔案』(대만중앙연구원근대사연구소소장, 문서보존번호02-35, 067-04).
30) 朝鮮總督府警務局保安課 (1934), 『高等警察報』第3號, 63쪽.

둘러싼 정치 환경의 변화에 중화회관이 민첩하게 대처한 하나의 사례라 할 수 있다. 〈화상준수장정〉은 화교 거주자를 대상으로 기본적인 규칙을 제정한 것이다. 이 장정 8개조를 간단히 정리하면 다음과 같다.

① 인천항에 새로 입항해 생업하거나 거주하는 중국인은 전원 10일 이내에 중화회관에 보고할 것.
② 각 상인은 중화회관이 발행하는 적패(籍牌, 거주등록증)를 수령할 것.
③ 타 지역으로 이주하는 자는 이주 5일 전까지 중화회관에 보고할 것.
④ 상점이 점원을 내지나 타지에 파견할 때는 중화회관에 보고할 것.
⑤ 출생 및 사망이 발생했을 경우에는 바로 중화회관에 보고할 것.
⑥ 질병이 있는 자는 반드시 다카기병원(高木病院)에 가서 진찰을 받을 것.
⑦ 점포 및 주택 그리고 거리의 도랑 등의 청소를 하여 위생을 철저히 할 것.
⑧ 점포, 주택, 주방을 건축하거나 수리할 때의 돌, 진흙 등을 운반할 때는 중화회관과 상의할 것.[31]

화교노동자를 비롯한 조선화교의 인구가 급증함에도 불구하고 조선총독부가 이들을 입국단계에서 엄격히 제한하는 조치를 취하지 않은 것은 만주 거주 조선인과 조선인의 만주 이주를 고려했기 때문이다. 그러나 일본 괴뢰국인 만주국이 1932년 건국되어 더 이상 중국정부의 눈치를 볼 필요도 없어졌다. 조선총독부가 주경성중국총영사관과 조선화교의 강력한 반대에도 불구하고 1934년 9월부터 시행한 중국인 입국제한조치는 이러한 배경에서 공포된 것이다.

한편, 조선총독부의 다나카 다케오(田中武雄) 외사과장은 이 제도의 시행 이유를 다음과 같이 설명했다.

31) 1912年5月4日, 『華商遵守章程』(인천화교협회소장).

> 최근 일본 내지의 실업문제와 관련하여 내선일체(內鮮一體)로 노동자 수급의 조정을 하지 않을 수 없게 되어 귀국(貴國) 노동자의 입선(入鮮)에 대해 일본 내지에 입국하는 것과 같은 제한을 가하게 되었다.[32]

다나카 외사과장은 입국제한조치의 시행 배경으로 일본 국내의 실업 문제를 들었다. 즉, 일본 국내는 대공황의 영향으로 실업자가 증가하는 가운데 조선에서 일본 국내에 이주하는 조선인이 증가하면서 일본 내 실업 문제가 보다 심각해지고 있다고 판단한 것이다. 그래서 일본정부와 조선총독부는 조선인의 일본 국내 이주를 막는 것이 일본의 실업 문제 해결에 도움이 된다는 계획 하에, 중국인노동자의 입국을 제한해 조선인 실업자가 조선에서 취업할 수 있도록 유도하려 했던 것이다.

일본정부는 1899년 〈통감부령〉 제52호의 모델이 된 〈칙령〉 제352호를 공포하고[33], 1920년대 초 제시금제도로 30엔을 부과했고, 1923년 6월부터는 이를 100엔으로 인상함으로써 〈칙령〉 제352호를 철저히 시행했다.[34] 그 결과, 중국인노동자는 일본에 거의 입국하지 못했으며 이것이 일본화교의 인구가 조선화교 인구보다 훨씬 적은 주요한 이유가 되었다.

조선총독부의 중국인 입국제한조치의 시행은 중국인의 조선이주에 큰 영향을 주었다. 그 영향은 인천화상상회의 「본년 인천을 통해 귀국, 입국한 화교 조사」에 잘 드러나 있다.

---

32) 1934年9月27日發, 田中武雄外事課長이 盧春芳駐京城總領事에 보낸 공문, 「中國人勞動者取締ニ關ニスル件」, 『昭和九年 領事館往復綴(各國)』(국가기록원소장).

33) 칙령 제352호의 제정 과정과 내용에 대해서는 許淑眞 (1990), 「日本における勞動移民禁止法の成立: 勅令第352號をめぐって」, 『東アジアの法と社會』, 汲古書院을 참조.

34) 山脇啓造 (1994), 『近代日本と外國人勞動者』, 明石書店, 162쪽.

|번역문|

귀국자는 1만 2,298명(1934년 9월 1일-1935년 8월 31일), 입국자는 9,774명(동 기간)이다. 인천은 중일 쌍방의 관계가 극히 좋다. 화인 입국 단속을 시행하면서 본 항구에 들어오는 화교는 종전과 같다. 다만 각 도(道)로 간 각 지역 화교의 다수가 들어올 수 없다. 그 이후부터 입국하는 자가 날로 감소하여 우리의 생계가 날로 곤란해지는 것이 걱정된다. 우리 정부가 신속히 방법을 강구하여 조치를 취해 줄 것을 바란다.[35]

이 사료에 의하면, 1934년 9월 1일부터 1935년 8월 31일까지 약 1년간의 화교 귀국자 수는 1만 2,298명이고, 입국자 수는 9,774명이었다. 귀국자 수가 입국자 수를 2,524명 상회했다. 이를 입국 제한 조치 시행 이전인 1930년 7월부터 1931년 6월까지의 귀국자와 입국자 수를 비교해 보면, 이 제도 시행의 효과를 가늠할 수 있는데, 같은 기간의 귀국자는 2만 8,034명, 입국자는 3만 6,606명으로 8,572명의 입국 초과였다.[36] 두 기간을 비교해 보면, 귀국자와 입국자 수가 전자보다 후자의 기간에 각각 4할, 2할 수준으로 급감한 것을 확인할 수 있다.

그런데 인천화상상회가 중국인 이주의 주요한 원인으로 파악하고 있던 조선총독부의 중국인 입국제한조치에 대해 손경삼(孫景三) 주석은 긍정적인 태도를 취했다. 손경삼 회장의 발언은 조선에서 발행되던 일본어신문인 『조선신문(朝鮮新聞)』에 다음과 같이 게재되어 있다.

예(例)의 마적에 습격당할 염려도 없고 일상 편안히 상업에 종사할

35) '본년 인천을 통해 귀국, 입국한 화교 조사', 〈민국24년도(1935년도)인천화상상회의 교상 상황 보고〉, 『인천중화상회 보고서』(인천화교협회소장).
36) 南滿洲鐵道株式會社經濟調査會, 앞의 자료 (1933.9.15.), 20-21쪽.

> 수 있는 것은 인천경찰서 당국이 불면불휴(不眠不休)로 보호해 주는 덕분이기 때문에 정말로 감사할 뿐이다. 그러나 이번 실시된 중화민국에서 몰려들어오는 룸펜의 상륙에 대해 일정의 단속을 시행하는 것은 인천경찰(서)의 기시카와(岸川) 서장이 친절히 말씀하신 것대로 우리들을 보호해 주는 방법이기 때문에 충심으로 감사드림과 동시에 우리들과 일본인은 형제로 타인이 아니다. 금후 일중 친선과 무역의 진전에 크게 노력하며 우리 상인들의 사명을 다할 생각 이외 마음 두는 것은 없다. 단지 바라는 것은 고향에서 부인을 데리고 오는 상업 종사원이 1개년 반마다 귀향하거나 또는 상점에 되돌아올 경우와 …일어를 채용한 학교 학생이 모국 견학 가서 되돌아올 경우에 한하여 간편한 수속 방법으로 왕복할 수 있도록 배려해 주기를 바란다.[37]

손경삼 주석의 발언을 요약하면, 일부 룸펜(중국인 노동자)의 입국을 제한하는 조치는 환영하지만, 화상의 상점에서 근무하는 점원과 인천화교소학 학생의 입국제한은 대상에서 제외시켜 줄 것을 당국에 요청한 것이다. 『조선신문』이 그의 발언을 조금 과장해 입국제한조치에 찬성하는 것처럼 기사를 썼지만 실은 그렇지 않았을 것이다. 그것은 상기의 '화교의 조선이주 감소 원인'의 자료에서도 확인할 수 있기 때문이다.

한편, 입국자 수의 감소는 입국제한조치 시행의 영향인 것은 분명하지만 귀국자 수의 증가는 어떻게 설명할 것인가 라는 문제에 정확한 근거를 제시해주는 것이 '화교의 조선이주 감소 원인'에 있다. 즉, 조선총독부가 화교노동자의 거주 및 이동의 단속을 강화한 것이다. 그 결과 거주허가를 받지 못하는 화교노동자가 중국으로 강제되거 당하는 사례

37) 「中華勞動者の上陸取締りを歡迎 京城からの反對慫慂 仁川華商々會は一蹴」, 『朝鮮新聞』, 1934年9月5日.

까지 발생했다.

그런데 입국제한조치가 강력히 시행된 이후, 조선화교의 인구는 감소하기는커녕 오히려 증가했다. **|표1-1|**을 보면, 1934년의 인구는 4만 9,334명인데 1935년과 1936년은 각각 5만 7,639명, 6만 3,981명으로 증가했다. 1937년은 중일전쟁 발발로 귀국하는 화교가 많았으며, 조선총독부가 중국인의 조선 입국을 일시적으로 막았기 때문에 감소했다. 인천화상상회의 분석은 1935년 시점에서 이뤄졌기 때문에 입국제한조치의 시행 영향을 부각시키지 않을 수 없었던 사정이 있었을 것이다. 그러나 조선화교 인구가 실제적으로 오히려 증가했기 때문에 이것은 풀어야 할 과제 중의 하나이다.

앞에서도 잠깐 거론했지만 화교노동자 가운데에는 실업자도 있었다. 인천화상상회는 이들 실업자의 발생원인 및 구제에 대해 다음과 같이 적었다.

|번역문|

조선에 오는 교민 대부분은 노동계급이다. 매년 겨울 일자리가 감소해 실업하는 자가 있다. 최근 이에 더해 조선인 실업자가 점차 증가해 각지는 점차 단속을 시행하거나 중국인 사용을 제한했다. 일의 범위 축소도 실업의 하나의 원인이었다. 이런 종류의 실업으로 인해 교민 가운데 비교적 돈이 있는 자의 상당수는 스스로 귀국했지만, 빈곤한 자는 대개 판사처가 당지의 화상상회 및 산동동향회에 비용을 도와달라고 요청해 귀국시켰다.[38]

인천화상상회는 화교노동자의 실업 원인을 계절적 실업, 당국의 화

38) '실업구제에 대하여', 〈인천화상상회 화교 상황 보고 중화민국24년(1935년) 3월〉, 『인천중화상회 보고서』(인천화교협회소장).

교노동자 사용제한, 노동범위 축소 등 세 가지를 들었다. 빈곤한 노동자의 경우는 귀국비용이 없어 어려움을 겪고 있었는데, 이런 경우는 주인천판사처가 인천화상상회와 산동동향회에 요청해 귀국비용을 마련해 구제했다.

인천화상상회는 화교 가운데 불법행위를 하는 자로 인해 어려움을 겪고 있었던 것 같다. 인천화상상회의 '불법행위'의 보고서는 다음과 같은 내용이다.

|번역문|

> 당지의 교민은 모두 매우 선량하고 각각은 편안히 영업하고 있다. 그러나 생계로 인해 모르핀, 아편 등을 불법으로 판매하는 자가 있다. 당지의 관청은 이들을 검거하여 법률에 근거하여 경중을 분별한다. 주(駐)인천판사처도 수시로 화교 대중을 타일러 정당한 영업에 임하도록 하고 있고, 나쁜 짓으로 법을 어겨 국체를 손상하지 않도록 하고 있다.[39]

인천화상상회는 "생계로 인해 모르핀, 아편 등을 불법으로 판매하는 자가 있다."고 했는데 그것은 사실이었다. 조선화교의 1936년 중 범죄상황을 보면 다음과 같다. 형법을 어긴 범죄는 총 508건 · 1,051명이고, 특별법을 어긴 범죄는 1,023건, 1,110명이었다. 형법을 어긴 범죄 가운데 가장 많은 것은 도박죄가 193건(형법 범죄 전체의 38.0%), 567명(51.1%)으로 가장 많았고, 그 다음은 아편흡입 관련 범죄가 142건(28.0%), 270명(25.7%), 절도죄가 51건(10.0%), 54명(5.1%), 상해죄가 42건(8.3%), 66명(6.3%)이었다.[40]

39) '불법행위', 〈인천화상상회 화교 상황 보고 중화민국24년(1935년) 3월〉, 『인천중화상회 보고서』(인천화교협회소장).

경범죄인 도박죄를 제외하면 아편흡입 관련 범죄가 142건에 270명으로 매우 돌출해 있다. 여기에 특별법 가운데 〈조선아편단속령〉을 어긴 범죄가 81건(특별법 범죄 전체의 7.9%), 126명(11.4%)이었다. 즉, 아편 관련 범죄 건수가 형법, 특별법 범죄 합하여 총 223건, 396명에 달해, 조선화교의 아편흡입 문제가 매우 심각했다는 것을 알 수 있다. 인천화상상회가 아편 등의 판매와 흡입 문제를 특별히 지적한 것은 이와 같은 사정이 있었던 것이다.

40) 조선총독부경무국 (1937), 「第七十三回 帝國議會說明資料」, 『朝鮮總督府 帝國議會說明資料 第一卷』(영인본), 1994, 940-945쪽.

2

인천화교의 사회단체

1. 동향단체

(1) 각 동향별 인구 및 경제

조선에 이주한 화교는 중국의 거의 전역에서 왔기 때문에 각 성 출신의 화상은 각 성 및 그 인근 성 지역 출신자와 상호 협력하기 위해 방(幇)이라는 동향단체를 만들었다. 인천은 개항장으로 중국인의 이주가 가장 빨리 이뤄졌고 화교인구가 상대적으로 많은 곳이었기 때문에 중국인의 동향단체 설립도 빠른 시기에 이루어졌다.

1884년 현재 인천화교 가운데 북방(北幇)인 산동성(山東省)과 허베이성(河北省) 출신은 95명으로 전체의 40.4%, 광동성(廣東省) 출신의 광방(廣幇)은 74명(31.5%), 광동성을 제외한 저장성(浙江省), 장수성(江蘇省)을 비롯한 화남(華南)지역 출신의 남방(南幇)은 66명(28.1%)이었다.[41] 인천화교 형성 초기 인구 구성으로 볼 때 북방, 광방, 남방 소속 화교가 균등하게 분포하고 있는 것을 알 수 있다.

그 후 50년이 지난 1935년 인천화교의 성별(省別) 인구는 「인천화상상회 화교상황 보고(중화민국24년3월)」에 **|표2-1|**과 같이 나와 있다. 총 2,143명 가운데 북방에 속하는 산동성 2,033명, 허베이성 11명, 펑톈성(奉天省) 9명으로 총 2,053명(전체의 95.8%)이었다. 남방에 속하는 저장성은 36명, 후베이성(湖北省)은 22명, 안후이성(安徽省)은 7명으로 총 65명(3.0%),

41) 中央硏究院近代史硏究所編, 『淸季中日韓關係史料』, 1972, 1780-1803쪽.

광방의 광동성은 25명(1.2%)이었다. 50년 전과 비교하면, 남방은 인구의 변화가 거의 없는 반면, 광방은 74명에서 25명으로 줄었고, 북방은 95명에서 2,053명으로 급증한 것을 알 수 있다. 개항기 인천화교의 인구는 3방이 균형 잡혀있었지만 1935년에는 북방이 압도적으로 많았고 남방과 광방은 극소수인 불균형 상태로 바뀐 것이다. 또한 아동 인구 총 301명 중 약 9할은 북방 출신이고, 남방과 광방은 모두 합해 1할에 불과했다.

|표2-1| 인천화교의 성별(省別) 인구

(1935년 현재)

성 별	성인남자	성인여자	남아	여아	합계
산동성	1,504	259	130	140	2,033
저장성	18	5	8	5	36
허베이성	8	1	1	1	11
후베이성	13	5	1	3	22
광동성	8	6	9	2	25
안후이성	3	3	1	-	7
펑톈성	6	3	-	-	9
합계	1,560	282	150	151	2,143

* 출처: '統計分別人口總數', 〈인천화상상회 화교 상황 보고 중화민국24년(1935년) 3월〉, 『인천중화상회 보고서』(인천화교협회소장).

다음은 각 동향별 경제 활동 및 경제 규모에 대해 보도록 하자. 인천화상상회는 인천화교의 경제활동을 각 방별로 나누어 조사했다. 인천화상상회는 3개 방이 연합해 설립되었기 때문에 그렇게 했을 것이다. 「인천화상상회 화교상황 보고(중화민국24년3월)」에 나타난 각 방별 경제에 대해 소개해보기로 하자.

|번역문|

> 북방의 면포상은 자본규모가 비교적 큰 상점은 6개소이며 자본금은 2만 엔에서 7만 엔 사이이다. 잡화상은 6개소이며 1만5천 엔에서 6만 엔 사이이다. 염상 및 그 대리점은 4개소로 1만5천 엔에서 4만 엔 사이이다. 대리점 2개소는 각각 약 2만 엔이다. 큰 요리점 3개소는 1만 엔에서 2만 엔이다. 북방 소유 부동산의 금액은 약 7만 엔이며, 매년 임대수입은 약 5,500엔이다. 남방은 양복점이 4개소이며 자본은 5천 엔에서 1만 엔 사이이다. 부동산업자가 2개소로 부동산 금액은 18만 엔이며, 매년 임대수입은 약 1만 엔이다. 광방의 서양잡화점은 1개소로 자본은 약 8천 엔이다. 부산동업자가 2개소로 부동산 금액은 약 12만 4,500엔이며, 매년 임대수입은 약 6천 엔이다.[42]

그리고 |표2-2|는 인천 화상 영업점의 개황을 각 방별로 분류한 것이기 때문에 상기의 내용을 보다 구체적으로 파악할 수 있다. 북방 소속의 화상은 포목상, 중화요리점, 잡화점 등 거의 모든 영업에 걸쳐 있어 가장 큰 경제적 세력을 형성하고 있었다. 광방은 서양잡화점인 의생성(義生盛)과 부동산임대업을 하는 동순태(同順泰)의 두 개뿐이었다. 남방은 각 성 출신자 별로 특색 있는 영업을 영위하고 있었다. 후베이성 출신자가 경영하는 춘발당(春發堂)과 흥발당(興發堂)은 모두 이발소였다. 저장성 출신자가 경영하는 복태호(復泰號), 원태호(源泰號), 순태호(順泰號), 신창호(愼昌號)는 모두 양복점이었다. 즉, 후베이성 출신자와 저장성 출신자는 매우 적었지만 후베이성 출신자는 이발업, 저장성 출신자는 양복점을 경영하는 특성을 보여주고 있는 것이다. 남방회관의 동사장(董事長)인 왕성홍은 부동산임대업을 하고 있었는데 부동산 보유 시가는 15만 엔에 달하여 동순태의 12만 엔보다 많았다.

42) '방별(幇別): 북방(北幇), 남방(南幇) 광방(廣幇)', 〈인천화상상회 화상 상황 보고 중화민국24년(1935년) 3월〉, 『인천중화상회 보고서』(인천화교협회소장).

|표2-2| 인천 화상 경영의 상점의 방별(幇別) 내역

주소	상호	영업종류	자본(만엔)	개설	경영자	원적
中國街20번	協興裕	마포 · 면포 · 비단 · 면화	7	18년	張殷三	산동
동 22번	錦成東	상동	3	3년	曲仁瑞	산동
동 6번	和聚公	상동	5	35년	楊翼之	산동
新町62번	永盛興	비단 · 면포	5	2년	李仙舫	산동
仲町3-2번	德生祥	상동	6	7년	郭占榮	산동
內里212번	同生泰	상동	2	12년	許壽臣	산동
동215번	同盛永	상동	5	31년	沙肅堂	산동
동213번	東聚成	상동	1.5	13년	于哲卿	산동
중국가23번	東和昌	토산 · 해산 · 수입잡화	5	21년	孫景三	산동
동 16번	仁合東	상동	6	40년	姜肇鋒	산동
동 43번	誌興東	상동	5	35년	王少楠	산동
동 8번	同成號	상동	2	16년	崔書藻	산동
내리209번	泰昌祥	상동	1	6년	孫長榮	산동
동 213번	萬聚東	상동	4	19년	王承謁	산동
동 209번	雙成發	상동	2	36년	李發林	산동
중국가38번	元和棧	원염수입 · 여관	4	19년	張晉三	산동
동 18번	復成棧	상동	3	15년	史祝三	산동
동 38번	同和棧	원염수입	1.8	17년	王瓚臣	펑톈
상동	德聚昌	상동	1.5	11년	朱品三	펑톈
중국가34번	天合棧	대리점 · 여관	3	34년	張信卿	산동
동 35번	春記棧	상동	1.5	35년	曺積勳	산동
동 11번	義生盛	서양잡화	0.8	38년	周鶴林	광동
本町 18번	中華樓	요리점	1.6	19년	賴文藻	산동
중국가38번	共和春	요리점	0.5	22년	于希光	산동
동 2번	同興樓	요리점	0.6	23년	徐文堂	산동
宮町11번	濱海樓	음식점	0.2	2년	于煥熙	산동
外里234번	萬春樓	음식점	0.15	3년	陳榮春	산동
松坂町1-3번	泉生東	당면	0.5	6년	楊忠貞	산동
道禾町238번	萬聚東粉房	당면	0.3	4년	李聰吉	산동
松岩里14번	大陸工廠	당면	0.5	2년	孔繁謨	산동
중국가15번	三盛商店	양말공장	0.6	2년	李潤古	산동
내리209번	同聚福	양말공장	0.2	3년	孫克寬	산동
중국가30번	義和堂	목욕 · 이발	0.2	21년	王鴻昇	산동
花房町10번	天興木舖	건축	0.3	13년	劉德雲	산동

주소	상호	영업종류	자본(만엔)	개설	경영자	원적
중국가42번	興泰福	잡화	0.5	8년	姜采南	산동
내리215번	德和成	잡화	0.4	3년	于本海	산동
동212번	協生盛	잡화	0.4	6년	林基叢	산동
상동	和盛興	잡화	0.2	17년	溫蘭亭	산동
중국가41번	同順東	잡화	0.3	2년	張如海	산동
상동	春發堂	이발업	0.1	6년	游細弟	후베이
궁정15번	興發堂	이발업	0.1	2년	吳和生	후베이
중국가19번	復泰號	양복점	0.7	8년	張潤財	저장
본정1-15	源泰號	양복점	0.5	10년	高林如	저장
중국가3번	順泰號	양복점	1	32년	錢信仁	저장
본정2번	愼昌號	양복점	0.7	4년	應志成	저장
중국가23번	同福公	서양바늘판매	1.6	16년	王子獻	안후이
동 11번	中和興	황주양조업	0.15	8년	賴文藻	산동
신정7번	積興永	돼지고기판매	0.1	19년	張積芳	산동
중국가23번	永和盛	돼지고기판매	0.1	10년	張本運	산동
동 21번	海興德	신발가게	0.2	18년	王嘉海	산동
동 23번	華昌泰	신발가게	0.1	2년	王景三	산동
동 29번	同順泰	부동산대여업	부동산가치12만	-	譚廷澤	광동
동 3번	順泰	상동	동 3.6	-	錢金根	저장
화방정10번	王成鴻	상동	동 15	-	王成鴻	안후이
중국가3번	仁成號	의복봉제점	0.05	5년	孫盛琨	산동
동 37번	同盛祥	의복봉제점	0.03	4년	張盛	산동

* 출처: '華商各行牌各營業資本開設年度表', 〈인천화상상회 화교 상황 보고 중화민국24년(1935년) 3월〉, 『인천중화상회 보고서』(인천화교협회소장).

(2) 산동동향회관

인천화교의 각 동향단체의 연혁은 「인천화상상회 화교상황 보고(중화민국24년3월)」에 상세히 기록되어 있다. 먼저 인천산동동향회(북방)의 연혁과 역할을 보도록 하자.

|번역문|

청국 광서 17년(1891년) 순전히 산동 교상에 의해 조직되어 주소는 인천(부) 중국가 52번지다. 민국19년(1930년)에 증축하여 회관 건물과 학교 건물을 건축했다. 이곳에 노교소학(魯僑小學)을 부설하여 순수한 의무교육을 실시한다. 또한 관(棺)을 희사(喜捨)하거나 난민을 구제한다.

직원: 동사제(董事制)이며, 동사장 1명, 동사 7명, 간사 5명을 두고 있다.

직원은 모두 산동을 고향으로 하는 각 상호의 경영자가 분담하여 맡고 있으며, 현재의 동사장은 산동성 무핑현 출신의 장은삼(張殷三)이다.

유지방법: 매년의 경비는 건물임대수입 및 동향 각 상호의 기부금으로 유지한다.

재산: 산동을 고향으로 하는 각 상가(商家)가 평소의 기부금으로 구입한 회관 건물, 학교 건물은 약 2만 엔, 그 외 부동산 약 2만 5천 엔이다.[43]

인천산동동향회는 인천화교 형성 초기인 1891년에 설립되었다. 그러나 1891년 당시 동향회의 건물, 즉 산동동향회관이 있었던 것은 아니었다. 산동동향회관이 언제 건축되었는지는 명확하지 않지만 각 동향 소속 화상 상가의 모금으로 1930년에 증축된 것은 분명하다. 인천산동동향회는 이 동향회 건물 안에 북방 출신 자제를 위한 노교소학(魯僑小學)을 부설했다. 또한 일종의 병원인 한약실(漢藥室)도 갖췄다.

아래의 사진은 1930년 12월 인천산동동향회의 증축 낙성을 기념해 찍은 단체사진인데, 하단은 당시 산동동향회 소속 화상이며, 상단은 노교소학 재학생으로 보인다. 이 건물은 현 '인천파라다이스호텔' 부근에 있었다.

43) '인천산동동향회', 〈인천화상상회 화교 상황 보고 중화민국24년(1935년) 3월〉, 『인천중화상회 보고서』(인천화교협회소장).

산동동향회관은 당시 산동성의 옌타이(煙臺), 웨이하이(衛海), 그리고 다롄(大連)과 인천을 왕래하는 기선 이통호(利通號)를 경영했다.[44] 이통윤선유한공사(利通輪船有限公司)라는 회사가 이통호를 관리했는데 산동동향회관과 관련이 깊은 것 같다. 이 회사는 조선 화상이 출자해 만든 회사로 1,855톤의 기선을 1924년경부터 운항했다. 이통호의 선주(船主)는 1937년 중일전쟁 직후 부소우(傅紹禹)였다.[45] 부소우는 1880년 산동성 옌타이에서 태어나 조선에 이주한 것은 1897년이었다. 인천의 화상 포목상인 영래성(永來盛)의 경영자였고, 1920년대 인천중화상무총회의 회장을 역임했다. 그의 손자 부극정(傅克正)에 의하면, 이통호 관련문서는 산동동향회관에 보관되어 있었는데 인천상륙작전 당시 연합국의 폭격을 맞아 모두 소실되었다고 한다. 부소우는 노교소학을 세우는데 주도적인 역할을 했으며, 1954년 인천에서 사망했다.[46]

인천산동동향회는 빈곤한 동향 교민으로 불의의 사고로 사망한 교민이 있을 경우 관(棺)을 희사(喜捨)하거나 난민을 구제하는 활동도 했다. 산동동향회는 1935년 현재 동사제(董事制) 하에 동사장 1명, 동사 7명, 간사 5명을 두었다. 이들 임원은 모두 산동성 출신 각 상호의 경영자가 분담해서 맡았고, 1935년 당시의 동사장은 협흥유(協興裕)의 경영자 장은삼(張殷三)이었다. 매년의 경비는 회관 소유 부동산의 임대수입과 동향 소속 상가의 기부금으로 유지되었다.

---

44) 1942年7月15日收, 〈仁川辦駐事處轄境內僑務概況〉, 「汪僞政府駐朝鮮總領事館半月報告」, 『汪僞僑務委員會檔案』(동2088-373).

45) 鎭海要港部參謀長이 旅順要港部參謀長에 보낸 공문, 「中華民國汽船就役ノ件通知」, 『昭和十三年 領事館關係綴』(국가기록원소장).

46) 부극정씨 인터뷰(2014년 4월 6일 인천화교협회). 부소우는 傅維貢, 傅守亭, 傅培桐의 이름도 사용했다고 한다. 부극정씨는 1950년 인천에서 태어나 오래 동안 인천화교소학교에서 교사로 근무한 후 현재 아프리카의 마다가스카르에서 거주하고 있다.

|그림2-1| 인천산동동향회관 증축 낙성 기념사진 (1930.12)

그런데 이번 “인천화교협회소장자료” 가운데 인천산동동향회의 장정(규정)은 발견되지 않았다. 단, ‘조선경성화상북방회관’이 1937년 3월 제정한 장정이 발견되었기 때문에 여기서 소개하도록 한다.

제1조는 북방회관의 명칭, 제2조는 설치의 목적을 규정했다. 설치 목적은 동향인 간 친목을 도모하고 공공의 복리를 도모하는 것이었다. 제3조는 북방회관의 주소, 제4조는 입회 자격, 제5조는 회원의 의무, 제6조는 회원의 권리를 규정했다. 제7조는 북방회관의 이사회 구성 및 직원, 제8조는 이사 및 감사의 임기, 제9조는 이사회의 권한이 규정되어 있다. 제10조는 감사의 권한, 제11조는 회원대회와 임시회의 개최, 제12조는 경비 조달, 제13조는 교민 구제, 제14조는 장정의 추가, 제15조는 장정의 효력 발생에 관한 규정이다.

|번역문|

제1조 본 회관의 명칭은 조선 경성 화상 북방회관이라 한다.

제2조 본 회관은 고향에 대한 감정을 공유하고 공공의 복리를 도모하는 것을 종지로 한다.

제3조 본 회관은 조선 경성부 수표정 49번지에 둔다.

제4조 상업 상식이 있는 조선 거주 교포로 만 20세 이상인 자가 입회 지원을 하면 본 회관의 회원 2명의 소개와 이사회 통과를 거치면 즉시 회원이 된다.

제5조 본 회관의 회원은 장정을 준수하고 회비를 납부하는 의무가 있다.

제6조 본 회관의 회원은 선거 및 피선거권을 가지며 기타의 권리를 향유할 수 있다.

제7조 본 회관의 회원대회에서 이사 3명, 후보이사 2명을 선출하여 이사회를 조직하고, 감사 1명, 후보감사 1명으로 하며, 이사의 호선으로 1명은 상무이사로 일상의 사무를 담당한다.

제8조 이사 및 감사의 임기는 2년으로 하며, 단 연임은 가능하다.

제9조 이사회는 본 회관을 대외적으로 대표하며, 본 회관의 대내 일체의 회무를 처리하고 집행한다.

제10조 감사는 본 회관의 재정수지를 조사하고 기율 등의 직권을 감찰한다.

제11조 본 회관의 회원대회는 매년 1차례 개최한다. 이사회는 매월 한 차례 개최한다. 특별한 사고가 있을 경우는 구분을 지어 임시회의를 개최할 수 있다.

제12조 본 회관의 경비가 부족할 경우는 같은 방(幇)의 상가(商家)에 의해 임시로 기부 받을 수 있다.

제13조 같은 방의 동향인이 병으로 인한 요양 혹은 사망 등의 일로 본 회관을 찾아올 경우, 그에 상당한 시설을 구비하고 주야로 간병인을 두어야 한다. 만약 그렇지 못할 경우는 수용해서는 안 된다.

제14조 만약 본 장정에 미진한 사항이 있을 경우는 회원대회에서 이를 수정한다.

제15조 본 장정은 회원대회의 통과를 거쳐 주관 기관에 봉정하여 허가를 받아 시행된다.[47]

(3) 남방회관

남방(회관)은 「인천화상상회 화교상황 보고(중화민국24년3월)」에 따르면 1899년에 안후이성, 저장성, 후베이성, 장수성 등의 화남 각 성 출신 화교에 의해 조직되었다고 한다. 1935년 현재 산동동향회관과 마찬가지로 동사제를 채택하고 있었으며, 동사장은 안후이성 출신의 왕성홍이 맡고 있었다. 남방회관은 산동동향회관과 같은 회관건물이 없었기 때문에 왕성홍의 자택을 사무실로 했다. 남방회관 소유의 부동산이 인천부 내리(內里)에 있었고 당시의 시가는 7천 엔이었다.

|번역문|

> 청국 광서 25년(1899년) 성립. 안후이(安徽)·저장(浙江)·후베이(湖北) 및 화남 각 성 출신 교민에 의해 조직되었다. 동사제(董事制)이며 동사장 왕성홍(王成鴻)은 안후이성 시(歙)현 출신.
>
> 회관건물: 동사장인 왕성홍의 자택.
>
> 재산: 강의당(江義棠) 명의의 건축물이 인천부 내리 201번지에 있고, 토지 35평에 루방(樓房) 7칸, 가격은 7천 엔이다.[48]

(4) 광방회관

광방(회관)은 산동동향회와 남방보다 늦은 1900년에 조직되었다. 1935년 현재 산동동향회관 및 남방회관과 같이 동사제를 채택하고 있

---

47) 1941年9月9日, 「朝鮮京城華商北幇會館職員履歷章程印鑑報告表」, 『汪僞僑務委員會檔案』(동2088-679).

48) '남방회관', 〈인천화상상회 화교 상황 보고 중화민국24년(1935년) 3월〉, 『인천중화상회 보고서』(인천화교협회소장).

었고, 동사장은 동순태(同順泰) 담걸생(譚傑生)의 9남인 담정택(譚廷澤)이었다.[49] 담정택은 담걸생의 유산상속인이었다. 광방회관도 일정한 회관을 소유한 것이 아니었다. 광방회관 소유의 부동산은 인천부 내리와 용강정에 있었으며, 두 부동산의 시가는 7천 엔이었다.

|번역문|

청국 광서 26년(1900년) 성립. 순전히 광동성을 고향으로 하는 자에 의해 조직되었다. 동사제이며 동사장은 담정택(譚廷澤)이고 광동성 가오야오현(高要縣) 출신. 재산: 정복당(鄭福堂) 명의의 건축물이 인천부 내리 2023번지에 있다. 토지는 50평, 루방 7칸, 가격은 6천 엔. 인천부 용강정 77번지의 토지 22평, 목조 1층 건물에 방 5칸, 가격은 1천 엔.[50]

---

49) 강진아 (2011), 『동순태호: 동아시아 화교 자본과 근대 조선』, 경북대학교출판부, 11쪽. 담정택은 담걸생의 유산상속인이었다고 한다. 조선 최대의 화상으로 유명한 담걸생은 1929년 사망했다. 동순태에 관한 최근의 연구 성과는 다음과 같다. 강진아 (2014), 「20세기 광동 화교자본의 환류와 대중국 투자」, 『동양사학회 학술대회 발표 논문집』No.2. ; 강진아 (2014), 「在韓華商 同順泰號의 눈에 비친 淸日戰爭」, 『역사학보』Vol. 224. ; 石川亮太 (2005), 「朝鮮開港後における華商の對上海貿易: 同順泰資料を通じて」, 『東洋史硏究』63(4).

50) '광방회관', 〈인천화상상회 화교 상황 보고 중화민국24년(1935년) 3월〉, 『인천중화상회 보고서』(인천화교협회소장).

2. 중화회관 및 중화상회

(1) 중화회관

인천화교협회는 동 협회의 공식 역사를 「교정간보(僑情簡報)」에 다음과 같이 적었다.

> 본회는 광서(光緖)13년(1887년)에 창립되어, 처음의 명칭은 '중화회관'이었으며 그 후 '중화상무총회', '화상상회' 및 '중화상회' 등의 명칭으로 바뀌었다. 항일전쟁 승리 후 한국 광복 후 민국37년(1948년)에 '남한화교자치인천구공소'로 바뀌고 그 후 다시 '인천화교임시위원회', '인천화교자치회"로 바뀌었다. 1960년 우리 주한대사관이 한국의 정세[51]의 요구에 합치하도록 지시한 것을 받들어 자치구의 명칭을 현재의 '인천화교협회'로 고치고 지금에 이르고 있다. [52]

이 「교정간보」는 상기와 같이 인천화교협회의 역사를 기록한 후, 역대 회장의 성명과 임기를 적고 있는데, 해방 이후는 명확히 적고 있지만, 근대시기는 '인천중화상무총회'의 부소우(傅紹禹), '인천화상상회'의 손경삼(孫景三) 두 명만을 기재하고 임기는 '불상(不詳)'이라고만 적고 있다. 즉, 근대시기의 중화회관, 중화상무총회, 화상상회에 관한 역사는 제대로 정리되어 있지 않은 것이다. 이런 점에서 인천화교협회소장자료는 인

51) 1960년에 발생한 5 · 16군사혁명을 말한다.
52) 韓國仁川華僑協會 (2000.6), 『僑情簡報』.

천화교협회의 역사를 해명하는데 큰 도움을 주는 것은 말할 필요도 없다. 특히 『인천중화상회 보고서』는 중화회관과 중화상회의 연혁을 파악하는데 귀중한 사료이다.

|번역문|

> 광서13년(1887년)초 중화회관으로 설립됐다. 북방, 남방, 광방의 상인에 의해 조직된 단체이다. 성립된 후 인천화상상회로 개조됐다. 직원: 이전 동사제(董事制)가 1929년 부(部)의 장정 개정으로 위원회 제도로 바뀌었다. 주석 1인, 상무위원 5명, 집행위원 15명, 감찰위원 7명이다. 현재의 주석은 손경삼(孫景三)으로 산동성 무평현 출신이다.
>
> 유지방법: 각 상호의 기부금과 회비로 유지된다. 회연(會捐)이라 부르는 회비와 기부금 총수입은 매월 약 245엔이다. 이 총수입으로 상회의 일체 비용에 충당하고, 지불한 후 약간 남는다.
>
> 재산: 본회는 영사관과 인접해 있어 주소는 영사관과 같다. 영사관이 원래 전보국 건물을 상회에 부여한 후, 상가(商家)들이 모금하여 새롭게 이를 건축했다. 그리고 인천(부) 도화리 225번지에 소재한 땅을 구입하여 의장(義莊)으로 했다. 의장은 본회에서 약 5-6리 떨어진 곳에 있으며 이곳에는 벽돌로 지은 객청(客廳) 1개소, 작은 정자 1개소, 요양실과 상여(喪輿) 보관소가 각각 1개소가 있다. 뒤편의 건물 1개소는 교민 요양자, 상여 관리자와 매장자가 거주한다. 의장의 총평수는 8,416평, 땅값은 7,995.2엔, 건축물 가격은 약 4천 엔이다.[53]

이 사료에 의하면, 인천화상상회는 1887년 초 인천중화회관으로 시작되었으며, 북방, 남방, 광방의 상인에 의해 조직되었다고 분명히 적

53) '인천화상상회', 〈인천화상상회 화교 상황 보고 중화민국24년(1935년) 3월〉, 『인천중화상회 보고서』(인천화교협회소장).

었다. 3개 방(幇)에 의해 설립되었다고 적고 있는데, 앞에서 살펴본 바와 같이 이 시기에는 아직 산동동향회관도 남방회관도 광동회관도 설립되어 있지 않았기 때문에 앞뒤가 맞지 않는다. 하지만 남방과 광방 소속 화상은 정식 조직을 갖추기 이전에 방(幇) 별 모임은 있었을 것으로 추정된다. 따라서 인천중화회관의 1887년 초 설립은 신빙성이 높다.

인천중화회관이 1887년에 설립되었다는 또 다른 근거가 있다. 중국 제2역사당안관에 소장된 『왕위교무위원회당안(汪僞僑務委員會檔案)』에 인천중화회관에 대한 다음과 같은 기록이 있다.

> 화상상회는 광서13년(1887년)경에 성립되어 원래는 중화회관의 명칭으로 우리 전보국 옛 터에 자금을 갹출하여 개수(改修)한 것이다. 그 후 다시 화상상무총회로 개칭되었고, 이어 현재의 이름으로 바뀌었다.[54]

두 개의 사료에 의해 인천화상상회는 1887년 초 인천중화회관으로 설립된 것이 틀림없는데, 인천화교 사회의 초기 형성 과정을 보더라도 타당한 것 같다.

인천항이 개항한 것은 1883년 1월이며, 리나이롱(李乃榮) 인천상무위원(영사)이 영사관 업무를 개시한 것은 그해 11월이었다. 〈인천구화상지계장정〉이 체결되는 것은 1884년 4월, 청국의 인천상무분서(仁川商務分署)가 준공된 것은 1885년 1월이었다. 원세개가 인천의 청국조계가 좁다는 이유로 1886년 조선정부에 새로운 조계의 설치를 요구해 각국조계의 동쪽에 있는 삼리채(三里寨)에 새로운 조계를 획득한 것은 1887년경이었다.[55]

---

54) 1942年7月15日收, 〈仁川辦駐事處轄境內僑務概況〉, 「汪僞政府駐朝鮮總領事館半月報告」, 『汪僞僑務委員會檔案』(동2088-373). '汪僞'라고 한 것은 중화인민공화국이 왕징웨이(汪精衛) 친일괴뢰정권을 인정하지 않기 때문에 붙인 호칭이다.

1887년 시점의 인천화교사회는 200명이 넘는 화상이 청국조계를 중심으로 거주하고 있었고, 이들을 보호하기 위한 청국영사관이 개설되어 있었으며, 조계를 중심으로 활발한 경제활동을 전개하고 있었다. 따라서 각 방 별로 해결하기 어려운 공동묘지 문제, 조계 행정의 자치적 처리, 관헌과의 교섭 및 연락, 분쟁의 중재 등 각 방을 초월한 업무가 증가했을 것이다. 각 방은 상호 협력해야 했기에 각 방의 합의로 1887년에 설립된 것이 인천중화회관이 아닐까 한다.

한편, '중화회관'이라는 명칭이 사용된 것은 1870년대 이후이다. 청국은 1870년대부터 조약을 체결한 국가의 현지 교민을 보호하게 된다. 이즈음부터 화교 사이에 민족의식과 애국심이 고조되고 동향조직인 방을 초월한 중국인으로서의 연대가 강화되어 중화회관 조직이 탄생하게 된다. 일본화교는 1873년 요코하마(横浜)에 중화회관을 설립하고, 1892년 고베(神戶)에 중화회관을 각각 설립했다.[56] 한성중화회관(漢城中華會館)이 설립된 것은 1884년 5월 초2일(양력 5월 26일)로 인천중화회관은 이러한 국내외의 중화회관 설립에 영향을 받았을 것이다.

그러나 설립 당시 인천중화회관은 정식 건물을 갖춘 것이 아니었다. 앞의 당안에 "우리 전보국 옛 터에 자금을 갹출하여 개수(改修)한 것"이라고 적혀 있는데 청국 영사관 관내에 있던 전보국 옛 터의 건물을 개수하여 중화회관으로 했다는 것이다. 그렇다면 언제 개수공사를 한 것일까 궁금해진다.

다음의 『주한사관당안(駐韓史館檔案)』은 이러한 궁금증을 풀어준다. 이 당안은 1905년 4월 8일(양력 5월 12일) 인천영사 우위창(吳雨昌)이 정광췐[57]

55) 그러나 조선정부와 일본은 삼리채 조계(화교는 신계(新界)라 부름)를 정식 조계로 인정하지 않았다. 삼리채 조계의 체결 과정에 대한 연구가 필요하다.

56) 可兒弘明 · 斯波義信 · 游仲勳 編 (2002), 『華僑 · 華人事典』, 弘文堂, 477쪽.

57) 후난성(湖南省) 샹샹(湘鄉) 출신. 정궈판(曾國藩, 1811-1872)의 손자. 그는 영국에서

(曾廣銓, 1871-1940) 청국공사에게 올린 정문(呈文)이다.

> 인천항의 상무(商務)는 번성하여 우리 화상민은 속속 조계 및 삼리채 등지로 와 날로 증가하는 추세에 있습니다. 만약 규약(規約)을 갖추고 공사(公事)를 의논하려면 반드시 공소(公所)가 있어야 합니다. 때로는 서로 모여 우정을 돈독히 하고 마음을 함께 하는 회관의 설립 말입니다. 즉 상무의 중요한 것이 결여되어 있는 것입니다. 개항 통상 이래 지금까지 이미 20여년이 지났습니다.…상동(商董) 등은 공의(公議)로 이전 전보국 건물을 간단히 수리하여 화상회관(華商會館)으로 하려 합니다. 그러나 필요한 금액이 너무나 많아 모으기 쉽지 않습니다. 공금 가운데 전년 예금되어 있는 홍동전(紅銅錢) 벌금 양은(洋銀) 1,001.45元을 수리비로 하는 이외, 부족분은 다시 각 화상의 기부로 충당하려 합니다.…곧 바로 전보국 수리 공사를 시작하여 회관을 조기에 설치할 것을 기하고자 합니다.[58]

즉, 이 당안은 인천항의 화교 인구 증가와 화상의 상무 번성으로 '화상회관'의 설치가 긴급히 요구된다는 각 방 상동의 건의를 받고, 우위창 인천영사가 정광췐 청국공사에게 구 전보국 가옥을 수리하여 회관으로 사용할 수 있도록 공금을 수리비의 일부로 사용할 수 있도록 허락해 달라는 내용이다. 정관췐 청국공사는 같은 해 4월 12일(양력 5월 16일) 이를 허락하는 글을 보냈기 때문에 구 전보국 수리 공사는 바로 진행되었을 것이다.

유학하였으며 영국공사관의 참찬(參贊), 리훙장(李鴻章)의 막료를 지냄.

58) 1905年4月, 「擬設華商會館由」, 『駐韓史館檔案』(동02-35, 031-03).

|그림2-2| 인천중화회관 건물 (1956)

그런데 구 전보국 건물을 수리하여 회관으로 한 것은 분명한데 명칭이 '중화회관'이 아니라 '화상회관'이라는 것이 문제이다. 그러나 서울의 중화회관도 설립 당시 그 명칭을 '화상공소(華商公所)'로 부르기도 했기 때문에[59] '화상회관'과 '중화회관'의 명칭이 혼용되어 사용되었을 개연성이 있다.

그렇다면, 당시 중화회관 건물은 어떤 유형의 건물이었을까. 인천중화회관이 1906년 우치자오(吳其藻) 주한청국총영사에게 보고한 수지내역에 중화회관 건물 임대수입이 나온다. 회관 문 앞(門前) 시장 임대, 루방

59) 김희신 (2012), 「淸末 駐漢城 商務公署와 華商組織」, 『東北亞歷史論叢』Vol.35, 296쪽.

(樓房) 4칸의 임대료 수입 월 15원(元)의 수입이 있다고 기재되어 있다.[60]

'루방'은 당시 주로 2층 건물에 사용되는 용어이기 때문에 중화회관은 2층 건물이었을 것이다. 일제강점기 인천차이나타운의 사진을 보면 건축물은 거의가 2층인 것도 이것을 잘 뒷받침해준다.

"인천화교협회소장자료" 가운데 인천중화회관 건물의 정문에서 찍은 사진(|그림2-21|)이 있다. 이 사진은 1956년에 촬영한 사진인데 '중화회관'의 간판 및 '인천화교자치구'의 간판이 보인다. 한 가운데 서 있는 인물은 당시 인천화교자치구장인 여계직(呂季直)이다.

이 건물이 구 전보국 옛터를 개수하여 건축한 중화회관 건물일 것이다. 이 건물은 1977년 건물 노후화로 인한 안전사고의 위험이 있다는 이유 등으로 인천화교협회가 2천 30만원을 들여 현재의 협회 건물을 신축했다.

이번 인천화교협회소장자료에서 인천중화회관의 장정은 발견되지 않았다. 한성중화회관의 장정도 발견되지 않아 그 근거를 삼을 것도 없어 그 내용을 확인할 길이 없다.[61] 단, 인천중화회관과 거의 비슷한 시기에 설립된 일본의 중화회관의 직능(職能)을 통해 인천중화회관의 업무를 파악하도록 하자.

일본의 중화회관은 크게 다섯 가지의 직능을 가지고 있었다. 첫째는 제사(祭祀)의 거행과 우의적(友誼的) 집회의 개최이다. 중화회관은 관우(關羽) 이하 중국의 민간의 신에게 제사를 주재하고, 화교 간 친목을 도모하는 각종 우의적 행사를 개최했다. 둘째는 중화의장의 관리이다. 일본서 사망한 화교의 시체 보관, 본국 수송, 공동묘지인 중화의장의 관리 등의 업무를 담당했다. 셋째, 사회공공의 자선사업이다. 의지 관리 이

60) 1906年, 「華商人數淸冊」, 『駐韓史館檔案』(동02-35, 041-03).
61) 김희신 (2010), 「淸末(1882-1894년) 漢城 華商組織과 그 位相」, 『中國近現代史研究』제46집, 71쪽.

외에 화교 빈민이나 고아 등을 구제하는 등의 사업을 주재했다. 넷째, 기부금 갹출이다. 중화회관의 원활한 운영을 위해 각 방 및 각 교민에게 일정액의 회비를 거두었다. 다섯째, 회관의 공의에 관한 업무다. 사회적, 정치적으로 관련되어 처리하기 어려운 문제는 중화회관이 각 방의 대표를 모아 공의(公議)로서 해결했다. 여섯째, 공단(公斷)과 조정 화해의 업무다. 교민의 화합을 해치고 장정을 어긴 자를 공의로 재판하고, 각 방 간의 이해대립이나 충돌이 있을 경우 조정 및 화해시키는 역할을 담당했다. 일곱째, 외부의 관민 기관과의 연락 및 교섭의 업무다. 중화회관은 대내적으로 각 방 협동에 의한 자치적 행정기관임과 동시에 대외적으로 정치적 교섭기관으로서의 역할을 했다.[62]

인천중화회관도 상기 일본의 중화회관의 직능과 거의 비슷한 역할을 했을 것으로 추정할 수 있지만, 그 장정을 찾아내지 못한 이상 정확히 판단하기는 아직 이르다.

(2) 중화상회

〈조선인천중화상회장정〉

인천중화상회는 중화회관에서 시작해 그 명칭이 몇 차례에 걸쳐 바뀌었다. 중화회관의 다음 명칭은 중화상무총회(中華商務總會), 그 다음은 중화총상회(中華總商會), 그 다음은 화상상회(華商商會), 그 다음은 중화상회(中華商會)이다. 각각에 대해서 살펴보자.

먼저 중화상무총회는 어떤 단체인지 인천중화상무총회의 장정을 먼저 보도록 하자. 현재까지 근대 조선화교의 중화상회의 장정이 이처럼

62) 內田直作 (1949), 『日本華僑社會の硏究』, 同文館, 236-252쪽.

원본이 그대로 남겨져 있는 것은 유일하기 때문에 그 사료적 가치는 매우 높다고 할 수 있다.

|그림2-3| 조선인천중화상회장정

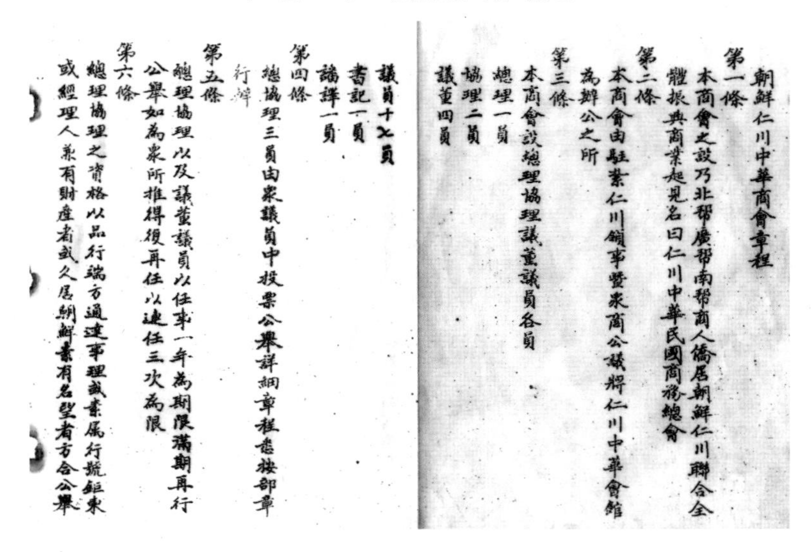
朝鮮仁川中華商會章程
第一條 本商會之設乃北帮廣帮南帮商人僑居朝鮮仁川聯合全體振興商業起見名曰仁川中華民國商務總會
第二條 本商會由駐紮仁川領事暨衆商公議將仁川中華會館為辦公之所
第三條 本商會設總理協理議董議員各員
總理一員
協理二員
議董四員
議員十七員
書記一員
繙譯一員
第四條 總協理三員由衆議員中投票公擧詳細章程悉按部章行辦
第五條 總理協理以及議董議員以任事一年為期限滿期再行公擧如為衆所推得復再任以連任三次為限
第六條 總理協理之資格以品行端方通達事理或素屬行號鉅東或經理人兼有財產者或久居朝鮮素有名望者方合公擧

|번역문|

제1조 본 상회는 조선 인천에 거주하는 북방, 광방, 남방 상인의 연합으로 설립한다. 전체 상업 진흥의 견지에서 명칭은 인천중화민국상무총회라 한다.

제2조 본 상회는 주찰 인천 영사 및 중상의 공의에 의해 인천중화회관을 사무소로 한다.

제3조 본 상회는 총리, 협리, 의동, 의원을 둔다. 총리 1명, 협리 2명, 의동 4명, 의원 17명, 서기 1명, 통역원 1명을 둔다.

제4조 총리와 협리 3명은 의원 가운데 투표를 통해 모두의 추천으로 선출하며 상세한 장정은 부(工商部) 장정에 따라 시행한다.

제5조 총리, 협리 및 의동, 의원의 임기는 1년으로 한다. 만기가 되면

다시 선거를 한다. 만약 중의(衆議)로 다시 선출할 경우 재임의 연임은 3차례를 한도로 한다.

제6조 총리, 협리의 자격은 품행단정하며 사리에 통달하고 혹은 상점의 지배주주(鉅東) 혹은 지배인 겸 재산이 있는 자 혹은 오래 동안 조선에 거주한 명망가로 모두가 추천하기에 합당한 자이어야 한다.

제7조 의원의 자격은 사무에 정통하고 상점의 주주이거나 집사(執事) 혹은 명망가로 한다.

제8조 이전에 고소되어 감금된 죄를 지은 자, 채무에 연루된 자, 기만사기 악랄한 짓을 한 자, 간질(癎疾)병인 자 모두는 피선거권을 가질 수 없다.

제9조 총리는 상회 각 업무의 상황을 모두 파악하고 있어야 하며 교상(僑商) 사무 이외에 타국 교섭(외무) 관련 일체의 계획과 책임을 진다.

제10조 협리는 상회 각 사무를 도와줄 책임이 있다. 총리에게 상무(商務)상의 손익 및 일체의 사무를 참작하여 그 가부(可否)를 자문한다. 총리가 사정상 출석할 수 없을 때 대리를 담당할 수 있다.

제11조 의동은 총리, 협리를 도와 각 사무를 유지해야 한다. 장부를 조사하고 상무 상태 및 일체를 살펴 조사하여 획책(劃策)한다.

제12조 의원은 보좌의 역할을 다하여 서무를 처리하고 상무 진행 관련 사안은 의견을 진언하여 공익의 도움이 되도록 한다.

제13조 서기는 본회의 장부 사무 및 공문서를 주로 처리한다.

제14조 통역(원)은 일본 관원, 경찰 등과 교섭할 때 언어 소통과 교제를 통해 직무를 수행한다.

제15조 총리, 협리, 의동, 의원은 각각 의무를 다하되 급료는 지급하지 않는다. 서기와 통역원에게는 급료를 지급한다.

제16조 본 상회는 1일과 15일 월 2회의 정기모임을 가지고 사무 계획의 진행 및 장부, 경비의 감사 등에 대해 상의한다.

제17조 본회의 정기모임 이외에 6개월에 한 번 1년에 두 번 정기대회를 개최하여 상업을 토론하고 의견을 구하여 상무(商務)상의 정신을 진작한다.

제18조 본회는 정기모임과 정기대회 이외에 임시회를 둔다. 교상(僑商)이 고소하여 상의할 중요 안건이 있으면 총리에 의해 전단지로 보고하고 알린다.

제19조 본회의 개회는 총리, 협리, 의동, 의원 모두가 반드시 출석하여야 한다. 결석할 경우 회원 의결의 안건은 반드시 규정에 따라 집행되어야 하며 구실을 삼아 방해해서는 안 된다.

제20조 본회의 회의 시 총리는 출석하여 처리 안건, 미처리 안건, 처리해야 할 안건으로 요점을 적확히 표명하여 순서대로 중론을 구한다.

제21조 모든 의사(議事)는 총리에 의해 제출된 후 각자 의견을 제시하고 제시 안건의 가부는 거수하는 자는 찬성, 거수하지 않는 자는 불찬성으로 하여 다수로 결정한다.

제22조 모든 중대 안건은 의동, 의원이 일제히 모이거나 회의 참석자가 반수 이상이어야 유효하다. 평시의 작은 안건은 이 사례에 준하지 않는다.

제23조 삼방(三幇) 상인이 상호 논쟁하는 사안이 있으면 중의에 의해 처리하며 이를 편들거나 조정에 불복하는 자는 본인이 스스로 처리해야 하며 본회는 다시는 간여하지 않는다.

제24조 회의 시 의사 진행이 끝나지 않았는데 의원 등이 마음대로 먼저 퇴장해서는 안 되며 어떤 사정이 있으면 먼저 총리에게 그 뜻을 밝히고 자리를 떠나는 것을 허락 받아야 한다.

제25조 정기모임, 정기대회, 임시회는 총리에 의해 집회 소집이 전달된다. 병이 아닌데도 도의(道義)를 행할 일이 없는데도 이유 없이 결석해서는 안 되며 먼저 그 연유를 보고해야 한다.

제26조 회의 시 각자는 자리에 앉아야 하며 규칙 없이 마음대로 걸어 다니거나 기뻐 웃고 성내 욕 등을 해서는 안 된다.

제27조 회의 시 국외자의 방청을 허락한다. 단, 발언을 해서는 안 된다. 비밀 방지와 관련된 사항을 누설하는 것은 이 사례에 준하지 않는다.

제28조 본회는 주로 상황(商況)사무를 처리한다. 교상(僑商)이 금전이나

장부 문제로 서로 논쟁하거나 모든 불평등한 사안이 본회에 접수되면 총리에 의해 각 임원을 소집하여 공공의 도리에 따라 처리한다.

제29조 본회는 회의 소집 때 서기가 의안을 의사록에 기록해야 한다.

제30조 교상(僑商)의 고소 안건은 물론 그 안건의 자세한 원인과 공단(公斷)에 의해 결정되며 서기는 기사록에 기록하여 금후에 조사하고 조회하도록 한다.

제31조 본 항구의 모든 교상(僑商), 재산이 있는 자는 모두 반드시 본회에 보고해야 한다. 본회는 그 재산을 재산 장부에 등기하거나 계약 및 재산 변경의 경우 수시로 보고하여 증거를 삼도록 한다.

제32조 본 항구의 교상(僑商)은 이름을 보고하여 생사(生死)를 등기해야 한다. 본 항구를 떠나는 자, 도착하는 자도 수시로 보고하고 등기해야 한다.

제33조 국기 게양하는 국가 식전(式典)의 경우 휴업하는 자에게는 본회가 전단지로 알린다. 그때는 일률적으로 분명히 하여 준수하도록 하며 위반한 자는 공의로 처벌을 상의한다.

제34조 본회는 그 경비를 중상(衆商) 각 호(戶)에 의해 충당한다. 기부금은 4등급으로 나누며 상업을 크게 하는 자는 1급, 그 다음은 2급, 그 다음은 3급, 4급으로 한다. 각 등급별 월 기부금은 공의를 거쳐 상의하여 정한다. 월 기부금을 납부하지 않는 자는 유사시 본회는 관여하지 않는다. 일이 있어 임시적으로 입회를 청구하는 자는 반드시 공의로 상의하여 특별 기부금을 납부해야 한다.

제35조 본회의 경비는 서기, 통역원, 급사(給仕)의 급료, 그 다음은 위생비, 의사비(醫師費), 잡비가 있다. 매월 서기에 의해 명세서를 본회 내에 붙여 알린다. 연말에 연간 왕래 총액 결산은 모두에 의해 조사, 조회하고 서명하여 신용할 수 있도록 한다.

제36조 본회의 모든 예금은 10元 이외는 은행에 보내 예금한다. 지출해야 할 경우는 모두 총리, 협리의 서명으로 해당 금액을 은행에서 인출한다. 혹은 10원 이내의 소액은 서기가 지급하고 장부에 기록함과 동시에 영수증을 받아 신용할 수 있도록 한다.

제37조 본회의 경비가 부족하거나 특별히 사용할 필요가 있는 경우는 임시대회를 개최한다. 총리가 그 이유를 제출하여 중의(衆議)를 거쳐 정한다. 각 상호(商戶)가 분담하거나 각 영업소에 분담 징수한다. 강요해서도 방해해서도 안 되며 적절히 정하여 도움이 되어야 한다.

제38조 본회는 상무를 진흥하도록 한다. 의원 및 의원이 아닌 자를 두며 시장의 이익과 폐해를 정확히 파악하고 모든 것을 조리 있게 세세히 분석한다. 본회가 중의를 모은 것은 기꺼이 따르고 그중에 제조하는 것은 사업을 이루게 하고 상무에 유리한 것은 반드시 장려하고 이를 보호해야 한다.

제39조 본회는 인천항 이외 지역에 거주하는 교상(僑商)과 단체로 연계하는 것을 주로 한다. 상호(商戶)가 외인의 기만과 모욕을 당할 경우 곧바로 보고 조사하여 사실이면 전체가 힘을 합하여 이와 싸운다.

제40조 군산, 목포의 두 항구에는 분회를 설치해야 한다. 분회가 처리할 수 없는 사안이 있을 경우 본회의 공의로 상의하여 처리한다. 연말 대회 때 양 분회에 대표를 파견하여 각 안건을 논의하고 이를 통해 연계하도록 한다.

제41조 본 항구의 교상(僑商) 동료가 한 곳에 모여 아편 흡인하고 도박을 하여 국기를 위반할 경우 곧바로 순경(巡警)에 체포되어 처벌 받는다. 강제노동은 국체를 모독할 때 부과한다. 본 회원이 조사를 받을 경우 먼저 타이르고 회개하게 한다.

제42조 본회의 의동, 의원은 스스로 삼가 명예를 지킨다. 마음대로 부정행위를 하고 행동이 바르지 않을 경우 곧바로 공동으로 사실을 조사하여 총리에 의해 사퇴시키고 이를 모두에게 알림으로써 본회의 명성을 유지하도록 한다.

부칙

제43조 이상의 장정은 모두 조선 인천 현지의 상업 상태에 근거하여 이익을 주도록 결정한다.

제44조 본 장정은 새롭게 시작하는 것으로 완전히 포괄할 수 없는 것이 있을 수 있다. 수시로 상태를 살펴 증감을 상의하여 품청(稟請)한다. 공상부(工商部)의 비준을 받아 완전하도록 한다.

제45조 본 상회는 품(稟)을 상신한다. 공상부는 입안을 비준하고 공인(公印)을 발급하는 즉시 오른쪽의 장정은 확정되며 결재문 및 의안초록은 회람하여 서로 준수하도록 해야 한다.

대중화민국 년 월 일

인천중화상무총회 정(呈)63)

상기 인천중화상무총회 장정 제1조에 "본 상회는 조선 인천에 거주하는 북방, 광방, 남방 상인의 연합으로 설립한다. 전체 상업 진흥의 견지에서 명칭은 인천중화민국상무총회라 한다."고 되어 있다. 따라서 중화회관처럼 3방의 연합에 의해 설립된 것이 분명하며, 설립 취지는 인천 화상의 상업 진흥에 있었다. 제2조는 "본 상회는 주찰 인천 영사 및 중상의 공의에 의해 인천중화회관을 사무소로 한다."고 하여 따로 사무소를 둔 것이 아니라 기존의 인천중화회관 건물 내에 사무소를 둔 것을 알 수 있다. 제3조는 중화상무총회의 직원은 총리(회장) 1명, 협리(부회장) 2명, 의동(상임의원) 4명, 의원(평의원) 17명, 서기 1명, 통역원 1명을 두는 것을 규정했다. 제4조는 직원의 선거, 제5조는 직원의 임기, 제6조는 총리와 협리의 자격, 제7조와 제8조는 의동의 자격, 제9조부터 제14조는 각 직원의 업무 내용 및 권한의 내용, 제15조는 급료에 관한 규정이다. 제16조부터 제18조는 월례회, 정기대회, 임시대회 개최에 관한 것이 규정되어 있고, 제19조부터 제27조, 제29조는 월례회와 각 대회의 소집, 출석, 의사진행, 회의의 규칙 등의 규정이다. 제28조와 제30조는 교상 간의 대립

63) 인천중화상무총회 (1913), 『조선인천중화상회장정』(인천화교협회소장).

및 충돌의 공단(公斷), 제31조는 교상의 상황(商況)보고 규정, 제32조는 생사(生死)와 퇴거 의무의 규정, 제33조는 국경일 휴무 준수에 관한 규정이다. 제34조는 상무총회 경비 조달을 위한 기부금 모금, 제35조부터 제37조는 경비에 관한 규정이며, 제38조는 상무 진작을 위한 체제 구축, 제39조는 교상(僑商)간의 협력에 관한 규정이며, 제40조는 군산, 목포에 분회 설치에 관한 규정이다. 제41조는 교상의 법률 및 국기 위반 처벌에 관한 규정, 제42조는 의동, 의원의 처신 및 처벌에 관한 규정이다.

인천중화상무총회의 장정을 보는 한 중화회관과 달리 주로 화상간의 친목 도모, 협력, 상무 진흥에 중점이 두어져 있는 것을 알 수 있다.

인천중화상무총회는 당시 중국 각 지역과 세계의 각 지역 화교 사회에 설립된 조직으로 인천에만 조직된 것은 아니었다. 그 설립의 경위를 살펴보면 다음과 같다.

인천중화상무총회와 같은 근대적인 상회 조직이 중국 국내외에 설립된 것은 1903년 7월 청국 정부 상부(商部)의 설립에서 시작된다. 상부는 구미와 일본의 상업회의소에 필적하는 단체를 국내외 각 도시에 설립하려는 의도에서 그해 11월 상회간명장정(商會簡明章程)을 공포했다. 이 장정은 총 26관(款, 조)으로 구성되어 있다.

그 내용을 간단히 소개하면 다음과 같다. 기존에 이미 단체가 성립된 곳은 일률적으로 상회(商會)로 개조하도록 하고, 아직 성립되지 않은 지역은 상무 번화한 지역은 상무총회, 그렇지 않은 지역은 상무분회(商務分會)를 설치하도록 했다. 상무총회는 총리와 협리 각 1명, 분회는 총리 1명을 두도록 했다. 총리와 협리는 회동(會董) 가운데 공선으로 임명하도록 했다. 회동은 각 상가(商家) 공공의 추대로 재능 있고 자산 있는 덕망가로 20명 내지 50명을 선출하도록 했다. 총리와 협리는 보상(保商, security merchants)으로서 행정기관에 대해 책임 있는 지위에 서서 일반 상인의 상사 관련 교섭의 책임을 맡도록 했다. 상사(商事)로 인한 분쟁은 모두 상회 회동(會董)의 공평한 처단에 따르도록 했다. 그리고 부칙으로 상사공단장정(商事公斷處章程)을 공포하고 각 상회에 상사공단처(商事公斷處)를 개설하도록 지시, 상사에 관한 자치재판권을 부여했다. 그 이외 상사 정보의 제공, 상업등기, 상업 장부의 통일, 상회의 경비 등의 제 사항이 기재되어 있다.[64]

이 장정에 근거해 1904년부터 청국 국내에 상회가 잇따라 설립되었다. 1904년에는 베이징(北京), 상하이(上海), 톈진(天津), 한커우(漢口), 퉁저우(通州), 옌타이(煙臺), 샤먼(厦門), 안칭(安慶)에, 1905년에는 광저우(廣州)에 상무총회가 각각 설립되었다.[65] 해외에는 1906년 싱가포르와 마닐라에 설립된 것을 시작으로 1908년에 바타비야(현재의 자카르타), 1909년에 고베(神戶), 오사카(大阪), 요코하마(横浜)에 각각 상무총회가 설립되었다.[66] 청국 국내외의 상회 및 상무총회의 설립은 급속도로 이루어져 1914년 말의 상회 총수는 1,234개, 상무총회의 총수는 55개에 달했다. 조선화교의 주요한 출신지인 산동성의 상회 및 총상회는 93개에 달했으며, 쓰촨성(四川省)의 130개 다음으로 많았다.[67]

인천중화상무총회의 설립은 이러한 중국 국내외의 상회 설립 붐에 힘입은 바가 크다고 할 것이다. 특히 주목되는 것은 인천영사관의 장훙(張鴻)영사의 역할이다. 장훙 영사는 인천영사관 영사로 부임하기 직전, 고베영사관의 영사로 근무했는데, 그가 영사로 재직하는 동안 고베중화상무총회가 설립되었다.

그는 1909년 2월 후웨이더(胡維德, 1863-1933년) 주일공사(駐日公使)로부터 고베에 상무총회를 빨리 설립할 것을 지령 받고 그해 3월 고베의 광방

64) 內田直作, 앞의 책 (1949), 273-274쪽.
65) 內田直作, 앞의 책 (1949), 275쪽.
66) 內田直作 (1982), 『東南アジア華僑の社會と經濟』, 千倉書房, 200쪽.
67) 內田直作, 앞의 책 (1949), 275쪽.

(廣幫), 푸젠방(福建幫), 산장방(三江幫, 남방)의 3방 연합으로 고베중화상무총회를 설립하는데 주도적인 역할을 했다. 고베중화상무총회가 청국정부 농상공부(農商工部)로부터 승인의 관방(關防)을 받은 것은 그해 8월이었다.[68] 장홍 영사가 인천영사관의 영사로 착임한 것은 1913년 3월로 인천중화상무총회의 설립 시기와 거의 일치한다.(설립 시기에 대해서는 후술한다) 앞의 상회 장정 제2조에 "본 상회는 주찰 인천 영사 및 중상의 공의에 의해 인천중화회관을 사무소로 한다."는 것을 상기해 보기 바란다. 중화상무총회의 사무소를 인천중화회관에 설치하는 것에 장홍 영사가 개입한 것을 엿볼 수 있는 대목이다.

한편, 고베중화상무총회가 설립되었을 때 기존의 신한중화회관(神阪中華會館)은 그대로 존속했으며 상무총회의 사무소는 중화회관 내에 설치했다. 이것은 인천 중화회관과 중화상무총회의 경우와 똑 같다. 그런데 고베중화상무총회와 신한중화회관은 그 업무가 완전히 분리되어 있었다. 앞에서 우리는 신한중화회관의 직능을 일곱 가지 들었는데, 고베중화상무총회의 직능은 크게 다섯 가지였다. ① 영사관과 교민간의 중개역할 및 상회 상호 간의 연대, ② 상사의 분쟁 조정과 공단(公斷), ③ 상회 운영을 위한 기부금 모금, ④ 상회법에 근거한 각종 회의 및 대회의 개최, ⑤ 상인 사회의 질서유지와 대외공동방위, ⑥ 학교 등의 공동사업의 경영.[69] 전체적으로 볼 때 교민의 경제활동 특히 상업 및 상인에 관한 것이 주가 되어 있는 것을 알 수 있는데 인천중화상무총회의 직능과 거의 유사하다.

일본화교사회의 경우 중화상무총회가 설립된 이후 중화회관과 상회의 업무는 완전히 분리되었던 것이다. 중화회관은 주로 제사, 중화의지

68) 內田直作, 앞의 책 (1949), 276-278쪽.
69) 內田直作, 앞의 책 (1949), 294-305쪽.

등의 관리에 집중하고, 중화상무총회는 주로 경제적인(상업적인) 문제를 주로 담당했다.[70)]

그러나 인천중화회관과 인천중화상무총회는 두 조직이 독립적으로 운영되는 것이 아니라 같은 직원이 두 조직의 직원으로서 업무를 담당, 고베의 두 조직과 같은 분명한 업무 구분은 되어 있지 않았다. 인천뿐 아니라 당시 경성도 마찬가지로 중화회관과 상회의 업무 미분리는 조선화교사회의 특징의 하나라 할 수 있다.

「조선인천중화상무총회 민국2년 선거 직원 일람표」

인천화교협회소장자료 가운데 인천중화상무총회의 장정과 함께 「조선인천중화상무총회민국2년선거직원성명연세적관이력열표(朝鮮仁川中華商務總會民國二年選擧職員姓名年歲籍貫履歷列表」(이하, 일람표로 약칭)가 있다.

이 사료는 '민국2년 선거직원(民國二年選擧職員)'으로 되어 있기 때문에 1913년에 선출된 직원(임원)의 이력 및 본적을 기록한 것이다. 즉, 이 일람표는 상기 장정에 근거해 선거에 의해 선출된 직원의 이력 및 본적을 기록한 것으로 장정과 함께 공상부(工商部)에 비준을 받기 위해 만들어진 공문이다. 그것은 일람표의 정식 명칭 맨 앞과 맨 뒤에 '謹…呈'이라고 적혀 있는 것에서 알 수 있다. 또한 장정 제45조에 본 장정은 공상부에 상신하기 위한 것이라는 것을 밝히고 있기 때문에 양 문서는 한 세트로 공상부에 공인을 받기 위해 마련된 것으로 추정된다. 이러한 것을 바탕으로 판단해보면, 인천중화상무총회는 1913년에 조직된 것이 분명하다.

인천중화상무총회가 1913년에 설립되었다는 것을 뒷받침하는 또 다른 자료가 있다. '조선은행조사부'가 1949년에 펴낸 『1949년판 경제연감』에

70) 內田直作, 앞의 책 (1949), 306쪽.

특수문제의 하나로 「在韓華僑의 經濟的 勢力」이라는 조사 기록이 포함되어 있다. 이 가운데 인천중화상회를 소개하는 난에 "1913年 12月(中華民國二年) 中華民國商會法에 依據하여 仁川在留商人으로써 仁川商務總會를 組織하고"라고 기술되어 있다. 즉 인천중화상무총회가 1913년 12월에 조직되었다는 것인데 앞의 자료와도 상통한다. 그런데 타이완 중앙연구원 근대사연구소가 소장하는 『주한사관당안(駐韓使館檔案)』에는 인천중화상무총회의 설립을 1914년 1월로 적고 있다.[71] 이것은 공상부로부터 관방(關防, 공인)을 받은 날을 기준으로 한 것으로 보인다.

|그림2-4| 인천중화상무총회 민국2년 선거직원 일람표

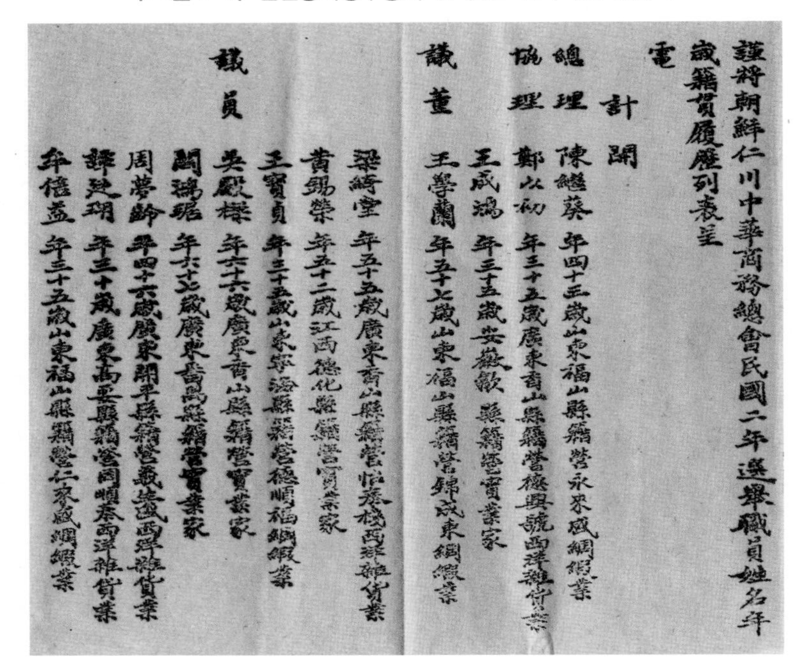
謹將朝鮮仁川中華商務總會民國二年選舉職員姓名年
歲籍貫履歷列表呈
電
計開
總理 陳繼葵 年四十三歲山東福山縣籍營永來盛綢緞業
協理 鄭以初 年三十五歲廣東香山縣籍營德興號西洋雜貨業
王成鴻 年三十五歲安徽歙縣籍營實業家
議董 王學蘭 年五十七歲山東福山縣籍營錦成東綢緞業
梁綺堂 年五十五歲廣東香山縣籍營怡泰棧西洋雜貨業
黃錫榮 年五十二歲江西德化縣籍營實業家
王寶貞 年三十五歲山東寧海縣籍營德順福綢緞業
議員 吳殿樑 年六十六歲廣東香山縣籍營實業家
關鴻琚 年六十七歲廣東番禺縣籍營實業家
周夢齡 年四十六歲廣東開平縣籍營義生盛西洋雜貨業
譚廷瑚 年三十歲廣東高要縣籍營同順泰西洋雜貨業
牟儘益 年三十五歲山東福山縣籍營仁泰盛綢緞業

71) 1917年, 「各華商會選擧及改組」, 『駐韓使館檔案』(동03-47-045-01). ; 송승석(2013. 9.1), 「인천에도 중화회관이 있었다」, 『중국관행웹진』49, 인천대학교인문한국중국관행연구사업단.

|표2-3| 조선인천중화상무총회 1913년 선거직원 일람표

직책별	성명	나이	원적	직업	기타
총리(1명)	陳繼葵	43	山東省福山縣	永來盛 경영	비단판매업
협리(2명)	鄭以初	35	廣東省香山縣	德興號 경영	서양잡화업
	王成鴻	35	安徽省歙縣	실업가	-
의동(4명)	王學蘭	57	山東省福山縣	錦成東 경영	비단판매업
	梁綺堂	55	廣東省香山縣	怡泰棧 경영	서양잡화업
	黃錫榮	52	江西省德化縣	실업가	-
	王寶貞	35	山東省寧海縣	德順福 경영	비단판매업
의원(17명)	吳殿□	66	廣東省香山縣	실업가	-
	關鴻琚	67	廣東省□□縣	실업가	-
	周夢齡	46	廣東省開平縣	義生盛 경영	서양잡화업
	譚建瑚	30	廣東省高要縣	同順泰 경영	서양잡화업
	牟倍益	35	山東省福山縣	仁來盛 경영	비단판매업
	黃克誠	38	山東省寧海縣	源生東 경영	비단판매업
	李春官	29	山東省寧海縣	義順東 경영	비단판매업
	林 桐	49	山東省寧海縣	和聚公 경영	비단판매업
	常建沂	36	山東省寧海縣	泰盛東 경영	비단판매업
	劉兆斌	55	山東省寧海縣	聚□東 경영	잡화업
	郭鵬昭	44	山東省福山縣	復聚棧 경영	객잔업
	張省曾	33	山東省福山縣	西公順 경영	비단판매업
	王者魄	37	山東省福山縣	天合棧 경영	객잔업
	金同慶	53	浙江省土□縣	源泰號 경영	양복점
	許希榮	47	浙江省□縣	新倫記 경영	양복점
	錢金根	31	浙江省□縣	順泰祥 경영	양복점
	楊宏超	59	湖北省黃岡縣	실업가	-
목포분회					
회장	張鳳儀	55	山東省黃縣	永義合 경영	비단판매업
의동	劉秉□	25	廣東省新會縣	義生盛 경영	서양잡화업
	王廣運	35	山東省寧海縣	恆盛和 경영	비단판매업
군산분회					
회장	楊汝訥	51	山東省寧海縣	聚和祥 경영	비단판매업
의동	鄒培詩	43	山東省黃縣	錦生東 경영	비단판매업

* 출처: 인천중화상무총회 (1913), 『조선인천중화상무총회민국2년선거직원성명연세적관이력열표』(朝鮮仁川中華商務總會民國二年選擧職員姓名年歲籍貫履歷列表)(인천화교협회소장).

* 주: □는 판독 불가.

위의 일람표를 통해, 1913년에 선출된 인천중화상무총회의 임원을 살펴보도록 하자. 총리는 진계규(陳繼葵, 43세)로 산동성 푸산현(福山縣) 출신으로 영래성(永來盛) 포목상의 경영자였다. 협리의 한 명인 정이초(鄭以初, 35)는 쑨원의 고향인 광동성 샹산현(香山縣) 출신으로 덕흥호(德興號) 서양 잡화점을 경영하고 있었다. 또 다른 한 명의 협리인 왕성홍(王成鴻, 35)은 안후이성(安徽省) 시현(歙縣) 출신의 실업가였다. 총리, 협리로 선임된 총 3명의 방별 분포를 보면 북방 1명, 남방 1명, 광방 1명으로 배분되어 있어 상무총회가 3방 연합으로 설립된 취지가 잘 반영되어 있다.

다음은 의동(상임의원)으로 모두 네 명이다. 왕학란(王學蘭, 57)은 산동성 푸산현 출신으로 포목상 금성동(錦成東), 양기당(梁綺堂, 55)은 광동성 샹산현 출신으로 이태잔(怡泰棧)을 경영하고 있었다. 황석영(黃錫榮, 52)은 장시성(江西省) 더화현(德化縣) 출신의 화상이고, 왕보정(王寶貞, 35)은 산동성 닝하이현(寧海縣) 출신으로 포목상 덕순복(德順福)을 경영하고 있었다. 의동의 방별 분포는 북방 2명, 광방과 남방 각각 1명으로 북방이 1명 더 많았다. 의원(평의원)은 총 17명으로 광방과 남방이 각각 4명, 북방이 9명으로 구성되어 있었다. 의원의 직업은 포목상, 잡화상, 객잔의 경영자였다. 상기의 임원으로 뽑힌 화상은 1913년 당시 인천을 대표하는 상호를 경영하고 있었기 때문에 '한일합방' 직후 인천 화상을 파악하는데도 귀중한 사료라 할 수 있다.

한편, 중화상무총회 장정 제40조에 군산, 목포의 두 도시에 인천중화상무총회의 분회를 설치하는 것이 규정되어 있는데, 규정에 따라 두 분회의 임원도 일람표에 포함되어 있다.

군산과 목포는 모두 개항장으로 화교 인구가 상대적으로 많았으며 화상의 경제활동이 활발한 곳이었다. 인천영사관은 설립 초기부터 군산과 목포를 관할지역으로 화교를 관리·보호하는 활동을 펼쳐왔으며,

인천 화상은 군산 및 목포에 지점을 설치하여 영업하는 관계로 양 지역 간에는 인적, 경제적 네트워크가 형성되어 있었다. 또한 1903년 11월에 공포된 상기의 상회간명장정은 상무 번화한 지역은 상무총회, 그렇지 않은 지역은 상무분회(商務分會)를 설치하도록 되어 있었다. 이러한 국내외의 사정을 반영하여 군산과 목포에 인천중화상무총회의 분회가 설치되었다.[72]

그런데 김태웅(2010)은 『동아일보』의 기사를 근거로 군산에 '인천상무공회'의 분회가 설치된 것은 1924년 3월이라고 하고, 그 후 1927년 9월 '군산중화상무총회'의 이름으로 공식 출범했다고 한다.[73] 그러나 상기의 장정을 근거로 볼 때 인천중화상무총회의 분회가 설치된 것은 그보다 훨씬 이전인 1913년이 된다. 단, 1913년 조직된 분회는 약간 활동하다 소멸됐다.[74]

1920년대 군산 중화상회와 관련하여 귀중한 사진이 이번 인천화교협회소장자료에서 발견되었다. **|그림2-5|**는 1927년 12월 제1차 배화사건의 조사 차 군산에 들른 중화민국 주경성총영사관의 영사 일행이 군산 '중화상무회'를 방문하여 군산의 화상들과 함께 찍은 사진이다. 이 사진이 인천화교협회에 소장되어 있었던 것은 인천중화상무총회의 임원이 영사 일행의 안내자로 군산 중화상무회를 방문했기 때문일 것이다. 누가 참석한지는 아직 분명하지 않다. 하여튼 이 사진으로 봐서 1927년 당시의 군산 중화상회의 정식 명칭은 '중화상무회'라는 것을 알 수 있다.

---

72) 근대 군산화교에 관해서는 다음의 연구 성과를 참조 바람. 김중규 (2007), 「화교의 생활사와 정체성의 변화과정: 군사 여씨가를 중심으로」, 『지방사와 지방문화』10권제2호. ; 김태웅 (2010), 「일제하 군산부 화교의 존재형태와 활동양상」, 『지방사와 지방문화』13권제2호.

73) 김태웅, 앞의 논문 (2010), 414쪽.

74) 朝鮮總督府 (1924), 『朝鮮に於ける支那人』, 116쪽.

|그림2-5| 군산중화상무회의 주경성중국영사 일행 송별사진
(1927.12.24)

인천중화상무총회의 목포분회와 군산분회의 선출 임원은 다음과 같다. 목포분회의 회장인 장봉의(張鳳儀, 55)는 산동성 황현(黃縣) 출신으로 포목상 영의합(永義合)을 경영하고 있었고, 의동은 두 명으로 북방 1명, 광방 1명이었다. 군산분회의 회장인 양여눌(楊汝訥, 51)은 산동성 닝하이현(寧海縣) 출신으로 포목상 취하상(聚和祥)을 경영하고 있었고, 의동은 산동성 황현 출신으로 포목상 금생동(錦生東)을 경영하는 추배시(鄒培詩, 43)였다.

중화총상회·화상상회

인천중화상무총회가 설립된 이후, '인천중화총상회'의 명칭도 드물게 사용되었다. 이것은 왜일까? 중국민국 건국 직후인 1914년 9월, 1903년 11월에 공포된 〈상회간명장정〉을 개정한 〈상회법〉이 공포되었다. 이것은 일본의 상업회의소의 규정을 그대로 번역한 것에 불과해 각 상회는 이를 따르지 않았다. 다음해 1915년 12월 〈상회법〉을 수정해 46개조의 새로운 〈상회법〉이 공포되었다. 수정의 요점은 강제 설립에서 임의 설립으로 바꾸고 상무총회를 총상회로 개칭한 것이다.[75] 인천중화총상회의 명칭이 사용된 것은 1915년 12월 공포된 상회법의 영향인 것으로 보인다.

그러나 인천중화총상회의 명칭은 많이 사용되지 않았고, 인천화교협회의 연혁에도 인천중화총상회는 들어있지 않다. 중국정부의 〈상회법〉에 따라 인천중화상무총회의 명칭은 인천중화총상회로 바뀌어야 했지만 상무총회가 설립 된지 얼마 되지 않은 상황에서 다시 명칭을 바꿀 경우 대내외적으로 혼란을 초래할 수 있었기 때문에 기존의 중화상무총회의 명칭을 계속 사용한 것은 아닐까 한다.

인천중화상무총회 및 인천중화총상회의 명칭은 1929년 인천화상상회의 명칭으로 바뀌었다. 그 근거는 『인천중화상회 보고서』의 「인천중화상회 보고의 화상 개황 의견서(1949년10월)」에 다음과 같이 적혀 있다.

> 원래의 명칭은 중화회관이었다. 그 후 중화상무총회로 개칭되고, 민국 18년(1929년)에 다시 현재의 이름으로 바뀌었다.[76]

75) 內田直作, 앞의 책 (1949), 274쪽.
76) '화상의 조직과 연혁 개황', 〈인천중화상회 보고의 화상 개황 의견서 1949년 10월〉, 『인천중화상회 보고서』(인천화교협회소장).

중화민국 난징국민정부는 북벌 성공 직후인 1929년 8월에 1915년에 공포된 〈상회법〉을 개정, 공포했다. 개정의 요점은 계급적 색채가 강한 '총상회'의 명칭을 폐지하고 중국 국내는 현상회(縣商會), 시상회(市商會), 국외는 화상상회로 바꾸도록 했다.[77] 이러한 새로운 상회법에 근거해 인천중화상무총회 및 인천중화총상회는 '인천화상상회'로 바뀐 것이다.

인천화상상회의 명칭은 중일전쟁 시기를 거쳐 해방 직후까지 사용됐다. 1929년 인천화상상회로 조직이 개편된 후 이전의 동사제(董事制)는 위원회제로 바뀌었다. 위원회제의 임원은 주석 1명, 상무위원 5명, 집행위원 15명, 감찰위원 7명이었다. 인천중화상무총회의 동사제의 임원 구성과 비교해 보면 조금 차이가 난다. 인천중화상무총회는 총리 1명, 협리 2명, 의동 4명, 의원 17명을 두었다. 위원회제는 협리와 같은 부회장을 두지 않았으며 동사제에서는 볼 수 없었던 감찰위원을 새롭게 두었다. 주석은 5명의 상무위원 가운데 선출한 반면, 동사제는 의원 17명 가운데 선거로 선출했다.

인천화상상회는 1935년 현재 주석은 산동성 무핑현 출신의 손경삼(孫景三)이 맡고 있었다. 인천화상상회는 각 상호의 기부금과 회비로 유지되었다. 회연(會捐)이라 부르는 회비와 기부금 총수입은 매월 약 245엔이었다. 이 총수입으로 상회의 일체의 경비를 충당했다. 인천화상상회의 재산은 인천중화회관 건물과 인천(부) 도화리 225번지의 중화의지 땅 8,416평, 시가는 7,995.2엔이었다.[78]

---

77) 內田直作, 앞의 책 (1949), 274쪽. 새로운 상회법에 관한 상세한 내용은 朱英(2014), 「1920年代商會法的修訂及其影響」, 『中國近代民間組織與國家』, 社會科學文獻出版社을 참조 바람.

78) '인천화상상회', 〈인천화상상회 화교 상황 보고 중화민국24년(1935년) 3월〉, 『인천중화상회 보고서』(인천화교협회소장).

3. 인천화교소학

『인천화교교육백년사(仁川華僑敎育百年史)』는 인천화교소학의 설립을 1902년으로 기술하고 이를 근거로 인천화교학교는 2002년에 100주년 기념행사를 거행했다.[79]

그런데 『인천중화상회 보고서』의 「인천화상상회 화교상황 보고(중화민국24년3월)」에 인천화교소학의 연혁은 다음과 같이 소개되어 있다.

|번역문|

> 민국2년(1913) 각 방(幇)의 공동으로 설립되어 ㅁㅁㅁ에 의해 감독된다. 그 후 폭동의 영향 및 소비의 부족(불경기)으로 인해 결국 민국 20년(1931)에 학교의 업무가 정지되었다. 올해 3월 1일에 다시 개학하였으며 임시로 초급 1·2학년 학급과 혼합 1반을 두고 있다. 현재의 교원은 2명이다. 학생은 22명이며 이 가운데 남학생은 18명, 여학생은 4명이다. 수업은 국어를 사용하며 이전에 교육부에 등록되었다. 현재 가장 곤란한 것은 경비 문제이다.[80]

즉, 인천화상상회는 "민국2년(1913년)에 각 방(幇)의 공동으로 설립되"었다고 소개했다. 또한 1942년 주인천판사처(駐仁川辦事處)도 인천화교소

79) 杜書簿 編著 (2002),『仁川華僑教育百年史』, 24쪽.
80) '인천화교소학교', 〈인천화상상회 화교 상황 보고 중화민국24년(1935년) 3월〉,『인천중화상회 보고서』(인천화교협회소장).

학의 설립을 인천화상상회와 같이 1903년에 설립되었다고 기록했다.[81] 『인천화교교육백년사』는 1902년 설립의 근거나 참고 문헌을 기재하지 않아 1903년 설립은 더욱 신빙성이 높아 보인다. 그러나 이에 대해서는 더욱 신중히 검토할 필요가 있다.

인천화교소학이 1902년 혹은 1903년에 조선화교 최초의 교육기관으로 설립된 경위는 어떠할까. 인천화교소학 설립에는 인천화교의 내적 요인과 외적 요인이 있었던 것 같다.

먼저 내적 요인은 인천화교의 인구증가와 활발한 경제활동을 들 수 있다. 인천화교의 인구는 1893년 711명에서 1900년에는 2,274명으로 급증했다.[82] 당시 인천은 조선에서 화교인구가 가장 많은 지역으로 인구의 증가에 따라 가족을 동반한 화상 및 화농이 증가, 이들 자제를 위한 교육이 현안문제가 되었다.

한편 외적요인으로는 인천화교소학교 설립을 전후한 시기에 일본과 동남아시아에 화교학교가 잇따라 설립된 것을 들 수 있다. 일본에서는 요코하마의 대동학교(大同學校, 당시는 中西學校)는 1897년, 고베중화동문학교는 1899년, 나가사키의 화교시중(市中)소학교는 1905년에 각각 설립되었다.[83] 동남아화교는 1930년까지 총 436개소의 화교학교를 설립했는데 이 가운데 1900년 이전에 설립된 학교는 5개소(전체의 1.2%), 1900~1911년은 55개소(12.6%), 1912~1921년은 168개소(38.5%), 1922~1930년은 208개소(47.7%)였다.[84] 인천화교소학 설립을 전후해 일본 및 동남아 각지에서 화교학교가 잇따라 설립되기 시작한 배경에는 보황파(保皇派)

81) 1942年7月15日收, 〈仁川辦駐事處轄境內僑務概況〉, 「汪僞政府駐朝鮮總領事館半月報告」, 『汪僞僑務委員會檔案』(동2088-373).

82) 仁川府 編纂 (1933), 『仁川府史』, 8-9쪽.

83) 市川信愛 (1987), 『華僑社會經濟論序說』, 九州大學出版會, 136-137쪽.

84) 東亞硏究所 編 (1940), 『南洋華僑教育調査硏究(飜譯)』, 13-44쪽.

와 혁명파가 해외 각지를 방문해 화교사회에 화교학교 창설을 호소한 것과 청국정부의 화교학교 설립에 대한 지도 및 학교운영의 보조정책이 있었다.[85]

인천화교소학교의 설립은 이와 같은 내적, 외적 요인에 영향 받아 설립된 것으로 보인다. 인천화교소학교는 설립 당시의 학교 건물은 인천중화회관의 창고와 객실을 빌려 사용했다고 한다. 당시의 교육 형태는 사숙(私塾)의 교육기관에 불과했으며, 이와 같은 사숙에서 정식의 화교소학교로 바뀐 것은 중화민국 설립 직후인 1914년 3월이었다.

인천영사관의 장훙(張鴻)영사, 진칭장(金慶章)부영사가 남방의 왕성홍, 광방의 양기당(梁綺堂), 북방의 부소우(傅紹禹) 등의 각 방(幇) 지도자와 함께 정식 화교소학교 설립을 추진했다. 장 영사는 인천화교소학교의 감독, 진 부회장은 교장을 맡았다. 이때 장 영사와 진 부영사는 인천화교소학교의 안정적인 학교 운영을 위해 원래 인천영사관의 운영비로 충당해 온 '범선조비(帆船照費)', '범선톤연(帆船噸捐)', '적패비(籍牌費)'의 수입을 학교의 수입으로 해 줄 것을 중화민국 베이징정부에 상신하여 허가를 받았다.[86] 이로 인해 인천화교소학교는 고정 수입이 확보되어 학교 운영이 다른 지역의 화교소학교에 비해 매우 원활했다.

---

85) 東亞硏究所 編, 앞의 자료 (1940), 58-81쪽. ; 吳主惠 (1944), 『華僑本質論』, 千倉書房, 273쪽.

86) 1930年10月24日收, 駐朝鮮總領事館仁川辦事處呈, 「仁川華僑小學」, 『駐韓使館檔案』 (同03-47, 193-01). '범선조비'와 '범선톤연'는 중국산 식염을 싣고 인천항에 입항하는 중국 범선에 대해 인천영사관이 징수하는 세금이다. '적패비'는 화교는 인천에 거주하기 위해 인천영사관에 적패(거주등록)을 해야 하는데 그 신청비를 말한다.

|그림2-6| 인천화교소학 신 교사(校舍) 앞에서 찍은 사진(1920년대 추정)

장 영사 및 진 부영사가 1914년에 사숙을 정식의 화교소학교로 격상시킨 것은 베이징정부의 교육부가 1913년에 '영사관리화교학무규정'을 공포한 것과 관계가 있다. 학무규정의 제1조에 "각 화교학교에 대해 교육법령을 전달한다", 제3조에 "필요한 경우는 각 학교에 의견을 표명하여 지도, 개량 할 수 있다"고 하여,[87] 영사가 화교소학교에 대해 지도 운영할 수 있는 법적 근거가 마련된 것이다. 인천화교소학교는 공립학교 취급을 받았기 때문에 교원의 채용 및 새로운 교동(학교 이사)의 선임 시 인천영사관의 허가를 얻어 동 영사관을 통해 본국정부의 외교부에 보고하도록 되어 있었다.[88]

한편, 인천지역 취학 아동 인구의 증가에 따라 기존의 중화회관 내 학교 건물로는 수요 학생을 수용할 수 없게 되자 교사(校舍)를 확충하게

87) 東亞硏究所 編, 앞의 자료 (1940), 93-94쪽.

88) 1930年6月23日發, 仁川華僑公立小學校長王成鴻稟, 「改進華僑教育暨僑學立案」, 『駐韓使館檔案』(同03-47, 193-02).

된다. 인천지역의 각 방 대표는 1923년경 새로운 교사를 건축하기 위해 교민으로부터 약 1만元을 모금했다. 이 모금액으로 인천영사관의 동측의 교지(校地)에 새로운 건물을 건축했다. 인천화교소학교가 인천중화회관 건물에서 새로운 교사로 이전한 것은 1923년 가을이었다.[89]

인천화교소학교의 학제는 1922년 베이징정부의 학제개혁에 따라 종래의 초급소학 4년, 고급소학 3년을 심상과 4년, 고등과 2년의 6년 학제로 개편했다. 동 소학교의 조직은 교장 밑에 교무, 훈육, 사무를 두었다. 교과서는 본국의 상해상무인서관(上海商務印書館), 중화서국(中華書局), 세계삼대서국(世界三大書局)의 교과서를 채용했다.[90] 수업은 베이징 표준어로 이뤄졌다.

인천화교소학교의 교직원 및 학생인원은 1930년 6월 현재 교직원 7명(남성 6명, 여성 1명), 학생 인원은 123명(남성 82명, 여성 41명)이었고, 동년 6월까지의 졸업생 총수는 77명(남성 50명, 여성27명)이었다. 소학교 교사의 설비는 교실 4칸, 강당 1칸, 도서실 1칸, 기록실 1칸, 화장실 2칸, 교무실 겸 응접실 1칸, 학교용무원실 1칸으로 총 11칸이었다.[91]

인천화교소학교의 1929년도의 수입과 지출을 보자. 수입 가운데 앞에서 본 '범선조비', '범선톤연', '적패비'가 전체 수입의 53%를 차지했다. 그리고 인천화상상회의 공동재산인 구 중화의장의 임대료수입(전체의 24.2%), 구호원(救護院)의 임대료수입(4.6%)도 학교운영비에 충당되었다. 이와 같은 고정수입이 수입 전체서 차지하는 비율은 81.8%를 차지했다. 학비 수입은 18.1%에 지나지 않았다. 인천화교소학교의 지출은 교원의 봉급 및 직

89) 1929年8月1日發, 仁川華僑公立小學校校董成鴻黃雲川稟, 「改進華僑教育暨僑學立案」, 『駐韓使館檔案』(同03-47, 193-02).
90) 杜書簿 編著, 앞의 책, 27쪽. ; 市川信愛, 앞의 책 (1987), 141쪽.
91) 1929年6月16日發, 仁川華僑公立小學校校董成鴻黃雲川稟, 「改進華僑教育暨僑學立案」, 『駐韓使館檔案』(同03-47, 193-02).

원의 특별수당이 전체 지출의 60.3%를 차지하여 압도적으로 높았다. 그 이외에 연료비가 9.9%, 식비가 7.1%, 잡비가 6.0%, 수선비가 4.1%, 세금이 2.4%, 도서비가 2.1%를 각각 차지했다. 소학교의 1929년도의 수지는 72.03元의 흑자로 학교 경영 상황은 상당히 안정적인 편이었다.[92]

그런데 인천화교소학교는 남방과 북방의 갈등으로 양분되었다.[93] 산동동향회가 1930년 산동동향회관 내에 노교소학교(魯僑小學校)를 설립한 것이다. '인천화상상회 화교 상황 보고 중화민국24년(1935년) 3월'는 노교소학교를 다음과 같이 소개했다.

|번역문|

> 민국19년(1930년) 산동성동향회에 의해 설립되었다. 순전히 의무교육을 실시한다. 교장 1명, 교원 6명이며 이 가운데 일본인 여교원이 한 명 있다. 모든 교과과정은 (교육)부의 규정을 준수하여 시행된다. 이외 당지의 상황을 참작하여 일본어, 국술(國術), 영문 등의 교과를 추가했다. 수업은 대개 국어를 사용한다. 학생 수는 고급반의 경우 남학생 11명, 여학생 5명이다. 초급반의 경우는 남학생 56명, 여학생 43명, 총 115명이다. 이미 교육부에 등록되어 있다. 현재 곤란을 느끼는 것은 역시 경비이다. 의외의 사건이 발생하지 않을 경우 현상을 유지할 수 있다고 한다.[94]

상기의 노교소학교 소개는 1935년 당시의 상황이다. 인천화교의 각 방(幇)별 인구와 경제력으로 볼 때 산동동향회(북방)가 압도적이었기 때

92) 1930年, 「仁川華僑小學」, 『駐韓使館檔案』 (同03-47, 193-01).

93) 이에 대해서는 송승석 (2012), 「1945년 이전 仁川의 華僑教育과 華僑社會」, 『역사교육』124, 221-223쪽을 참조 바람.

94) '노교소학교', 〈인천화상상회 화교 상황 보고 중화민국24년(1935년) 3월〉, 『인천중화상회 보고서』(인천화교협회소장).

문에 인천화교소학교에 재학중인 산동성 출신 학생은 대부분 노교소학교로 옮겼을 것으로 생각된다. 또한 인천화교소학교는 1931년 7월 발생한 제2차 배화사건으로 학교의 업무를 정지하고, 다시 개교한 것은 1935년 3월이었다. 따라서 노교소학교가 1931년 7월에서 1935년 3월 사이 인천화교소학교를 대체한 것으로 추정된다. 인천화교소학교와 노교소학교는 정확한 시기는 알 수 없으나 인천화교소학교로 통폐합되어 지금에 이르고 있다.

조선총독부는 1932년 3월 노교소학교가 사용하기 위해 수입한 교과서 546권 가운데 삼민주의, 지리, 상식, 역사 교과서 80권을 수입금지 처분했다. 수입금지 처분은 "공안(公安)에 해로운 서적"이라는 이유에서였다. "공안(公安)에 해로운 서적"이란 반일적인 내용이 많이 포함되어 있다는 의미였다. 조선총독부는 반일적인 내용으로서 '굴욕적인 21개조의 강압적 체결', '조선의 강압적인 병합'을 들었다. 주경성총영사관은 이 사안에 강력히 항의하지만 수입금지 처분은 해제되지 않았다.[95]

노교소학교는 1935년 현재 교장 1명, 교원 6명을 두었다. 이 가운데 1명이 일본인 교원이었다. 모든 교과과정은 중화민국난징정부 교육부의 규정을 준수하여 시행했으며, 인천 현지의 사정을 고려하여 일본어, 영어, 국술(國術) 과목을 추가했다. 학생 인원은 고급반의 경우 남학생 11명, 여학생 5명이고, 초급반의 경우는 남학생 56명, 여학생 43명, 총 115명이었다.[96]

---

95) 조선총독부의 반일 교과서 단속에 대해서는 李正熙 (2010), 「南京國民政府時期の朝鮮における華僑小學校の實態: 朝鮮總督府の'排日'教科書取り締まりを中心に」, 『現代中國硏究』第26號, 31-37쪽을 참조 바람.

96) '노교소학교', 〈인천화상상회 화교 상황 보고 중화민국24년(1935년) 3월〉, 『인천중화상회 보고서』(인천화교협회소장).

4. 인천중화농회

인천화교의 단체 가운데는 인천중화농회가 있었다. '인천화상상회 화교 상황 보고 중화민국24년(1935년) 3월'은 인천중화농회을 다음과 같이 소개했다.

|번역문|

민국원년(1912년) 화교 야채상 및 야채재배 농민의 발기로 조직되었다. 처음의 명칭은 중화농업회의소였다. 민국22년(1933년)에 지금의 중화농회로 명칭이 바뀜. 현재 농회의 모든 비용은 야채상 및 야채재배 농민에 의한 매월 회비 납부에 의해 충당 됨.[97]

이 사료로 볼 때 인천중화농회는 1912년에 설립되었다. 왜 인천에 중화상회뿐 아니라 중화농회가 설립되었는지 그 경위를 추적해 보자.

인천에서 화교에 의한 야채재배가 시작된 것은 1887년경이었다. 산동성 출신의 왕(王)씨와 강(姜)씨 성을 가진 2명의 화교가 인천항 개항에 따라 야채 수요가 증가한 것에 착안하여 산동성에서 가져온 야채 씨앗으로 야채를 재배한 것이 효시다.[98] 두 명의 화교가 야채재배를 시작한 전해인 1886년, 인천 청국조계, 일본조계, 각국조계에 거주하는 외

97) '중화농회', 〈인천화상상회 화교 상황 보고 중화민국24년(1935년) 3월〉, 『인천중화상회 보고서』(인천화교협회소장).
98) 朝鮮總督府 (1924), 『朝鮮に於ける支那人』, 109쪽.

국인 인구는 911명에 달했다.[99] 인천의 각 조계에 거주하는 외국인 인구는 그 후 점차 증가하여 1893년에는 3,215명으로 늘어나 야채수요는 더욱 증가했다. 이에 따라 화교농민(화농)의 호수는 1892년에 5호(22명)으로 증가하고,[100] 청일전쟁 직전에는 15호로 증가했다.[101]

당시 화농은 오이, 옥수수, 파, 가지 등을 근면하게 재배하여 일본인 거류민의 각 가정을 방문하며 염가에 판매했다. 일본인 농가도 야채재배를 했지만 그 품질이나 가격 면에서 화농의 경쟁 상대가 되지 못했다.[102] 또한 조선인 농민은 주로 배추, 미나리 재배에 집중하여 일본인과 서양인이 즐겨먹는 야채를 재배하지 못하고 있는 상황이었다. 그 결과 화농이 인천지역 상업적 야채재배에서 절대적인 강자가 된다. 1906년 인천지역 화농의 호수는 156호, 540명으로 급증, 상업 호수 91호를 훨씬 능가했다.[103] 인천화교 가운데 화농의 비중은 개항기 때 이미 화상을 능가하는 큰 비중을 차지하고 있었던 것이다.

이러한 화농 인구 증가와 야채 판매 증가로 생산과 판매를 관리하는 조합이 필요하게 되었는데, 이에따라 1912년에 설립된 것이 인천중화농회였다. 상기의 사료는 인천중화농회의 전신을 '중화농업회의소(中華農業會議所)'라고 했지만 이것은 잘못이다. 정확히는 '중화농업공의회(中華農業公議會)'였다. 그 근거는 다음과 같다.

인천부의 화농 곡수용(曲秀蓉)부부가 1914년 12월 야간에 누군가로부터 습격을 당해 큰 상처를 입었다. 곡수용 부부는 고향인 산동성으로

99) 仁川日本人商業會議所 (1908), 『明治四十年仁川日本人商業會議所報告』, 71-72쪽. 인구의 내역은 화교 205명, 일본인 706명이었다. 서양인의 상세한 인구는 미상.
100) 仁川府廳 編纂, 위의 자료 (1933), 1526쪽.
101) 朝鮮總督府, 위의 자료 (1924), 109쪽.
102) 김경태 편 (1987), 『통상휘찬 한국편①』(복각판), 여강출판사, 644-645쪽.
103) 1906年4月(음력), 仁川中華會館呈, 〈仁川本業港興商號戶口人數〉, 「華商人數清冊…各口華商清冊」, 『駐韓使館檔案』(동02-35, 041-03).

귀국하려 하지만 비용이 없어 어려움을 겪고 있었다. 이때 인천농업공의회가 인천화교사회에 호소하여 모금운동을 전개했다. 당시 모금 총액은 총 286.905元이었으며 귀국비용 등을 제외한 잔여 금액은 166.355元이었다.[104)]

중화농업공의회는 1912년 설립되자마자 인천부 신정(新町, 현재의 신포동)의 화교 진덕흥(陳德興) 소유의 건물에서 야채를 판매하기 시작했는데, 이것이 신포동의 화교 야채시장의 시작이 된다.[105)]

중화농업공의회는 1912년 130호의 화농 농가의 회원으로 시작했으며, 1929년에는 200호로 증가했다. 공의회의 직원은 동사 1명, 반터우(班頭, 평의원) 9명, 각 지역별로 파이터우(牌頭, 조장)을 두고 각 회원 및 야채시장을 관리했다. 회원의 회비는 1912년 0.6엔, 1913년 0.8엔, 1914년부터 1.0엔, 1926년부터 1.2엔, 1929년 1월부터 10월까지는 1.0엔이었다.[106)]

중화농업공의회의 1개월 경비는 1924년 현재 신정과 내리(內里) 야채시장의 건물 사용료 75엔, 청소부 인건비 10엔, 수도요금 7엔, 전기료 7.5엔, 통신 및 신문 구독료 0.9엔, 기타 2엔, 총 102.45엔이었다.[107)] 동사는 왕승태(王承謌)으로 잡화점 만취동(萬聚東)의 경영자였다.

---

104) 1905年2月16日, 仁川農業公議會總理人王承謌, 『曲秀蓉夫婦救濟案』(인천화교협회소장).

105) 1930年7月3日發, 駐淸津領事館張義信이 駐朝鮮總領事에게 보내는 공문, 「仁川農會紛糾案」, 『駐韓使館檔案』(同03-47, 192-03).

106) 1931年10月2日收, 仁川中華農會執行委員會가 駐朝鮮總領事에게 보내는 공문, 「仁川農會改組及賑捐」, 『駐韓使館檔案』(同03-47, 205-01).

107) 朝鮮總督府, 앞의 자료 (1924), 110쪽.

|그림2-7| 인천농업공의회의 문서(1915.2.16)[108]

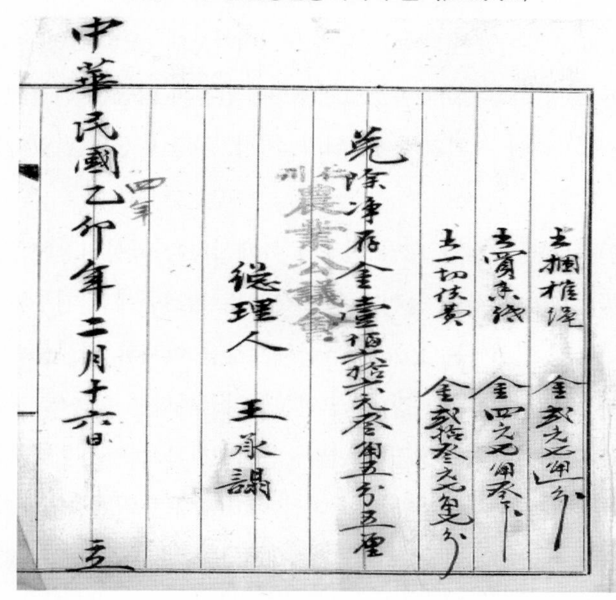
去一切使費
先除淨存
農業公議會
總理人 王承謨
中華民國乙卯年二月十六日 立

'인천중화농업회'의 1930년 회원 228명의 거주지 별 분포를 살펴보면 다음과 같다. 전체 회원의 77%에 해당하는 176명은 다주면(多朱面)에 거주했다. 이들의 거주지를 리(里)단위로 보면, 용정리 60명(전체의 26.3%), 장의리 38명(16.7%), 도화리 33명(14.5%), 사충리 23명(10.1%), 학익리 9명(3.9%), 신화수리 8명(3.5%), 금곡리 5명(2.2%)의 순이었다.[109] 다주면 가운데서도 용정리, 장의리, 도화리, 사충리에 화농 야채밭이 집중되어 있는 것을 알 수 있다.

또한 이들 회원 228명의 출신지를 보면, 전원이 산동성 출신이었다. 이들의 출신지를 현(縣)별로 보면 다음과 같다. 룽청현(榮成縣) 63명(전체의

108) 1915年2月16日, 仁川農業公議會, 『曲秀蓉夫婦救濟案』(인천화교협회소장자료).
109) 1930年, 中華勞工協會仁川支部呈, 「中華農會會員冊」, 『駐韓使館檔案』(同03-47, 191-02).

27.6%), 무핑현(牟平縣) 60명(26.3%), 저청현(諸成縣) 38명(16.7%), 원덩현(文登縣) 27명(11.8%), 라이양현(萊陽縣) 9명(3.9%), 러자오현(日照縣) 8명(3.5%), 기타 각 현이 20명이었다.[110] 이것으로 볼 때 인천의 화농은 인천에서 가까운 산동성 동해안 지역의 룽청, 뭐핑, 저청, 원덩 출신이 많았다는 것을 알 수 있다.

한편, 인천부는 1924년 12월 신정의 야채시장을 공설시장화 하려고 중화농업공의회와 교섭에 들어가 야채시장은 1925년에 인천부의 소유가 된다. 그 후 인천부는 1926년에 야채시장을 야채와 어산물의 공설 일용품시장으로 할 방침을 정했다. 인천농업공의회는 화농의 기존 권익을 박탈하는 것이라고 맹렬히 반발, 인천영사관의 알선으로 야채시장의 행정권은 인천부에 이양하는 대신 야채판매는 인천농업공의회가 계속 독점하는 것으로 결정됐다.[111] 그래서 1927년 3월부터 신정의 야채시장은 완전히 공설시장이 된다.

인천부는 제2차 배화사건 직후 다수의 화농이 귀국한 틈을 타서 신정 공설시장을 화농이 독점하고 있는 것에 대한 조선인 및 일본인의 반발 여론을 등에 업고 공설시장의 판매대를 30개소로 늘리는 대신 조선인과 일본인에게 15개 판매대, 화교에게 15개 판매대를 허가하는 것으로 바꾸었다. 이전에 화농은 20개 판매대 전부를 독점하고 있었기 때문에 실질적으로 5개 판매대가 줄어들었으며, 조선인 및 일본인과 공동으로 운영하는 것으로 바뀐 것이다.[112]

---

110) 1930年, 中華勞工協會仁川支部呈, 「中華農會會員冊」, 『駐韓使館檔案』 (同03-47, 191-02).

111) 1932年4月5日收, 駐仁川辦事處暫代主任張義信이 駐朝鮮總領事에게 보내는 공문, 「仁川公設市場之菜類販賣權」, 『駐韓使館檔案』 (同03-47, 218-02).

112) 1932年4月5日收, 駐仁川辦事處暫代主任張義信이 駐朝鮮總領事에게 보내는 공문, 「仁川公設市場之菜類販賣權」, 『駐韓使館檔案』 (同03-47, 218-02).

그런데 중화농업공의회는 1929년 11월 업무를 갑자기 중지했다. 그 이유는 왕승태 동사가 1912년부터 18년간 장기집권 하였고 그의 회비 지출을 의심한 회원들이 반대파를 조직, 공의회의 장부를 조사하는 등 공세를 폈기 때문이다. 반대파는 '인천중화농업회'를 조직하고 이전 농업공의회가 가지고 있던 잔금 369.18엔과 전화기 등을 자신의 소유권으로 해달라고 요구, 왕승태파는 이에 반발, 새롭게 '중화농산조합(中華農産組合)'을 조직했다. 이 두 단체는 잔금과 전화기의 소유권을 둘러싸고 격렬하게 대립했다.[113] 주인천판사처는 두 단체 모두 정식으로 인정하지 않고 있었는데 상기의 사료에 의하면 '민국22년(1933년)에 지금의 중화농회로 명칭이 바'뀐 것으로 봐서 1933년에 양자 간의 화해가 성립된 것으로 보인다.

113) 이 대립의 구체적인 내용에 대해서는 李正熙 (2012), 『朝鮮華僑と近代東アジア』, 京都大學學術出版會, 322-328쪽을 참조 바람.

5. 인천중화기독교회

‘인천화상상회 화교 상황 보고 중화민국24년(1935년) 3월’는 인천중화기독교회의 설립을 “민국5년(1916년) 성립”으로 기록했다.[114]

한국의 중화기독교회연합단체인 ‘여한중화기독교연합회(旅韓中華基督教會聯合會)’는 1917년 6월 미국인 선교사 더밍(Derming) 여사가 산동성 출신인 손래장(孫來章)과 함께 인천에서 한 칸의 방을 빌려 전도활동을 한 것을 인천중화기독교회의 시작으로 본다. 제1대 목사는 중국 금릉신학원(金陵神學院)을 졸업한 손래장 목사(1923-1930년), 제2대 목사는 장봉명(張鳳鳴, 1930-1934년), 제3대 목사는 왕명삼(王銘三, 1935-1938년), 제4대 목사는 장■■였다.[115]

인천중화기독교회는 1922년 예배당 부지를 구입하고 건축했다. 교회 건물의 주소는 1935년 현재 화방정(花房町) 5번지였고, 대지 220평에 1층 벽돌 건물이었다. 대지와 건물의 부동산 시가는 1.2만 엔으로 상당히 높았다. 이 건물은 건축된 지 80주년이 되는 2002년에 현재의 교회 건물로 신축됐다.

114) ‘중화기독교회’, 〈인천화상상회 화교 상황 보고 중화민국24년(1935년) 3월〉, 『인천중화상회 보고서』(인천화교협회소장).

115) 旅韓中華基督教聯合會 (2002), 『旅韓中華基督教創立九十週年紀念特刊』, 92-93쪽.

|그림2-8| 이전의 인천중화기독교회

* 출처: 강대위 목사 제공

|그림2-9| 교회 설립 당시 머릿돌

6. 기타 화교단체

'인천화상상회 화교 상황 보고 중화민국24년(1935년) 3월'은 상기의 화교단체 이외에 다음과 같은 단체가 있다고 소개했다.

화상면포동업회(華商綿布同業會)는 1924년에 성립 되었다. 인천의 포목상 각 상점에 의해 조직되었으며, 산동동향회 내에 설치됐다. 당시 인천 화상 포목상은 대부분이 산동성 출신에 의해 경영되고 있었기 때문에 산동동향회 내에 설치되었을 것이다.

원염조합(原鹽組合)은 1925년에 성립 되었다. 화교 염상을 보호하기 위해 조직 되었으며, 원염(식염)을 연구하고 관련 업무를 처리했다. 원염조합은 중국산 원염을 판촉하고 소금 운반, 범선 영업을 유지하는 역할을 했다. 여관조합은 1924년에 성립되었으며 객상에게 편의를 제공하는 것이 목적이었다.

3

인천화상의 주요한 수출입상품

1. 중국산 마포의 수입

『인천중화상회 보고서』의 〈인천화상상회 화상 상황 보고 중화민국 24년(1935년) 3월〉는 인천 화상의 주요 수입품과 수출품을 소개하고 이들 수출입품의 수출입량의 시기별 추이를 분석했다. 조선의 중화상회가 화상의 무역에 대해 이렇게 상세히 분석한 것은 이 사료가 처음이기 때문에 매우 귀중한 것이다. 우리는 조선총독부 외사과(外事課) 문서 및 중화민국주경성총영사관의 당안인 『주한사관당안』의 사료를 활용하여 인천화상상회의 분석을 보다 분명히 하고자 한다. 이하 수출입 상품별로 검토한다.

먼저 인천 화상이 많이 수입하던 중국산 마포의 수입에 관한 인천화상상회의 분석을 보도록 하자.

|번역문|

> **중국산 마포가 증세 및 일본 대용품의 영향을 받아 감소한 원인**
>
> 민국7, 8년(1918, 1919)부터 매년 상하이에서 수입되는 마포는 약 6만 건(1건은 15-20필: 역자)으로 가격은 은 550만 량에 달했다. 일본 해관은 100엔 당 7.5엔을 세금으로 과세했다. 1920년 제1차 증세로 하급품은 백 근 당 18엔, 상급품은 32엔이었다. 당시 판매는 아직 감소하지 않았으며 일본 제품은 아직 대용품이 없

었다. 민국13년(1924) 제2차 증세로 하급품은 22엔, 상급품은 40엔이 되었다. 이때부터 판매는 10분의 2, 3이 감소했다. 민국 15년(1926) 제3차 증세로 하급품은 백 근 당 34엔, 상급품은 52엔, 최상급품은 72엔이 되었다. 이때 이후 대폭 감소하여 종전의 절반에도 미치지 못했다. 민국21년(1932) 제4차 증세로 제3차에 비해 백 엔 당 세액은 더욱 증가하여 35 엔이 되었다. 이때 이후 수입이 절대적으로 감소하여 수입량은 (이전의) 불과 10분의 1, 2에 불과했다.[116]

인천의 화상뿐 아니라 조선의 화상 포목상에게 중국산 마포의 수입은 특별한 의미가 있다. 중국산 마포는 1880년대부터 1937년까지 약 반세기에 걸쳐 조선 화상에 의해 독점적으로 수입되어 조선에 대량으로 판매된 상품이기 때문이다. 화상 포목상의 경제, 나아가 조선 화교 경제를 지탱하는 최대의 수입 상품이라 해도 과언이 아니었다.

중국산 마직물의 수입은 1886년에는 8,039엔에 지나지 않았지만 1905년에는 100만 엔을 처음으로 돌파했다.[117] 일제 강점기에는 더욱 중국산 마직물의 수입이 증가, 1917년에는 200만 엔, 1922년에는 870만 엔으로 증가했다. 그 후 약간 감소는 해도 1920년대 후반까지 500만 엔대를 유지했다.(|표3-1|참조)

1912-1928년의 중국산 마직물 연평균 수입액은 약 426만 엔에 달했으며, 조선 내 마직물 소비총액 가운데 차지하는 비율은 같은 기간 연평균 36%를 차지했다. 즉, 이 기간 조선의 마직물 소비의 약 4할은 중국산 마직물이었던 것이다. 이처럼 중국산 마직물이 조선에 대량으로 수입된 원인은 중국산 마직물은 값이 싼데다 수공업제품이어서 조선인 대중에게 큰 인기를 끌었다는데 있었다.[118]

---

116) '중국산 마포가 증세 및 일본 대용품의 영향을 받아 감소한 원인' 〈인천화상상회 화상 상황 보고 중화민국24년(1935년) 3월〉, 『인천중화상회 보고서』(인천화교협회소장).
117) 統監府 (1908), 『第2次統監府統計年報』, 248쪽.

|표3-1| 조선의 마직물 수입액 및 생산액 (1912-1928)

(단위: 천 엔)

연도	수입액			조선생산액	수출액	소비총액
	일본	중국	기타			
1912	21	1,486	11	2,378	-	3,896
1913	24	1,354	19	2,687	-	4,084
1914	27	1,564	26	2,772	3	4,386
1915	25	1,155	6	2,986	15	4,157
1916	37	1,613	13	3,666	11	5,318
1917	70	2,211	18	5,373	29	7,643
1918	79	2,475	24	9,311	43	11,846
1919	129	6,907	43	14,161	93	21,147
1920	194	7.905	26	8,299	23	16,401
1921	109	5,395	23	9,647	75	15,099
1922	136	8,703	13	9,021	88	17,785
1923	180	5,182	14	8,755	87	14,044
1924	246	4,992	106	9,251	51	14,544
1925	270	4,787	6	9,328	82	14,309
1926	234	5,420	11	9,659	70	15,254
1927	219	5,501	32	10,069	66	15,755
1928	342	5,780	31	10,445	58	16,550

* 출처: 京城商業會議所 (1929.6), 「朝鮮における麻布の需給概況」, 『朝鮮經濟雜誌』第162號, 2-9쪽. ; 室田武隣 (1931.2), 「朝鮮の機業に就て」, 『朝鮮』第189號, 56-57쪽을 근거로 작성.

이러한 기본 데이터를 가지고 상기의 인천화상상회 분석 내용을 보도록 하자. 중국산 마포에 대한 관세는 개항기부터 1919년까지 종가 7.5%가 오래동안 유지됐다. 1910년 '한일합방' 이후 일제는 서구 열강을 의식하여 10년간 관세율을 현행대로 유지하는 조치를 취해 7.5%의 관세율은 유지될 수 있었다. 이런 조치는 역으로 조선의 마직물 생산

118) 李正熙 (2012), 『朝鮮華僑と近代東アジア』, 京都大學學術出版會, 76-77쪽.

농가에 큰 타격을 주었다.

그러나 1920년 제1차 관세율 증가 조치로 중국산 마직물은 하급품의 경우 18%, 상급품의 경우 32%의 관세율이 부과됐다. 이전의 7.5%보다 많이 인상된 것이다. 그러나 이때는 중국 화폐의 평가절하(엔고)로 인해 마직물의 수입가격이 하락했기 때문에 중국산 마직물의 수입에는 큰 영향을 미치지 않았다. "당시 판매는 아직 감소하지 않았"다고 한 것은 바로 이런 이유 때문이었다.

그러나 1924년 중국산 마직물에 대한 관세율은 하급품의 경우 22%, 상급품의 경우 40%로 각각 인상되었고, 다시 1926년에는 하급품, 중급품, 상급품에 대해 각각 34%, 52%, 72%의 관세율이 부과됐다. 이와 같은 관세율 인상의 효과는 **|표3-1|**에 1924년은 1923년에 비해 3.7% 감소, 1925년은 1923년에 비해 7.6%가 감소한 것에서 확인할 수 있다.

그러나 상기의 사료에서는 언급되지 않았지만 1931년 7월의 제2차 배화사건으로 인한 수입 감소는 매우 컸다. 그리고 1932년의 제4차 관세율 인상 조치는 1926년에 비해 "백 엔 당 세액은 더욱 증가하여 35엔이 되었다. 이때 이후 수입이 절대적으로 감소하여 수입량은 (이전의) 불과 10분의 1, 2에 불과했다."고 지적했다.

상기의 사료에는 언급되어 있지 않았지만 중국산 마직물 수입이 감소한 것은 관세율 인상뿐 아니라 동 제품의 대체품으로 상대적으로 값이 싼 일본산 인견직물의 대량 이입(수입)도 주요한 원인의 하나였다. 이에 대해서는 다음 장에서 논의할 것이다.

2. 중국산 비단의 수입

인천화상상회가 중국산 비단 수입에 대해 분석한 것은 다음과 같은 내용이다.

|번역문|

중국산 비단 및 구미 화물을 수입할 수 없는 원인
종전 중국산 비단 상품은 수입을 가장 많이 할 시기에는 수저우(蘇州)의 전장(鎮江), 항저우(杭州)의 성저(盛澤)에서 상하이를 경유하여 수입된 비단의 금액은 약 은 500만 량에 달했다. 관세는 백엔 당 7.5엔 혹은 10엔이었다. 산동 비단인 창이의 잠조(繭綢, 야생누에의 실로 만든 비단: 역자), 웨이현(濰縣)의 색조(色調, 색 비단: 역자)는 옌타이를 경유하여 수입되었으며 가격은 은 50만 량에 달했다. 구미의 상품인 표백 면포, 원색 면포, 순백색 비단, 면사, 꽃무늬 면사, 서양 신발 등을 상하이에서 수입한 금액은 약 은 1천만 량에 달했다. 민국9년(1920)부터 일본의 해관은 증세를 가하여 비단 상품 100근 당 520엔을 부과했다. 다만, 이때 일본산 비단 상품의 생산품은 많지 않았다. 때문에 중국산 비단 상품은 여전히 수입할 수 있어 감소된 것은 100분의 2, 3에 불과했다. 민국13년(1924)에 이르러 일본의 다채로운 인견의 생산품이 상당히 많아지고 일본 해관은 중국산 비단에 대해 100%에 달하는 높은 관세를 부과, 이때 이후 비단 상품은 판매할 길이 없어 결국 수입 중지를 고하게 되었다. 현재 가령 일본 해관이 중국산 비단 화물에 대해 세율을 이전으로

> 회복시킨다 하더라도 다량의 수입은 불가능하다. 왜냐하면 일본산 인견사에 의한 생산품이 날로 발달하여 가격은 저렴하며 조선인용으로 가장 합당하기 때문이다. 구미산 면포는 민국17·18년(1928·1929) 이후 수입이 단절되었다. 그 이유는 일본공업진흥소가 면직품의 색깔을 날마다 새롭게 하고 급속히 따라잡은 결과, 구미의 제품에 비해 값이 싸 일본 상품이 구미의 고가품을 대체했다.[119]

중국산 비단이 조선에 수입되기 시작한 것은 개항 이전부터였다. 조선과 중국의 국경인 중강(中江), 회령(會寧), 경원(慶源)에서 정부 공인의 육로 무역(이른바 三市貿易)과 사행무역(使行貿易)에서 조선의 주요한 수입품은 중국산 비단이었다. 그러나 개항 이후 중국산 비단은 주로 해로로 조선 화상에 의해 수입되게 된다.

중국산 비단의 수입액은 1891년에 이미 약 43만 엔에 달했으며, 1901년에는 100만 엔을 처음으로 돌파했다. 중국산 비단은 개항기 때부터 영국산 면직물 다음의 조선 화상 최대의 수입품이었다.[120]

|표3-2| 조선의 견직물 수입액 및 생산액 (1912-1928)

(단위: 천 엔)

연도	수입액			조선생산액	소비총액
	일본	중국	기타		
1912	648	2,004	3	666	3,321
1913	780	1,534	6	734	3,054
1914	671	1,612	8	623	2,914
1915	866	1,770	3	583	3,380

119) '중국산 비단 및 구미 화물을 수입할 수 없는 원인', 〈인천화상상회 화상 상황 보고 중화민국24년(1935년) 3월〉, 『인천중화상회 보고서』(인천화교협회소장).
120) 李正熙, 앞의 책 (2012), 65쪽.

1916	995	1,867	3	741	3,606
1917	1,429	2,222	3	1,054	4,708
1918	2,307	3,993	2	2,080	8,382
1919	5,081	6,763	14	2,844	14,702
1920	3,921	5,126	0.5	2,018	11,066.5
1921	5,430	4,012	217	2,512	12,171
1922	5,794	4,133	13	2,502	12,442
1923	4,307	3,414	21	2,719	10,461
1924	5,158	3,608	6	3,194	11,966
1925	8,031	7	0.9	3,422	11,460.9
1926	7,903	9	0.3	3,378	11,290.3
1927	9,266	26	0.3	3,283	12,575.3
1928	13,376	4	0.2	3,511	16,891.2

* 출처: 室田武隣 (1926.1), 「朝鮮における麻織物及絹織物」, 『朝鮮經濟雜誌』第121號, 36-37쪽. ; 稅田谷五郎 (1926.1), 「內地に於ける鮮人向け絹織物生産に就て」, 『朝鮮』第128號, 146쪽. ; 室田武隣 (1931.2), 「朝鮮の機業に就て」, 『朝鮮』第189號, 71쪽을 근거로 작성.

중국산 비단 수입액은 1910년대 들어서는 더욱 증가했다. **|표3-2|**와 같이 1912년에는 200만 엔을 돌파하고 그 후 일시적으로 감소했지만, 제1차 세계대전의 호경기에 힘입어 1919년에는 676만 엔으로 급증했다. 중국산 비단의 수입액은 1912-1924년에 연평균 324만 엔에 달해 중국산 마직물과 함께 최대의 중국산 수입품 중의 하나였다.

중국산 비단 수입액이 조선 국내 견직물 소비총액에서 차지하는 비중은 1912-1924년에 연평균 41%를 차지했다. 이에 비해 조선산 비단의 생산액이 소비총액에서 차지하는 비중은 연평균 22%에 불과했다. 이처럼 중국산 비단이 대량으로 조선에 수입된 이유는, 중국산 누에고치의 상대적 저렴함, 싼 임금, 우수한 제직 설비, 우월한 제직 기능에 있었다.[121] 중국산 비단은 이러한 유리한 생산 조건을 갖춰 조선산 비단에

121) 朝鮮總督府 (1923), 『支那ニ於ケル麻布及絹布竝其ノ原料ニ關スル調査』, 89-90쪽.

비해 싸고 품질이 뛰어났다. 또한 중국산 비단에 대한 조선인의 뿌리 깊은 선호도 간과할 수 없는 요인이었다.

조선에 수입되던 중국산 비단의 생산지는 저장성(浙江省)과 장수성(江蘇省)이었다. 상기의 사료에 의하면, 두 성 안에서도 수저우(蘇州)의 전장(鎭江), 항저우(杭州)의 성저(盛澤)의 비단이 조선에 많이 수입 되었다. 각 산지에서 생산된 비단은 상하이로 수송되어 상해의 비단 수출 도매상이 조선의 화상 포목상과 특별한 계약을 맺어 조선으로 수출했다. 그리고 산동 비단인 창이의 잠조(繭綢, 야생누에의 실로 만든 비단), 웨이현(濰縣)의 색조(色調, 색 비단)가 옌타이(煙臺)를 경유하여 조선에 수입되었는데 상하이 수입액의 약 10분의 1이나 차지했다.

한편, 중국산 마포는 1920년대까지 일본산 대체품이 없었지만, 중국산 비단은 그렇지 않았다. 그러나 일본의 견직물업자의 부단한 노력에도 불구하고 일본산 견직물의 수입은 1910년대 중반까지 늘어나지 않았다.[122]

그래서 일본은 중국산 비단을 조선시장에서 구축하기 위해 급격한 관세율 인상이라는 방법을 사용했다. 인천화상상회는 "민국9년(1920년)부터 일본의 해관은 증세를 가하여 비단 상품 100근 당 520엔을 부과했다.…일본 해관은 중국산 비단에 대해 100%에 달하는 높은 관세를 부과, 이때 이후 비단 상품은 판매할 길이 없어 결국 수입 중지를 고하게 되었다."고 기술했다. 이것은 정확한 분석이며, **|표3-2|**에서 금방 확인할 수 있다. 중국산 마직물의 수입과 마찬가지로 1920년의 관세율 인상은 엔고의 영향으로 중국산 비단의 수입은 그렇게 줄지는 않았다. 하지만 1924년의 100% 관세율 부과, 이른바 사치품 관세는 절대적인 타격을 가한 것이다.

122) 李正熙, 앞의 책 (2012), 69-70쪽.

또한 경쟁력 있는 일본산 견직물의 출현은 중국산 비단에 큰 위협이었다. 일본산 비단의 수입은 1917년부터 급격히 증가했다. 그리고 1924년 사치품 관세 부과 이전인 1921년에 이미 일본산 비단이 처음으로 중국산 비단 수입을 상회했다.(|표3-2|참조) 이것은 중국산 비단 수입이 중지된 것이 사치품 관세 부과 때문만은 아니라는 것을 말해준다. 인천화상상회는 "일본의 다채로운 인견의 생산품이 상당히 많아지고…일본산 인견사에 의한 생산품이 날로 발달하여 가격은 저렴하며 조선인용으로 가장 합당"했다고 한다.

이러한 결과 중국산 비단은 수입이 단절되어 1925년부터는 일본산 대체품이 완전히 시장을 장악했다. 개항 이후 조선 화상의 최대의 수입품인 중국산 비단은 이렇게 하여 시장에서 사라진 것이다. 이 상품은 조선의 화상에 의해 독점적으로 수입되어 판매된 상품이기 때문에 중국산 비단의 수입 두절이 조선 화상 포목상에게 미친 영향이 얼마나 큰 지는 짐작할 수 있을 것이다.

또 하나 주목해야 할 것이 있다. 인천화상상회는 "구미산 면포는 민국17 · 18년(1928 · 1929) 이후 수입이 단절되었다. 그 이유는 일본공업진흥소가 면직품의 색깔을 날마다 새롭게 하고 급속히 따라잡은 결과, 구미의 제품에 비해 값이 싸 일본 상품이 구미의 고가품을 대체했다."고 기술했는데, 그 배경을 살펴보도록 하자.

구미산, 특히 영국산 면직물은 조선 화상 포목상에 의해 상하이에서 수입되어 조선 국내에 독점적으로 판매되었다. 화상이 상하이에서 수입한 영국산 면사와 천축포(天竺布)는 각각 1894년과 1898년에 각각 일본산 대체품 수입액을 하회하여 시장에서 구축되었다. 영국산 생금건(生金巾)도 1908년 일본산 생금건의 수입액을 하회하여 점차 시장에서 구축되었다. 마지막으로 남은 영국산 고급 면포인 쇄금건(晒金巾)은 일본의 기술부족으로 오래 동안 조선시장에서 구축되지 않았다. 영국산 쇄금건은 1915년까지는 일본산 쇄금건 수입액을 훨씬 상회하였고, 제1차 세계대전으로 일시 일본산 수입액을 하회하지만, 1920년부터 3년간은 다시 일본산 수입액을 역전한다. 쇄금건의 수입액은 1920-1922년에 연평균 약 300만 엔에 달했다.[123)]

그러나 1925년 3월 10일을 기한으로 영국과 일본 간의 협정세율(協定稅率)이 폐지되고, 1926년 3월 29일부터 개정 관세의 실시로 인해 영국산 쇄금건의 수입에 영향을 주게 된다. 여기에 "일본공업진흥소가 면직품의 색깔을 날마다 새롭게 하고 급속히 따라잡은 결과, 구미의 제품에 비해 값이 싸 일본 상품이 구미의 고가품을 대체"하게 되었던 것이다. 영국산 쇄금건의 수입은 1927년에 119만 엔, 1928년에 99만 엔, 1929년에 69만 엔, 1930년에는 42만 엔으로 감소하고, 1931년의 제2차 배화사건의 영향과 불경기의 여파로 1931년에는 8만 엔으로 감소했다.[124)] 인천화상상회가 "구미산 면포는 민국17 · 18년(1928 · 1929) 이후 수입이 단절되었다"고 한 것은 정확한 것은 아니지만 거의 일치한다고 봐도 좋을 것이다.

123) 朝鮮綿絲布商聯合會 (1929), 『朝鮮綿業史』, 92-94 · 128 · 130쪽.
124) 朝鮮總督府 (1933), 『昭和六年 朝鮮總督府統計年報』, 294쪽.

3. 중국산 소금의 수입

인천화상상회는 '산동성 동해안 소금 수입 상황'을 주제로 다른 상품에 비해 상대적으로 장문의 보고를 했다. 그만큼 중요한 수입품이라는 것과 1935년 현재 매우 어려운 처지에 있다는 것을 간접적으로 말해주는 것이다.

|번역문|

산동성 동해안 소금 수입 상황

우리나라의 동해안 소금은 종래 범선으로 조선에 수입되어 판매되었다. 민국 8년(1919) 인천에는 소금 상가(商家) 8개소, 군산에는 4개소, 진남포에는 3개소, 목포에는 1개소가 있었다. 1930년 통계에 매년 연평균 소금 수입량은 약 1억 5천만 근, 인천에서 1만 근을 판매할 수 있었다. 인천에서 12년간 중국산 소금은 자유롭게 수입되어 자유롭게 판매되었다. 인천세관은 만 근 당 10엔을 징수했다. 판매 또한 지극히 번창했다. 민국 19년(1930)부터 소금에 대한 세금이 면제되고 소금 관리가 조선총독부 전매국 관리로 귀속되었다. 매매에는 정해진 가격이 있었으며 수입에는 정해진 할당량이 있었다. 염상은 자유롭게 판매해서는 안 되었다. 이로 인해 중국산 소금의 수입은 급격한 하락을 겪게 된다. 염상은 이러한 구속을 받아 지극히 어려운 처지에 있다. 현재 화교 염상으로 존재하는 상가는 다만 인천의 4개소에 지나지 않는다. 민국 20년(1931)부터 23년(1934)까지 매년의 소금 수입은 5·6

천만 근에 불과했다. 전매국은 매년 정월 수입 허가를 발급하며, 그 총량은 약 2만 근 이상이었다. 단, 화상은 청부를 받을 수 없다. 다액의 수입을 하는 자는 다만 산동성의 스다오, 진커우의 두 곳에서만 소금을 범선에 실을 수 있기 때문에 그 모아둔 소금량에는 한정이 있어 아마도 공급이 수요를 만족시킬 수 없을 것이다. 종전 스다오에선 수송선이 소금을 싣는 것을 허가하지 않았으며, 근래 중일 합작의 화청공사(華成公司)가 소금 시장을 독점함으로써 일본은 소금을 조선에 운송하여 판매, (중국)범선은 큰 영향을 받아 하적 할 소금이 없다. 우리나라의 수출 세율이 근 당 0.12원으로 범선 운반 세율은 백 근 당 0.2엔이다. 이것은 우리 정부가 상민을 불평등하게 대우하는 것이다. 국가의 세법에 입각하여 처리해 위신을 보이고 공평함을 분명히 해야 한다. 지금 범선은 그 영향을 받아 영업이 점점 더 곤란해지고 있다. 산동산 소금의 운사(運使)는 여전히 운수(運輸)와 범선에 의한 소금의 명의가 서로 다르다는 것을 모른다. 양자의 운반은 거의 구분할 수 없는데 그 본질은 완전히 똑 같다. 그러나 과세는 각각 다르며 정말로 아무리 생각해도 납득할 수 없다. 산동산 소금을 운반하는 범선은 약 150척이며 다른 종류의 화물을 싣고 운반하지는 않으며, 대개 소금 운반을 전문으로 영업하며 부업을 겸영(兼營)하지는 않는다. 소금을 적재하고 운송하는 곳은 이미 스다오와 진커우의 두 곳에 한정되어 있다. 산동산 소금의 운사(運使)는 또 근래 (산동성) 동해안의 각 염전에 금년 천일염의 생산을 예년의 3분의 1로 줄이라고 하여 많은 상민을 천일염 작업으로 생계유지하는 것을 허락하지 않고 있다. 만약에 천일염을 하지 않으면 생계는 어디에 의탁할 것인가. 게다가 천일염은 완전히 날씨에 의존한다. 이전 해의 생산량이 많아도 관수(冠水)의 해는 생산량이 적다. 가뭄의 해의 잉여로 관수의 해의 부족분을 보충한다. 현재 염전의 상민에게 염전 생산을 제한하고 만약 관수의 해를 만나면 어떻게 보충할 수 있을 것인가. 게다가 산동성 동해안 소금은 대량으로 조선에 운반되어 동계는 그 운송량이 적어 여분이 생겨 보존하여 비축할 수 있다. 내년 춘계 조선으로 수송하는 분의 소금에는 영향이 없다. 국내의 소금 업무에 있어 금년 봄 전매국은 각 범선이 1차로 운송하는 동해안 소재의 소금 부족에 대한 통계 조사를 허가했다. 만약 재차 각 염전에 천일염을 줄이라고 명령한다면 범선은 점점 더 운송할 수 있는 소금이 없어진다. 만약 빨리 구제할 방법을 강구하지 않으면 조선으로의 소금 운송의 권리는 점차 사라질 것이다. 이때 우리정부에 천일염 회수 제한의 철회 혹은 염전 유지를 명령하도록 간청하여 염상(鹽商)을 보호해 주도록 해야 한다. 우리나라에서 조선으로 운송하는 소금 수출의 전성기 때는 인천 하나의 항구뿐 아니었다. 군산, 목포, 진남포 등지도 모두 다수의 수입을 했다. 그 후 민국20년(1931) 중국산 소금이 예년에 비해 생산량이 적었고, 소금 수출세율 또한 과중했다. 염상은 사전에 조선총독부 전매국으로부터 청부 허가를 받아 할당량의 소금을 수입할 수 있었으며, 수량대로 지불받을 수 있었다. 규칙에 의거하지 않으면 처벌 받았다. 앞으로 군산, 목포, 진남포의 3개소의 염상의 수입권은 결국 완전히 상실되어 일본인 상인의 독점이 될 것이다. 현재 다행히 존재하는 곳은 인천 1개소뿐이며 현재 또한 중대한 위험 상태에 직면해 있다. 이때 우리 정부는 실로 주의 깊게 보호 및 유지하도록 해야 한다.[125]

조선에 외국산 소금이 세관 통관으로 수입된 것은 1876년의 개항 이후다. 그때부터 1890년대까지는 일본산 소금이 주로 수입되었지만 러일전쟁 직전인 1903년부터 중국산 소금의 수입이 급증하여 일본산 소금 수입을 상회했다. 그리고 타이완산 소금이 1905년부터 수입되기 시작했다. 조선의 소금 수입액은 1901-1905년에 연평균 13만 6,441엔, 1906-1910년에 연평균 35만 7,670엔으로 이전의 5년 평균에 비해 2.6배 증가했다. 1908년에는 외국산염이 국내 소금 소비총액에서 차지하는

125) '산동성 동해안 식염 수입 상황', 〈인천화상상회 화상 상황 보고 중화민국24년(1935년) 3월〉, 『인천중화상회 보고서』(인천화교협회소장).

비중은 무려 30%를 차지했으며, 그 대부분은 중국산 소금이었다.[126)]

이렇게 중국산 소금이 대량으로 수입된 데는 조선산 소금에 비해 값이 상대적으로 저렴했기 때문이었다. 중국산 소금은 조선산과 일본산에 비해 품질은 떨어지고 색깔은 검으며 소금 덩어리가 커서 사용하기에 불편했다. 그러나 중국산 소금의 시장 가격은 조선산에 비해 50%나 저렴했다.[127)] 이처럼 조선산 소금이 중국산 소금에 비해 비싼 것은 제조방법이 달랐기 때문이다. 중국산 소금은 천일염전에서 제조한 반면, 조선산 소금은 해수를 솥에 넣어 석탄과 나무로 가열하여 소금을 제조했다. 당시 조선은 삼림이 훼손되어 연료비가 상대적으로 비싸 소금 가격을 비싸게 책정하지 않을 수 없었다.[128)] 대한제국 탁지부와 통감부가 대한제국 말기 인천과 평안남도에 거대한 천일염전을 건설하기 시작한 것은 이러한 배경에서 이뤄졌다.[129)]

'한일합방' 이후에도 중국산 소금의 대량 수입은 계속 되었다. 중국산 소금은 산동성의 천일염전에서 제조되어 조선에 수입되었는데, 산동성의 동해안 지역과 칭다오 제조의 소금이 대부분을 차지했다. 일부 랴오동반도(遼東半島)에서 제조된 소금도 수입되었다. 그러나 이들 소금의 조선 수입은 산동성 동해안 제조 소금은 국내의 화상 염상에 의해, 칭다오 및 랴오동반도 제조의 소금은 일본인 상인에 의해 독점적으로 수입되었다.[130)]

---

126) 李正熙, 앞의 책 (2012), 367-368쪽.
127) 度支部 (1910), 『韓國財政施設綱要』, 216쪽.
128) 谷垣嘉市 (1906.2), 「木浦附近の鹽田」, 『朝鮮之實業2』第10號, 222쪽.
129) 평안남도 광량만에 천일염전을 건설하게 된 경위와 동 공사에 화교노동자 동원을 둘러싼 문제에 대해서는 李正熙 (2009), 「朝鮮開港期における中國人勞動者問題: 『大韓帝國』末期廣梁灣鹽田築造工事の苦力を中心に」, 『朝鮮史研究會論文集』 第47集, 을 참조 바람.
130) 朝鮮總督府 (1924), 『朝鮮に於ける支那人』, 101쪽.

|표3-3| 조선의 산동성산 소금의 수입량 추이 (1910-1937)

(단위: 천 근)

연차	산동성산 소금			연차	산동성산 소금		
	수입량	A(%)	B(%)		수입량	A(%)	B(%)
1910	83,325	89.3	62.8	1924	98,527	39.7	23.0
1911	125,964	88.3	66.6	1925	101,140	39.4	25.8
1912	123,515	67.8	52.0	1926	139,139	48.0	27.2
1913	104,117	69.0	43.7	1927	97,750	35.6	18.8
1914	93,498	75.5	45.1	1928	94,926	35.6	16.4
1915	136,635	71.8	49.3	1929	101,887	44.9	16.8
1916	175,954	72.4	50.4	1930	108,604	53.3	21.6
1917	130,012	58.8	37.4	1931	108,649	38.0	17.2
1918	156,525	55.0	39.2	1932	21,995	7.1	3.0
1919	241,599	60.2	45.7	1933	45,872	14.7	6.4
1920	86,992	54.0	26.7	1934	88,890	31.4	15.2
1921	99,586	53.5	28.7	1935	118,629	41.9	14.3
1922	80,925	40.9	23.9	1936	77,077	33.5	12.5
1923	114,884	39.2	26.9	1937	56,195	28.3	7.8

* 출처: 田中正敬 (1997), 「植民地期朝鮮の鹽需要と民間鹽業: 1930年代までを中心に」, 『朝鮮史研究會論文集』第35集, 150·152쪽을 근거로 필자 작성.

* 주: A는 소금 수입총량 가운데 산동산 소금이 차지하는 비중, B는 조선의 소금 소비총액 가운데 산동성산 소금이 차지하는 비중을 나타낸다. 단, 산동성산 소금에 칭다오산 소금은 포함되어 있지 않다.

산동성산 소금(칭다오산 소금 제외)의 수입량은 1910년대와 1920년대는 대체로 연간 1억 근에 달했다. 외국산 소금 수입량 가운데 산동성산 소금 수입량이 차지하는 비율은 1910년대는 6-9할, 1920년대는 칭다오산과 랴오둥반도산의 소금 수입의 증가로 3-5할, 1930년대는 더욱 감소하여 2-3할을 차지했다. 조선의 소금 소비총량에서 산동성산 소금이 차지하는 비중은 1910년대 4-6할, 1920년대는 2-5할, 1930년대는 1-4할을 차지했다.(|표3-3|참조) 이러한 통계는 산동성산 소금이 일제시기 얼마나 조

선에 많이 수입되었는지를 여실히 보여주는 것이라 하겠다.

산동성산 소금은 중국인 소유의 범선에 의해 수입되었다. 소형 범선은 40톤, 대형 범선은 110톤으로 소금 적재량은 7-20톤이었다. 인천항 등에 수입된 산동성산 소금은 인천영사관이 발행하는 증명서를 소지하여 인천세관에 통관 심사를 받은 후 관세를 지불하면 통관이 완료되었다.[131] 제2장에서 살펴본 '범선조비'와 '범선톤연'은 증명서 발급을 받을 때 필요한 경비였다.

이렇게 수입된 산동성산 소금은 조선 화상의 유통망에 의해 판매되었다. 중국인 범선 선주는 인천 지나정(支那町)에 있는 화상 경영 객잔(客棧)에 숙박하면서 원염의 판매를 의뢰하고, 객잔이 선주와 상인 간의 거래를 알선, 일정의 수수료를 챙겼다. 1920년대 중반 지나정(支那町)에는 원화잔(元和棧), 동화잔(同和棧), 천합잔(天合棧), 춘기잔(春記棧), 복성잔(復盛棧), 복인잔(福仁棧) 등의 객잔이 있었다.[132] 이 가운데 주목되는 객잔이 원화잔과 동화잔이다. 원화잔은 원염 도매 및 판매 알선 이외에 운송업, 잡화상점을 경영했으며, 원염의 도매상으로서 1928년도의 연간 매상고는 9만 엔에 달했다. 동화잔의 같은 해 연간 매상고는 9만 8,000엔으로 원화잔보다 많았다.[133]

즉 이들 객잔의 경영규모는 수입 포목상에 비해서는 작았지만 규모가 상당했다는 것을 알 수 있다. 범선에 의해 수입된 산동성산 소금은 1919-1923년에 연평균 약 50만 엔에 달했다. 화상 원염 도매상 겸 객잔

---

131) 1930年7月18日發, 張維城駐朝鮮總領事가 穗積眞續六郎朝鮮總督府外事課長에게 보낸 공문, 『昭和四·五·六·七年 各國領事館往復』(국가기록원소장). 진남포영사관도 똑 같은 증명서를 발급하고 있었다.

132) 朝鮮總督府, 앞의 자료 (1924), 106-107쪽.

133) 京城商業會議所 (1929.3), 「朝鮮に於ける外國人の經濟力」, 『朝鮮經濟雜誌』 159호, 34쪽.

은 수입한 산동성산 소금의 2할을 인천부 소재의 제염공장에 판매하고, 그 나머지는 원염인 채로 타 지방에 수송하여 조선인의 된장, 간장, 김장용으로 소비되었다.[134)]

상기와 같은 산동성산 소금 수입에 대한 기초 지식을 바탕으로 '산동성 동해안 식염 수입 상황'의 보고를 분석해 보도록 하자. 조선총독부가 산동성산 소금 수입에 제한을 가하기 이전의 상황은 다음과 같다.

> 우리나라의 동해안 소금은 종래 범선으로 조선에 수입되어 판매되었다. 민국 8년(1919년) 인천에는 소금 상가(商家) 8개소, 군산에는 4개소, 진남포에는 3개소, 목포에는 1개소가 있었다. 1930년 통계에 매년 연평균 소금 수입량은 약 1억 5천만 근, 인천에서 1만 근을 판매할 수 있었다. 인천에서 12년간 중국산 소금은 자유롭게 수입되어 자유롭게 판매되었다. 인천세관은 만근 당 10엔을 징수했다. 판매 또한 지극히 번창했다.[135)]

앞에서 살펴본 내용과 거의 일치하는데, 특히 1919년 현재 중국산 소금을 취급하는 식염 상가가 인천에 9개소, 군산에 4개소, 진남포에 3개소, 목포에 1개소 있었다는 것은 처음 밝혀진 사실이다. 특히 군산, 진남포, 목포에 이렇게 구체적으로 소금 취급 화상이 존재했다는 것도 처음이다. 인천의 소금 취급 화상은 원화잔, 동화잔, 천합잔, 춘기잔, 복성잔, 복인잔이 포함된 9개소로 보인다. 군산, 목포, 진남포의 소금 판매상의 구체적인 상호는 현재로선 확인할 수 없다. 그리고 중국산 소금의 수입 관세율은 소금 만근 당 10엔이었다. 1920년대까지 대량으로

---

134) 朝鮮總督府, 앞의 자료 (1924), 97-98쪽.

135) '산동성 동해안 식염 수입 상황', 〈인천화상상회 화상 상황 보고 중화민국24년(1935년) 3월〉, 『인천중화상회 보고서』(인천화교협회소장).

수입된 산동성산 소금은 "판매 또한 지극히 번창"했다고 한다.

그러나 인천화상상회가 "민국 19년(1930년)부터 소금에 대한 세금이 면제되고 소금 관리가 조선총독부 전매국 관리로 귀속되었다. 매매에는 정해진 가격이 있었으며 수입에는 정해진 할당량이 있었다. 염상은 자유롭게 판매해서는 안 되었다."고 하는 것은 조선총독부가 1930년 3월 공포한 '소금의 수입 또는 이입에 관한 건'(제령1호)과 그에 부속된 '소금판매인규정'을 가리킨다.[136]

조선총독부는 "국민의 생명을 양육하는 양식인 소금을 타인으로부터 보급 받는다는 것은 바람직하지 않다"[137] 는 인식을 했는데, 이는 명백히 산동성산 소금의 수입을 겨냥한 것이었다.[138] 그러한 의도는 '소금의 수입 또는 이입에 관한 건'의 제1조에 "소금은 정부 또는 정부의 명령을 받은 자가 아니면 이를 수입 또는 이입할 수 없다. 정부의 명령을 받아 수입하고 또는 이입하는 소금은 정부가 이를 매수한다"라고 규정, 소금의 수이입은 정부가 허가한 업자만이 할 수 있고 이들이 수이입한 소금은 조선총독부가 전량 매수하는 이른바 소금 전매제가 실시된 것이다. 문제는 조선총독부가 화교에게 이러한 수입권을 부여할 것인가 하는 문제였다.

중화민국난징정부는 이 제령에 대해 "금후 화상이 허가를 얻어 수입하는 데 관청 공무원의 조종을 받게 되는 것을 심히 우려했"기 때문에, 인천 및 진남포의 화상 염상은 1930년 1월 각각의 영사관에 산동성산 소금 등의 외국산 소금이 전매국의 관리에 귀속되지 않도록 경성총영사관을 통해 조선총독부에 진정했다. 조선총독부는 이에 대해 "소금 업자의 현재

136) 京城商業會議所 (1930.4), 「資料: 鹽の輸移入管理と賣捌人規定の制定」, 『朝鮮經濟雜誌』第172號, 39쪽.
137) 水口隆三 (1926.4), 「靑島鹽の朝鮮輸入に就て」, 『朝鮮』第131號, 27쪽.
138) 松本誠 (1930.5), 「鹽輸移入管理施行に就て」, 『朝鮮』第180號, 1-2쪽.

의 영업에는 가능한 한 영향을 주지 않도록 실시"할 것이라고 회답했다. 그러나 이 회답은 1930년에만 종래대로 자유로운 수입을 보장했을 뿐이며, 조선총독부는 1931년부터 제령의 원칙대로 시행했다.[139]

또 다른 문제도 있었다. 중국에서 산동성산 소금을 수출할 때, 중국 정부는 현지에서 수출세를 부과했다. 범선에 의한 소금의 수출세는 기선에 의한 소금의 수출세보다 3배나 높았다. 일본인 상인은 주로 기선으로 소금을 수입했고, 중국인 상인은 주로 범선으로 수입했기 때문에 화상에게 절대적으로 불리했다.[140] 인천화상상회가 "우리나라의 수출 세율이 근 당 0.12엔으로 범선 운반 세율은 백 근 당 0.2엔이다. 이것은 우리 정부가 상민을 불평등하게 대우하는 것이다." 고 한 것은 이를 두고 말한 것이다.

인천화상상회의 분석에 따르면 산동성산 소금의 중국인에 의한 수입에는 또 다른 문제도 있었다. 어떤 원인인지는 명확하지는 않으나 산동성산 소금을 관리하는 운사(運使)는 "근래 (산동성) 동해안의 각 염전에 금년 천일염의 생산을 예년의 3분의 1로 줄이라고" 명령했다는 것이다. 이와 같은 조치는 천일염으로 생계를 유지하는 상민뿐 아니라 조선에 소금을 수입하는 화상에게 수입 소금의 조달을 어렵게 하는 것이었다.

상기와 같은 제 요인에 의해 산동성산 소금의 수입은 1932년 이후 급감했다. **|표3-3|**과 같이 1920년대의 연평균 수입량은 약 1억만 근이었는데, 1932년에는 2천만 근으로 감소하고, 그 후 1933-1935년은 회복하는 양상을 보이다가 1936년부터 다시 감소 추세로 돌아섰다.

인천화상상회는 이러한 위기적 상황을 설명한 후 보고의 마지막에

139) 中華民國駐朝鮮總領事館 (1930), 『朝鮮華僑概況』, 39쪽.
140) 1930年, 駐朝鮮總領事館報告, 「朝鮮管理外鹽我國宜速籌救濟方策」, 『南京國民政府外交部公報』第3卷第2號, 江蘇古籍出版社, 1990, 144쪽.

"앞으로 군산, 목포, 진남포의 3개소의 염상의 수입권은 결국 완전히 상실되어 일본인 상인의 독점이 될 것이다. 현재 다행히 존재하는 곳은 인천 1개소뿐이며 현재 또한 중대한 위험 상태에 직면해 있다. 이때 우리 정부는 실로 주의 깊게 보호 및 유지하도록 해야 한다."고 중국정부가 화상의 산동성산 소금 수입의 보호를 강구해 줄 것을 요청했다.

4. 중국산 면화의 수입

중국산 면화가 조선에 많이 수입되었다는 것은 거의 알려져 있지 않은 사실이다. 그런 점에서 인천화상상회의 '면화 수입의 근황' 보고문은 매우 귀중한 사료라 할 수 있다.

|번역문|

> **면화 수입의 근황**
>
> 화상은 민국 7 · 8년(1918 · 19)에서 1920년 사이 상하이에서 소포(小包)로 된 면화를 연평균 2만 포 이상 약 120 · 30만 근을 수입했다. 칭다오에서 수입하는 면화는 매년 1천여 포, 약 10여만 근에 달했다. 최근 1, 2년 사이 상하이에서 수입되는 면화는 겨우 3 · 4천 포, 약 30만 근에 지나지 않았다. 칭다오에서 수입하는 면화는 겨우 400 · 500포, 약 4 · 5만 근이다. (이렇게 감소한: 역자) 원인은 최근 2-3년 사이 일본의 종합상사 미쓰이 등이 톈진을 경유하여 대종인 면화를 조선에 적재 수출했는데 그 판매 가격이 화상에 비해 톈진에서 수입하는 면화의 원가가 더 저렴했다. 이로 인해 화상이 톈진에서 면화를 수입하는 루트는 결국 단절되었으며, 상하이, 칭다오 등지서 수입하는 수량도 날로 감소했다. 일본 상인은 톈진에서 면화를 수출할 때 관세가 없다고 하는데 이것이 사실이라면 우리정부에 화상이 수송하는 면화의 수출에 대해서도 징세를 면제해주도록 간청, 수출을 장려하여 이익을 얻을 수 있도록 하여 해외 화상을 도와줘야 한다. 이미 쇠퇴한 형국에서 최근 조선에서

> 생산된 면화가 종전에 비해 많아진 것도 화상 수입 면화가 점점 감소한 원인의 하나이다. 현재 면화의 시가는 상하이 면화가 백 근 당 52엔, 칭다오 면화가 54엔, 톈진 면화가 50엔이다.[141]

'면화 수입의 근황'에 따르면, 인천 화상이 수입한 중국산 면화는 1918-1920년 사이 상하이로부터 연 평균 120-130만 근, 칭다오로부터 연 10여만 근 총 130-140만 근을 수입했다고 한다. 당시 중국산 면화가 대량으로 수입된 데는 중국의 면화 수확이 풍년이었지만 상하이의 방직업의 불황으로 수요량이 줄어들었기 때문에 해외로 판로를 개척한 것이 컸다.

인천 화상이 수입한 중국산 면화는 경성의 제면회사 및 조선 북부지역으로 이송되었다. 북부지역에선 중국산 면화를 소규모의 기계로 제면하여 조선인의 이불 혹은 의복을 만들었다. 중국은 미국, 인도와 함께 세계 3대 면화 산지의 하나로 주요한 면화재배지는 산동, 산시(山西), 허난(河南), 산시(陜西), 후베이(湖北), 장수(江蘇), 저장(浙江)의 각 성이었다. 이들 산지에서 산출된 면화는 상하이, 톈진, 한커우(漢口)에 집산되어 국내외에 판매되었다.[142]

인천항에 수입된 중국산 면화 수입량과 수입액은 1921년은 약 97만 근·약 35만 엔, 1922년은 약 72만 근·33만 엔, 1923년은 약 67만 근·33만 엔에 달했다.[143] 조선 전체의 중국산 면화 수입은 1925년에 52만 근(약35만 엔), 1926년은 86만 근(약 44만 엔), 1927년은 92만 근(약 46만 엔)이었다. 중국산 면화가 전체 면화 수입에서 차지하는 비중은 1927년

141) '면화 수입의 근황', 〈인천화상상회 화상 상황 보고 중화민국24년(1935년) 3월〉, 『인천중화상회 보고서』(인천화교협회소장).
142) 朝鮮總督府, 앞의 자료 (1924), 99쪽.
143) 朝鮮總督府, 앞의 자료 (1924), 99쪽.

의 경우 12%를 차지했으며, 그 이외는 일본에서 수입된 면화였다.[144] 연도가 일치하지 않아 단언할 수 없지만 중국산 면화는 대부분 인천항을 통해 인천 화상에 의해 수입되었다고 보면 될 것 같다.

그런데 인천 화상이 수입하는 면화는 1930년대 들어 더욱 감소하여 수입량은 34-35만 근에 그쳤다. 1918-1920년의 수입량에 비해 약 100만 근이 줄어든 것이다. 인천화상상회는 이렇게 감소한 원인을 최근 2-3년 사이 일본의 종합상사인 미쓰이물산(三井物産)이 톈진에서 조선으로 중국산 면화를 대량으로 수입한 것에서 찾았다. 톈진(天津) 세관이 미쓰이물산의 중국산 면화 수출에 면세 혜택을 부여했는지는 확인할 수 없지만 자금력이 풍부한 미쓰이물산이 인천 화상에 비해 보다 싼 가격에 면화를 수입한 것은 분명하다. 조선의 중국산 면화 수입은 1935년 108만 근(약 53만 엔), 1936년 213만 근(약 100만 엔), 1937년 158만 근(약 85만 엔)에 달해,[145] 1920년대 중후반에 비해 많이 증가한 것을 알 수 있는데, 이것은 인천 화상에 의한 수입 증가가 아니라 미쓰이물산과 같은 일본 무역회사에 의한 수입증가라 할 수 있다.

인천화상상회는 또 다른 수입 감소 원인을 조선산 면화 생산량에서 찾았다. 이것은 조선총독부가 1930년대 조선 북부지역을 중심으로 면화재배 장려정책을 편 것과 관계가 있다. 그리고 면화의 시가가 톈진은 100근 당 50엔인데 비해 상하이는 그 보다 2엔, 칭다오는 4엔이 높았다. 인천 화상은 주로 상하이와 칭다오에서 중국산 면화를 수입하고 있었기 때문에 톈진서 수입하는 미쓰이물산에 비해 수입 가격 경쟁력 면에서도 불리했다.

144) 朝鮮總督府 (1929), 『昭和二年 朝鮮總督府統計年鑑』, 272쪽.
145) 朝鮮總督府 (1939), 『昭和十二年 朝鮮總督府統計年報』, 160-161쪽.

5. 중국산 건(乾)고추의 수입

조선은 근대시기 풋고추는 자급자족이 가능했지만 김장용으로 필요한 건고추는 중국에서 대량으로 수입했다.[146] 인천화상상회의 '토산품 수입의 상황-건고추' 보고문은 화상에 의한 건고추 수입이 어떻게 이뤄졌는지 많은 참고가 된다.

|번역문|

> **토산품 수입의 상황-건고추**
>
> 고추는 산동 칭저우산이 가장 많고 가장 질이 좋다. 민국 21년(1932)에서 23년(1934)까지 매년 칭다오를 경유하여 수입한 것은 적을 때는 1만포 이상 약 2백만 근이며 많을 때는 2만포 이상 약 400만 근에 달했다. 처음 해관 가격은 백 근 당 12엔이었으며, 30%의 세율에 따라 세액은 3.6엔이었다. (민국) 20년(1931)부터 가격은 14엔으로 올랐으며 30%의 세율에 따라 4.2엔이 부과됐다. 비록 세액은 증가했지만 수입은 아직 감소하지 않았다. 그 원인은 고추는 조선인이 매일 먹는 없어서는 안 될 필수품이기 때문이다. 최근 조선의 관 소유

146) 小林林藏 (1936.8), 「京城人の嗜好から見た蔬菜と果實」, 『朝鮮農會報』第10卷 第8號, 50쪽. 이외 자급자족이 가능한 야채는 배추, 마늘, 미나리, 참외 등 8개에 불과했다. 이외의 야채는 일본과 중국에서 대량으로 수입했다. 예를 들면, 1939년도 경성부중앙도매시장의 야채 및 과일의 입하량 가운데 조선 내 입하량은 46.2%에 지나지 않았고, 그 외는 일본 47.9%, 타이완 5.5%, 기타 0.4%에서 수입된 것이었다. 京城府 (1941), 『昭和十四年度 第一回京城府中央御賣市場年報』, 69쪽.

지가 매우 많아 조선총독부가 농민에게 관 소유지를 배분하여 개간, 고추를 파종한다고 한다. 만약 그렇다면 우리나라의 고추 수입은 반드시 그 영향을 크게 받을 것이다. (민국) 23년(1934) 칭다오, 톈진을 경유한 수입 고추는 약 1만 5포, 포 당 107근으로 총 약 235만 근으로 현재의 시가로 근 당 18엔이다.[147]

중일전쟁 직후 인천 화농의 대량 귀국과 중국으로부터 건고추의 수입을 할 수 없게 되자 인천은 김장철을 맞아 건고추를 비롯한 야채의 가격이 폭등, 큰 혼란에 빠진 적이 있다.[148] 인천경찰서는 조선인 야채상이 건고추와 야채 가격을 올려 판매하는 것을 단속했지만 근본적으로 공급이 부족하여 가격 폭등을 막을 수는 없었다.[149] 이처럼 인천의 야채 및 건고추의 공급은 화농과 중국으로부터의 수입에 크게 의존하고 있었던 것을 말해준다.

인천화상상회의 '고추 수입의 현황'을 보면 조선에 수입되는 건고추는 산동성산이라는 것을 알 수 있다. 산동성 가운데서도 칭저우(青州)산이 가장 많았고 품질이 좋았다고 한다. 1932-1934년에 칭다오를 경유하여 수입된 건고추는 1 · 2만 포, 200-400만 근이었는데 이를 당시 건고추의 가격인 100근 당 12엔으로 환산하면 24만-40만 엔이었다.

인천화상상회는 건고추 수입은 관세액이 약간 증가해도 조선인의 왕성한 수요로 인해 줄지 않았다. 그러나 조선총독부가 소유하는 관유지를 조선인 농민에게 대여하여 고추 농사를 장려하고 있어 인천화상상회는 이로 인해 중국산 건고추의 수입은 감소할 것을 우려했다.

147) '토산품 수입의 상황-건고추', 〈인천화상상회 화상 상황 보고 중화민국24년(1935년) 3월〉, 『인천중화상회 보고서』(인천화교협회소장).
148) 「인천 야채 생산자 철거로 금년 김장은 대공황?」, 『동아일보』, 1937년8월26일. ; 「야채 간상 발호 인천서 엄중히 단속」, 『동아일보』, 1937년9월3일.
149) 「야채류 기근 未免? 인천부의 완화책도」, 『동아일보』, 1937년9월16일.

6. 중국산 붉은 대추의 수입

조선에서 거래되는 약재의 종류는 약 400종에 달했다. 이 가운데 약 절반은 중국에서 수입되는 약재로 상하이, 광동 방면에서 선편으로 인천에 수입되었다.150) 1930년대 조선에서 거래되는 약재의 금액은 약 150-160만 엔으로 이 가운데 약 절반은 중국산 수입약재였다.151) 경성에는 화교 약재를 수입하는 화상 약재상이 있었다. 개항기 최대의 화상이었던 동순태(同順泰)도 약재상을 경영했으며, 이외에 동흥성(東興成, 1928년 매상고 20만 엔), 집창호(集昌號, 11.6만 엔), 영풍유(永豊裕, 7.8만 엔), 광영태(廣榮泰), 덕생항(德生恒) 등이다. 이들 약재상은 연간 매상고가 10만 엔을 넘는 규모가 매우 컸다.152)

인천화상상회의 '토산품 수입의 상황-붉은 대추'는 약재로 사용되던 중국산 붉은 대추의 수입의 실상을 파악하는데 많은 것을 알려준다.

---

150) 京城商工會議所 (1937.8), 「北支事變に關する法令及諸調査」, 『京城商工會議所經濟月報』第259號, 26쪽.

151) 朝鮮總督府技師川口利一 (1935.1), 「藥草の栽培と利用について(其ノ四)」, 『京城商工會議所經濟月報』第229號, 46쪽. 일본도 당시 중국에서 연간 약 600만 엔의 중국산 약재를 수입하고 있었다.

152) 京城商業會議所, 앞의 자료 (1929.3), 31쪽.

|번역문|

토산품 수입의 상황-붉은 대추

붉은 대추는 산동성 지난(濟南) 일대에서 생산된다. 민국4년(1915) 이래 칭다오 경유로 수입된 붉은 대추는 매년 1만 포 이상 약 100만 근에 달했다. 해관은 처음 100근 당 가격을 6엔으로 7.5%의 세율로 100근 당 0.45엔이었다. 민국 9년(1920)에 이르러 백 근 당 가격이 6.9엔으로 증가했으나 아직 수입은 감소되지 않았다. 민국 13년(1924)에 가격이 10엔으로 증가되어 결국 반으로 감소했다. 민국 22년(1933)에 백 근 당 가격이 7엔으로 감소하고, 민국 23년(1934)에는 백 근 당 가격이 8엔으로 증가되었다. 올해 조선의 붉은 대추의 수확은 불량하지만 산동성의 올해의 수확은 풍성하기 때문에 판매는 매우 좋다. 본년 칭다오를 경유한 수입 붉은 대추는 7천여 포로 포 당 약 130근으로 총 90여만 근에 100근 당 판매가는 국폐로 88元이다. 현재의 판매가는 100근 당 약 22.5 엔이다.[153)]

붉은 대추는 산동성 지난(濟南) 일대에서 생산되어 1915년 이래 칭다오를 경유한 수입량은 연간 약 100만 근에 달했다. 그러나 조선 세관의 붉은 대추에 대한 가격 평가액이 처음에는 100근 당 6엔, 1920년에 6.9엔, 1924년에 10엔으로 증가하여 수입세액이 높아지자, 수입량은 반으로 줄었다. 1933년은 100근 당 가격이 7엔, 1934년은 8엔으로 줄었다. 1934년의 인천 화상에 의한 수입량은 90여만 근이었다. 중국산 붉은 대추의 수입은 1930년대 중반까지 약 100만 근을 유지했다.

153) '토산품 수입의 상황-붉은 대추', 〈인천화상상회 화상 상황 보고 중화민국24년(1935년) 3월〉, 『인천중화상회 보고서』(인천화교협회소장).

7. 중국산 곶감의 수입

중국산 곶감은 산동성의 지난, 칭저우에서 생산되어 칭다오를 경유하여 인천으로 수입됐다. 중국산 곶감의 수입량은 1915-1919년에 약 80여만 근에 달했다. 곶감도 다른 중국산 수입품과 마찬가지로 수입 관세율 인상으로 점차 감소했다. 1934년 칭다오에서 수입된 곶감은 약 17만 근이었다. 관세율은 처음에는 7.5%이었다가 1934년에는 하급품의 경우 30%, 상급품의 경우 100%의 관세율이 부과되었다. 조선 내의 곶감 생산이 증가한 것도 수입 감소의 한 원인이었다.

|번역문|

토산품 수입의 상황-곶감

곶감은 산동성 지난(濟南), 칭저우(青州) 등에서 산출되며 상당수는 칭다오를 경유하여 수입된다. 민국 4년(1915)부터 8년(1919)까지 수입된 곶감은 약 5천 포, 약 80여만 근에 달했다. 해관은 포 당 4엔을 가격으로 하여 7.5%의 세율로 하면 100근 당 0.3엔이었다. 민국 9년(1920) 해관의 평가액이 백 근 당 10엔으로 증가되자 판매는 크게 감소했다. 매년의 수입량은 불과 약 천 포에 불과했다. 그 원인은 세율이 너무 과중하다는 것과 조선산 곶감 생산이 점차 증가한 것에도 큰 영향을 받았다는데 있다. 민국 23년(1934) 칭다오에서 수입된 곶감은 약 1천 포, 한 포 당 170근, 총 약 17만 근이었다. 현재의 시가로 백 근 당 16엔이다. 중국산 제품이 일본산과 경쟁할 수 없는 원인은 일본은 관세로 보호정책을 견지하기 때문이다. 세율은 몇 차례에 걸쳐 증가했다. 하급품에 대해서는 낮은 관세를 부과하지만 그래도 30%의 세율에 달했다. 고급품에 대해서는 100%의 중과세를 부과했다. 만약 과일 식품 등 모든 것에 100%의 세율이 부과된다면 이들 중국산 상품이 조선에 수입될 수 없는 최대의 원인이 될 것이다. 근래 조선에 수입되는 중국산 상품은 모두 일본산 대체품이 있으며, 이들 상품은 매우 화려하고 아름다우며 더욱이 가격이 저렴하다. 중국산 제품은 일본산 제품에 대항할 수 없는데 이것도 중국산 제품 수입 감소의 요인이다.[154]

154) '토산품 수입의 상황-곶감', 〈인천화상상회 화상 상황 보고 중화민국24년(1935년) 3월〉, 『인천중화상회 보고서』(인천화교협회소장).

8. 조선산 해산물의 수출

근대 시기 조선과 중국 간의 무역은 기본적으로 조선의 만성적인 무역적자였다. 조선이 중국에서 수입할 상품은 많고 수출할 상품이 적었기 때문이다. 이러한 경향은 1932년 만주국 건국과 만주국 공업화에 따른 조선의 만주 수출증가로 많이 개선되지만 기본적인 무역적자 구도는 변화지 않았다.(|표3-4|참조)

|표3-4| 근대시기 한중 무역의 추이 (1910-1937)

(단위: 천 엔)

연도	무역액			연도	무역액		
	수출(A)	수입(B)	A/B (%)		수출(A)	수입(B)	A/B (%)
1910	3,026	3,845	79	1924	21,399	73,010	29
1911	3,009	5,442	55	1925	23,416	83,362	28
1912	4,058	7,027	58	1926	23,597	92,312	26
1913	4,184	9,765	43	1927	27,283	89,954	30
1914	4,518	7,761	58	1928	31,421	81,086	39
1915	5,599	8,022	70	1929	34,746	73,059	48
1916	8,062	9,565	84	1930	24,578	60,945	40
1917	11,954	12,669	94	1931	12,086	39,507	31
1918	15,096	22,725	66	1932	28,153	45,975	61
1919	17,040	60,600	28	1933	47,162	50,313	94
1920	19,367	67,834	29	1934	55,470	58,607	95
1921	19,229	50,189	38	1935	61,357	70,397	87
1922	16,661	62,788	27	1936	69,137	81,194	85
1923	19,835	74,559	27	1937	96,986	79,524	122

* 출처: 朝鮮總督府 (각년). 『朝鮮總督府統計年報』를 근거로 필자 작성.

* 주: 만주국과 관동주도 중국에 포함시켜 산출했음.

조선의 대 중국 수출품 가운데 주요한 상품의 하나가 해산물이었다. 1925년 대 중국 해산물 수출액은 약 180만 엔에 달했다. 그 내역을 보면, 염어가 67만 7561엔, 선어(鮮魚)가 41만 1,223엔, 해삼이 35만 4,269엔, 건어가 20만 4,847엔, 조개가 14만 941엔, 김이 1만 5,030엔이었다.155)

인천의 화상은 인천에 집산된 해산물을 중국, 만주, 관동주에 수출했다. 1937년 5월 현재 인천에서 해산물 수출을 하는 화상 상호 및 대표자는 동화창(東和昌, 대표 孫景三), 지흥동(誌興東, 王少楠), 춘기잔(春記棧, 曺蔭堂), 쌍성발(雙成發, 李純仁), 인합동(仁合東, 姜肇鐸), 만취동(萬聚東, 王承謅), 원화잔(元和棧, 張晉三)이었다. 이들 7개 화상 해산물 무역상은 1937년 5월 인천화상해산조합(仁川華商海産組合)을 결성했다.156)

이들 인천 화상이 많이 수출한 해삼을 보도록 하자. 해삼은 주로 황해도산이었으며, 부산과 원산에서 이송된 상품도 있었지만, 그 양은 많지 않았다. 해삼의 수출지는 다롄, 칭다오, 톈진이었다. 해삼 제품은 잘 건조한 후 합제(合製)하여 수출했다. 해삼은 중국인이 좋아하는 해산물이기 때문에 수요가 늘 왕성한데 조선의 산출량이 적어 수출을 많이 하지 못하는 상태였다. 해삼의 어기(漁期)는 봄과 가을이며 잠수기로 포획했다. 제품은 대, 중, 소로 분류되어 정해진 포장에 넣어 수출됐다.157)

인천화상상회는 〈인천화상상회 화상 상황 보고 중화민국24년(1935년) 3월〉 가운데 조선산 해산물의 수출을 다루지 않고, '조선 수출 곤란의 상황' 속에서 소개했다. 참고로 조선산 해산물 수출 화상인 동화창의 대표인 손경삼은 당시 인천화상상회의 주석이었다.

155) 朝鮮總督府 (1929), 『昭和二年 鮮總督府統計年報』, 270페이지.
156) 1937年5月18日, 『仁川華商海産組合章程』(인천화교협회소장자료).
157) 朝鮮總督府, 앞의 자료 (1924), 84-85쪽.

|그림3-1| 인천화상해산조합의 장정(章程)

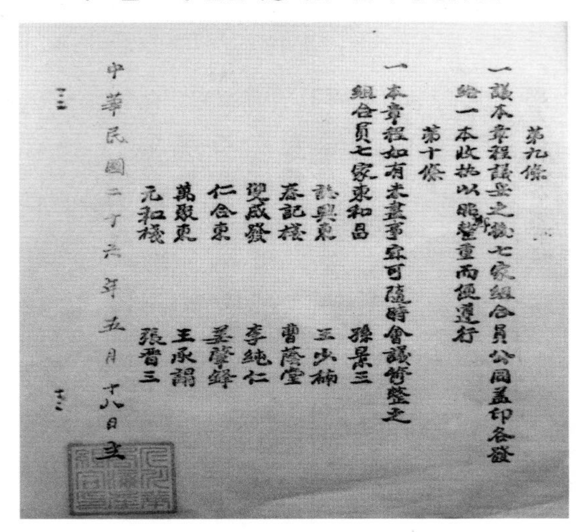
第九條
一議本章程議妥之後七家組合員公同蓋印各發
給一本收執以昭鄭重而便遵行
第十條
一本章程如有未盡事宜可隨時會議修整之
組合員七家東和昌　孫景三
誌興東　王少楠
泰記棧　曹蔭堂
聚成發　李純仁
仁合東　姜肇峰
萬聚東　王承謨
元和棧　張晋三
中華民國二十六年五月十八日　立

|번역문|

조선 수출 곤란의 상황

인천의 수출은 해산물을 대종으로 한다. 옌타이, 칭다오, 톈진 등지에 운반하며 그 양은 상당히 많다. 우리나라의 관세 인상 이래 역시 큰 영향을 받아 수출량은 지극히 적었다. 현재 대다수의 운송은 다롄, 안동을 거쳐 동북3성 각지에 이송되어 판매된다. 다롄에서 산동, 허베이 연안 각 항구로 이송 운반되어 탈세로 상륙하는 양이 매우 많다고 한다.[158]

인천화상상회는 조선산 해산물이 옌타이, 칭다오, 톈진으로 수출되었다고 보고했는데 이는 1920년대와 거의 비슷하다. 특히 만주에 수출

158) '조선 수출 곤란의 상황', 〈인천화상상회 화상 상황 보고 중화민국24년(1935년) 3월〉, 『인천중화상회 보고서』(인천화교협회소장).

할 때는 다롄과 안동을 이용하고, 여기서 다시 산동성, 허베이성 연안 각 항구로 이송되었다고 한다. 중국으로 수출할 경우 수입관세가 높기 때문에 만주로 수출했다.

이와 같은 인천화상상회의 보고는 조선총독부의 통계자료로도 확인된다. 조선의 1933년 대 중국 방면 해산물 수출액은 총 209만 9,113엔인데 수출지는 중국이 27만 8,976엔으로 전체의 13.3%에 불과했고, 만주국이 157만 5,405엔으로 전체의 75%를 차지하여 압도적으로 높았다. 관동주는 24만 4,732엔으로 전체의 11.7%를 차지했다.[159]

159) 朝鮮總督府 (1936),『昭和九年 鮮總督府統計年報』, 224페이지.

4

1930년대 중반 인천화교의 경제

1. 1930년대 중반 인천화교 경제의 개요

『인천중화상회 보고서』가운데 1930년대 중반 인천화교의 경제 상황을 구체적으로 알려주는 사료가 다수 포함되어 있다. 조선총독부 외사과 문서와 주경성중화민국총영사관의 『주한사관당안』에도 소개되어 있지 않은 이들 사료는 1930년대 중반 인천화교의 경제 및 화상의 각종 네트워크를 밝히는데 매우 귀중하다.

|표4-1|은 인천화상상회가 조사한 1935년 현재 인천 화교 경영 상호의 종별 인원 및 경영 상태를 정리한 것이다. **|표4-1|**에 기재된 인천화교의 직업을 화상(華商), 화공(華工), 화농(華農)으로 분류하여 살펴보도록 하자.

|표4-1| 인천화교 경영 상호의 종류별 인원 및 경영 상태

번호	종별	호수(호)	종사자(명), 자본 및 이익 및 수입(엔)
1	비단 · 면화 · 면포 · 마포상	8	남103, 여3, 여아3, 남아3
			호당 자본 평균 4.5만, 호당 연간 이익 최대 1.5만, 최저 3-4천
2	토산 · 해산물 · 수입잡화	7	남124, 여2, 여아2, 남아3
			호당 자본 평균 3.5만, 호당 연간 이익 최대 1만, 최저 2-3천
3	염상 겸 여관	4	남39, 여1, 여아2
			호당 자본 평균 2.5만, 호당 연간 이익 최대 8천, 최소2-3천
4	대리점 겸 여관	2	남28, 여1
			호당 자본 평균 2만, 호당 연간 이익 최대 5천, 최소1-2천
5	당면공장	3	남39, 여2, 여아1
			호당 자본 평균 5천, 호당 연간 이익 최대 2천, 최소 1.5천

번호	종별	호수 (호)	종사자(명), 자본 및 이익 및 수입(엔)
6	중화요리점	3	남26, 여2
			호당 자본 평균 9천, 호당 연간 이익 최대 5천, 최소 5백-1천
7	양복점	4	남35, 여5, 여아4, 남아4
			호당 자본 평균 7천, 호당 연간 이익 2천
8	제봉침판매점	1	남5
			호당 자본 평균 1.6만, 연간 이익 3천
9	양말공장	2	남30
			호당 자본 평균 4천, 호당 연간 이익 최대 1천, 최소 300-500엔
10	목재소	2	남14, 여3, 여아2, 남아2
			호당 자본 평균 1.5천, 호당 연간 이익 700엔
11	식육점	3	남14, 여3, 여아2, 남아2
			호당 자본 평균 1천, 호당 연간 이익 500엔
12	음식점	14	남77, 여7, 여아5, 남아3
			호당 자본 평균 300엔-2천, 호당 연간 이익 최대 1.5천, 최소 200엔
13	호떡집	34	남75, 여10, 여아4, 남아6
			호당 자본 평균 200엔, 호당 연간 이익 2천
14	옷집	8	남19, 여10, 여아4, 남아2
			호당 자본 평균 200엔, 호당 연간 이익 250엔
15	목욕탕	1	남14
			호당 자본 평균 1천, 호당 연간 이익 400엔
16	세탁소	2	남60
			자본 500엔, 호당 연간 이익 400엔
17	철공업	5	남14, 여3, 여아1, 남아1
			호당 자본 평균 400엔, 호당 연간 이익 300엔
18	신발가게	4	남15, 여3, 여아2, 남아3
			호당 자본 평균 300엔-2천, 호당 연간 이익 300엔
19	약방	2	남4, 여2, 남아2
			호당 자본 평균 200엔, 호당 연간 이익 200엔
20	잡화	15	남70, 여9, 여아6, 남아2
			호당 자본 평균 500엔-2천, 호당 연간 이익 최대 1.5천, 최소 300엔
21	석탄 상회	2	남10, 여1, 남아2
			호당 자본 평균 1천, 호당 연간 이익 400엔
22	술집	1	남3
			자본 1.5천, 연간 이익 300엔

번호	종별	호수(호)	종사자(명), 자본 및 이익 및 수입(엔)
23	목공 · 기와공 · 석공	32	남70, 여22, 여아9, 남아14
			연간 1인당 수입 200엔(남자 기준)
24	행상	24	남31, 여20, 여아10, 남아14
			연간 1인당 수입 약100엔(남자 기준)
25	이발소	8	남47, 여8, 여아6, 남아9
			연간 호당 자본 평균 1천, 호당 연간 이익 400엔
26	쿨리방	7	남66, 여2, 남아2
			연간 1인당 수입 약 250엔(남자기준)
27	일반주택	78	남86, 여108, 여아52, 남아38
28	야채상	20	남75
			연간 1인당 수입 200엔
29	부동산임대업	5	남4, 여2, 여아1, 남아4
			연간 호당 수입 약 4천
30	화농	182	남345, 여53, 여아37, 남아32
			연간 1인당 수입 약 150엔(남자기준)
합계	-	483	남1,542, 여282, 여아153 남아148
			-

* 출처: '仁川華商種類分別及僑民人數統計調查表', 〈인천화상상회 화상 상황 보고 중화민국24년(1935년) 3월 〉, 『인천중화상회 보고서』(인천화교협회소장).

(1) 화상

인천화교 경제의 중심은 역시 상업이며, 상업 가운데 자본 규모가 가장 크고 연간 이익을 가장 많이 내는 곳은 포목상(비단 · 면화 · 마포 · 면포상)이었다. 화상 포목상은 모두 8개소로 종사자 인원은 112명이었다. 포목상 상호 당 자본은 평균 4.5만 엔이며, 연간 이익은 최대 1.5만 엔, 최저 3-4천 엔이었다.

화상 포목상 8개소는 **|표2-1|**을 통해 보다 구체적으로 확인할 수 있다. 협흥유(協興裕)는 자본금 7만 엔으로 8개 포목상 가운데 가장 규모가 크고 1916년경에 설립되었다. 덕생상(德生祥)은 1927년경에 설립되어 자

본금은 6만 엔이었으며, 영성흥(永盛興)은 1929년경 설립되어 자본금은 5만 엔이었다. 화취공(和聚公)은 1899년경 설립되어 8개 포목상 가운데 가장 역사가 길고 자본금은 5만 엔이었다. 금성동(錦成東)은 1931년경 설립되어 자본금은 3만 엔, 동생태(同生泰)는 1922년경 설립되어 자본금은 2만 엔, 동취성(東聚成)은 1921년경 설립되어 자본금은 1.5만 엔이었다.

포목상 다음으로 경영 규모가 큰 것은 해산물 수출상 겸 수입 잡화상이었다. 여기에 속하는 화상은 총 7개소로 종사자 수는 131명이었다. 상호 당 자본은 평균 3.5만 엔, 연간 이익은 최대 1만 엔, 최저 2-3천 엔이었다. 7개 화상 가운데 가장 경영규모가 큰 것은 인합동(仁合東)으로 자본금은 6만 엔, 1894년경 설립되어 인천 화상 가운데서는 가장 오래됐다. 인천화상상회 주석 손경삼이 경영자로 있던 동화창(東和昌)은 1913년경 설립되어 자본금은 5만 엔이었다. 지흥동(誌興東)은 1899년경 설립되어 자본금은 5만 엔이었으며, 그 이외 만취동(萬聚東, 1915년경, 자본금 4만 엔), 쌍성발(雙成發, 1898년경, 2만엔), 동성호(同成號, 1918년경, 2만 엔), 태창상(泰昌祥, 1928년경, 1만 엔)이 있었다.

당시 객잔(客棧)은 여관업만 아니라 염상(鹽商)과 대리점을 겸업하는 것이 보통이었다. 객잔은 총 6개소로 종사자 수는 71명이었다. 객잔 당 자본금은 2-2.5만 엔이었으며, 연간 이익은 최소 1-2천 엔에서 최대 8천 엔이었다. 이 가운데 객잔 겸 염상은 총 4개소였다. 원화잔(元和棧)은 1915년경에 설립되어 자본은 4만 엔이며 4개소 가운데서는 가장 규모가 컸다. 복성잔(復成棧)은 1919년경 설립되었고 자본은 3만 엔이었다. 동화잔(同和棧)은 1917년경 설립, 자본금은 1.8만 엔, 덕취창(德聚昌)은 1923년경 설립, 자본금은 1.5만 엔이었다.

다음은 객잔 겸 대리점을 경영한 상호는 2개소였다. 구체적으로 어떤 대리점을 경영했는지는 기재되어 있지 않지만 중국 전통 금융기관인 전장(錢莊)일 가능성이 높다. 이에 대해서는 후술한다. 천합잔(天合棧)은 1900년경에 설립되어 자본금은 3만 엔, 춘기잔(春記棧)은 1899년경 설립되어 자본금은 1.5만 엔이었다.

인천 화상 가운데 상호가 가장 많은 것은 요리점으로 51개소에 달했으며 종사자 수는 215명이었다. 인천화상상회는 당시 요리점을 크게 세 가지로 분류했다. 규모가 가장 큰 것은 중화요리점, 그보다 규모가 작은 것은 음식점, 호떡 등 간단한 음식을 판매하는 호떡집이 있었다. 화상 경영 중화요리점은 3개소로 종사자 수는 28명이었다. 당시 최대의 중화요리점인 중화루(中華樓)는 1915년경 설립되어 자본금은 1.6만 엔이었다. 공화춘(共和春)은 1912년경 설립되어 자본금은 5천 엔, 동흥루(同興樓)는 1913년경 설립되어 자본금은 6천 엔이었다. 3개 중화요리점의 이익은 연간 최대 5천 엔, 최소 0.5-1천 엔이었다. 음식점은 총 14개소가 있었으며, 종사자 수는 92명이고, 상호 당 자본은 0.3천-2천 엔으로 중화요리점에 비하면 훨씬 규모가 작았다. 연간 이익은 최소 200엔, 최대 1.5천 엔이었다. 호떡집은 34호에 종사자 수는 95명이었다. 호떡집의 자본은 평균 200엔에 불과, 규모가 매우 영세했다.

화상의 부동산임대업은 5개소로 종사자 수는 11명에 불과했지만 연간 상호 당 수입은 약 4천 엔으로 매우 높았다. **|표2-1|**에는 5개소 가운데 3개소가 소개되어 있는데, 왕성홍(王成鴻)의 부동산 소유 시가는 15만 엔, 동순태(同順泰)는 12만 엔, 순태(順泰)는 3.6만 엔이었다.

화상은 그 이외 소형 잡화점, 목욕탕, 세탁소, 제봉침판매, 술집 등을 경영했으며, 각 상점의 규모는 매우 영세했다. 화상 경영 포목상 및 객잔 근무 화교의 한 달 수입은 약 15엔이었고, 중화요리점 근무 화교의 수입은 약 12엔, 음식점 및 호떡집은 약 7 · 8엔이었다.[160]

(2) 화공 및 화농

화교 노동자(화공)도 적지 않았다. **|표4-1|**에 쿨리방(苦力房)이 7개소 나온다. 쿨리는 해외에 이주한 중국인 미숙련노동자를 가리킨다. 쿨리방은 그러한 쿨리를 관리하고 그들의 노동을 필요로 하는 업자에게 소개하는 곳이었다. 쿨리방에 소속된 인원은 주인을 포함하여 총 70명이었기 때문에 쿨리방 당 10명 정도가 소속되어 있었다. 쿨리방 경영자의 수입은 약 250엔이었다. 전문적인 기술을 보유한 목공, 기와공, 석공은 32개 호수에 총 115명이 있었다. 이들 노동자의 연간 수입은 200엔이었다.

행상은 일정한 점포를 보유하지 않은 채 농촌 산간 지역을 돌며 잡화를 판매했다. 당시 인천에는 24호의 화교 행상이 있었고 여기에 75명이 종사하고 있었다. 1인당 연간 수입은 100엔이었다.

이발소는 8개소가 영업하고 있었고 종사자 수는 80명이었다. 제2장에서 살펴보았듯이 이발소 영업 화공은 대부분 후베이성 출신이라는 공통점을 가진다. 각 이발소의 연간 이익은 400엔으로 높은 편이었다.[161] 양복점은 총 4개소에 48명이 종사하고 있었다. 양복 기사는 모두 저장성 출신이라는 공통점을 가지고 있으며 상호 당 연간 이익은 2천 엔으로 매우 높은 편이었다.

화교 경영 제조업 공장에 고용된 노동자도 있었다. 화교 양말공장은 2개소 있었으며 화공 30명을 고용했다. 두 양말공장은 삼성상점(三盛商

---

160) '화교 개인당 평균 수입 개요', 〈인천화상상회 화교 상황 보고 중화민국24년(1935년) 3월〉, 『인천중화상회 보고서』(인천화교협회소장).

161) 화교 이발소는 1924년에도 8개소가 영업하고 있었다. 당시 조선인 이발소는 12개소, 일본인 이발소는 14개소였다. 「支那人理髮業者料金引上問題」, 『매일신보』, 1924년7월4일.

店)과 동취복(同聚福)이었다. 두 공장의 자본금은 각각 600엔과 200엔이고 1930년대 초반에 설립되었다. 화교 양말제조업은 1920년대 평양의 조선인 양말제조공장을 위협하는 일대세력을 형성했다.[162] 화교 양말제조업은 신의주가 중심이었고, 화교 노동자의 값싼 임금과 중국산 직기를 들여와 조선인 양말공장보다 싼 가격으로 양말을 생산하여 시장을 잠식해 들어갔다. 1927년 화교 경영의 양말제조공장은 16개소로 직공은 424명에 달했다.[163]

신의주에서 시작된 화교 양말제조업은 그 후 전국적으로 확산되었는데, 인천에서는 1923년에 양자방(揚子芳), 1929년에는 왕근당(王根堂)이 각각 공장을 설립했다. 특히 양자방 공장은 연간 생산액이 3.1만 엔에 달했는데 이는 화교 양말공장 가운데서는 두 번째로 많은 생산액이었다.[164] 이와 같은 화교 양말제조업은 1931년 7월의 제2차 배화사건으로 인해 화교공장 생산 양말의 화교 유통망이 단절되고, 조선인 양말공장의 품질개선 등으로 시장에서 완전히 구축되어 1930년대 초에는 신의주에 몇 개가 남아있을 뿐이었다.

그런데 1935년에 삼성상점과 동취복이 인천에서 양말을 제조하고 있었다는 것은 지금까지 밝혀지지 않은 사실로 주목된다. 당면을 제조하는 공장은 3개소 있었고 여기에 고용된 화공은 42명이었다.

화교 노동자의 한 달 수입은 숙련 노동자인 목공과 기와공은 12엔, 이발사는 15엔으로 매우 높았다. 일반 노동자의 한 달 수입은 7-8엔이었다.[165]

---

162) 화교 양말제조업에 대해서는 李正熙 (2009), 「近代朝鮮華僑製造業硏究: 以鑄造業爲中心」, 『華僑華人歷史硏究』2009年第Ⅰ期 · 總第85期을 참조 바람.
163) 朝鮮總督府 (1929), 『昭和二年 朝鮮總督府統計年報』, 186-187쪽.
164) 京城商業會議所 (1927.11), 「朝鮮に於けるメリヤス製品の需給狀況」, 『朝鮮經濟雜誌』第143號, 19-20쪽.

인천의 화농은 1935년 총 182호 있었으며 가족을 포함한 종사자 수는 467명에 달했다. 종사자 수로 볼 때는 요리점 종사자 수보다 많았다. 화농이 재배한 야채를 판매하는 야채상은 20호였으며 75명이 종사했다. 화농의 한 달 수입은 7-8엔이었고, 야채상의 한 달 수입은 20엔으로 높은 편이었다.[166]

165) '화교 개인당 평균 수입 개요', 〈인천화상상회 화교 상황 보고 중화민국24년(1935년) 3월〉, 『인천중화상회 보고서』(인천화교협회소장).

166) '화교 개인당 평균 수입 개요', 〈인천화상상회 화교 상황 보고 중화민국24년(1935년) 3월〉, 『인천중화상회 보고서』(인천화교협회소장).

2. 인천의 화상네트워크

(1) 화상 상점 조직의 특성

인천 화상의 포목상은 옌타이에 거점을 둔 산동방(山東幇) 상업자본에 의해 개설되었다.[167] 인천의 거대 포목상이던 영래성(永來盛)은 옌타이의 잡화상인 영래성(永來盛), 서공순(西公順)은 옌타이에서 객잔과 전장(錢莊)을 경영하던 서공순(西公順), 서성춘(瑞盛春)은 옌타이에서 전장을 경영하던 서성춘(瑞盛春)에 의해 각각 설립되었다. 옌타이의 산동방(山東幇) 상점의 "자본은 산동 내지 즉 그들 고향의 여유자금을 이용"한 것이었다.[168]

조선총독부는 조선 및 인천 화상의 상점 조직을 조사하고 다음과 같은 특성이 있다고 지적했다.

> 원래 지나인의 상점은 합자조직이 많다. 직물, 잡화상 가운데 주요한 것은 2-3명, 4-5명의 합자조직이다. 재동(財東), 즉 자본주는 대부분 본국에 있고 조선에 재류하는 자는 적다. 지배인인 '장꾸이더'(掌櫃的)는 상점의 거래 및 기타 업무 일체를 담당했다. 그 밑에 외교거래주임인 와이꾸이더(外櫃的), 회계주임인 관짱더(管帳的), 보통점원인 후오지(夥計) 등의 점원이 있다. 큰 상점의 점원은 30-40명에 달한다. 이들 점원의 채용은 자본주의 추천에 의해 이뤄지지만 상당수는

167) 李正熙 (2012), 『朝鮮華僑と近代東アジア』, 京都大學學術出版會, 52-53쪽.
168) 外務省通商局 (1921), 『在芝罘日本領事館管内狀況』, 42쪽.

지배인의 권한에 속하여 본국에서 직접 불러오는 것이 일반적이다. 점원 채용 시는 보통 보증인을 필요로 하며 별도의 증서(證書)를 첨부하지는 않는다. 또한 이들 점원의 급여는 '장꾸이더'(지배인)은 노력(勞力) 출자의 재동(자본주)이기 때문에 이익 배당을 받지만 별도의 급료는 없다. 단, 생활비 보조금으로 양자쳰(養家錢)이라는 급여가 지급된다. 후오지(회계)의 급료는 '라오진'(勞金)이라 불리는 수당을 연급(年給)으로 지급한다. 금액은 각 상점, 각 점원의 재능, 근속연수 등에 따라 다르지만 대략 20엔-100엔이다. 보통점원은 이익배당은 없지만 업무의 성적에 따라 다소의 상여를 받거나 혹은 열심히 일한 대가로 왕복 여비를 주거나 본국의 고향에 휴가를 보내주는 장려법이 있다.[169]

조선총독부의 분석을 보면, 화상의 상점 조직은 중국 전통의 합고(合股)라는 것을 알 수 있다. 합고의 자본주(股東, 財東)는 통상 혈연 혹은 지연으로 연결된 일가, 친척, 친구, 동향인으로 한정된다.[170]

인천 화상은 아니지만 경성의 포목상인 동화동(同和東)의 자본주는 손신경(孫信卿), 공진화(公晉和), 손몽구(孫夢九), 손역산(孫嶧山), 왕의산(王儀山)이었다. 동화동의 본점은 옌타이에 있는 공진화(公晉和)였으며, 지배인은 손몽구(孫夢九)였다. 그런데 이들 자본주는 모두 산동성 닝하이주(寧海州)의 양마도(養馬島) 출신이었다. 양마도는 옌타이에서 가까운 곳으로 1930년대 13개 촌(村)에 약 천 호, 9천 명이 거주하고 있었다. 주민은 반농반어의 경제생활을 영위하고 있었다. 자본주인 손신경, 손역산 등은 양마도의 유력한 상인으로 고향에 식덕당(食德堂), 의원당(義元堂), 신원당(信元堂)을 설립하여 성공을 거둔 후, 옌타이에 공취화(公聚和)를 설립했다. 이번에는 공취화가 옌타이에서 성공을 거두자 조선 경성에 설립한 것이 동화동이었다.[171]

169) 朝鮮總督府 (1924), 『朝鮮に於ける支那人』, 40-41쪽.
170) 山內喜代美 (1942), 『支那商業論』, 巖松堂書店, 40-41쪽.

옌타이 본점과 조선 지점 간은 수표 등을 사용하지 않고 매우 장기적으로 거래를 했다. 본점에서 구매한 상품의 대금 지불은 판매의 상황에 따라 송금했다. 상거래의 결산은 매년 연말에 하지만 이익 배당의 결산은 대개 3년에 1번 했다. 단, 광동상인은 매년 연말에 하는 경향이 있었다.[172]

(2) 인천 화상의 상품 구매 및 판매

인천화상상회는 인천화상 포목상의 상품 구매 및 판매의 상황을 구체적으로 기록해 놓았다. 먼저 "당지(當地)의 화상이 상품을 구매하는 절차는 국내에서 구매하는 자는 직접 운송하며, 점원을 파견하여 구매하거나, 위탁대리점 대행의 세 종류가 있다. 일본에서 구매하는 자는 오사카(大阪)에서 직접 구매하거나 중개인에게 위탁 대행하는 두 가지 종류가 있다."고 했다[173].

화상이 판매할 상품을 조선과 해외에서 구매했다. 국내 구매의 방법은 직접 구매하여 운송하는 방법, 점원을 현지에 파견하여 구매하는 방법, 다른 회사에 구매를 위탁하는 방법 등의 세 가지 방법이 있었다. 화상 포목상은 일본의 오사카에서 직접 직물을 구매하거나 현지의 중개인에게 위탁 대행하는 두 가지 방법이 있었다는 것이다.

여기서 현지의 중개인에게 위탁 대행하는 것은 일본 화상 경영의 행잔(行棧)일 가능성이 높다. 오사카의 가와구치(川口)에는 산동성 출신 화상이 주로 경영하는 객잔 겸 위탁판매업의 행잔이 다수 존재했다. 가와

171) 李正熙, 앞의 책 (2012), 50-52쪽.
172) 朝鮮總督府, 앞의 자료 (1924), 41-42쪽.
173) '상품 구매 절차', 〈인천화상상회 화상 상황 보고 중화민국24년(1935년) 3월〉, 『인천중화상회 보고서』(인천화교협회소장).

구치에는 조선 화상의 포목수입상으로 인천에도 있었던 유풍덕(裕豊德)의 대리점이 행잔 내에 설치되어 있었다.[174] 이 문건에는 기재되어 있지 않지만 인천 화상 포목상은 상하이에 직원을 파견하여 직접 마포와 비단을 구입하기도 했다.[175]

인천화상상회는 상품 주문에 대해 "통상(通常) 상품 주문은 선물(先物)로 하며 선하증권(船荷證劵)을 저당하여 현금 거래를 한다. 잡화 및 화장품은 상품 인도 후 30일 혹은 40일 후 상품대금을 지불한다. 기일이 도래하여 상품대금을 지불하는 방법은 은행에 선하증권을 담보로 맡긴 것으로 대신 한다."[176]고 했다.

즉, 상품의 주문은 선물로 하며 선하증권을 은행에 저당하여 현금 거래를 했다는 것이다. 잡화 및 화장품은 상품을 인도한 후 30-40일 이후에 현금으로 지불했다. 한편, 화상 포목상이 상하이에서 직물을 수입할 때는 상하이의 직물 도매상에게 직접 구매할 때는 상품 도착 후 1개월 뒤에 지불했고, 직원을 파견하여 주문할 경우는 상품 도착 후 60일 이내에 파견 직원을 통해 외환으로 지불했다.[177]

다음은 화상 포목상의 상품 판매다. 화상 포목 수입상은 인천과 경성을 거점으로 상하이에서 중국산 비단과 마직물 및 영국산 면직물, 일본 오사카에서 일본산 면직물과 견직물을 수입하여 판매했다. 이들 포목 수입상은 각 지방의 핵심도시인 부(府)에 지점을 설치하고, 이를 통해 각 군과 면 단위에 화교 포목 소매상에게 직물을 판매하는 전국적인 판매망을 구축하고 있었다. 1930년 10월 현재 전국의 화상 포목상

---

174) 內田直作・鹽脇幸四郎 共編 (1950),『留日華僑經濟の分析』, 河出書房, 25・145쪽.
175) 李正熙, 앞의 책 (2012), 78-79쪽.
176) '상품 주문 절차', 〈인천화상상회 화상 상황 보고 중화민국24년(1935년) 3월〉,『인천중화상회 보고서』(인천화교협회소장).
177) 朝鮮總督府 (1923),『支那ニ於ケル痲布及絹布竝其ノ原料ニ關スル調査』, 79-80쪽.

은 총 2,116개소로 조선 전체 포목상의 약 2할을 차지했으며, 일본인 포목상보다 3배나 많았다. 또한 화교 포목상이 없는 산간벽지는 화교 행상이 직접 방문하여 판매했다.[178] 즉, 화상 포목상은 경성과 인천을 거점으로 전국에 거미집과 같은 판매망을 구축하고 있었던 것이다.

|표4-2|는 인천 화상 경영 상점의 1928년의 연간 매상액을 조사한 것이다. 화상 포목상의 연간 매상액은 상당했다. 덕순복(德順福)은 95만 엔, 영래성(永來盛)은 80만 엔, 인합동(仁合東)은 55만 엔, 협태창(協泰昌)은 46만 엔, 금성동은 36만 엔, 협흥유는 34만 엔, 동성영(同盛永)은 26만 엔이었다. 당시 노동자의 한 달 수입이 10엔도 되지 않았기 때문에 인천 화상 포목상의 연간 매상액 규모가 얼마나 컸는지 가늠할 수 있다.

|표4-2| 인천 화상의 상점 경영 현황 (1928)

번호	상호	소재지	대표자	영업종류	도소매	매상액
1	仁生祥	仲町	劉信忠	잡화	도매	36,000
2	源泰號	本町	金炳炎	양복	소매	10,000
3	黃雲川 運輸店	本町	黃雲川	통관대리업	소매	1,200
4	-	新町	張積芳	육류	소매	18,000
5	永盛東	龍里	楊子芳	양말제조	도소매	42,000
6	-	外里	王玉山	포목	소매	12,000
7	-	內里	王金華	잡화곡물	소매	19,600
8	東盛泰	내리	周玉田	석유	소매	11,000
9	天盛興	내리	黃延弼	잡화	도소매	80,000
10	雙成發	내리	李若林	잡화	도소매	80,000
11	增盛和	내리	呂榮梅	견포잡화	도소매	17,000
12	同春盛	내리	許壽臣	잡화	도소매	149,000
13	-	내리	沙春塘	잡화	도소매	206,000
14	東聚成	내리	王哲卿	잡화	도소매	48,000
15	萬聚東	내리	王承謁	소맥분잡화	소매	30,000

178) 李正熙, 앞의 책 (2012), 제3장.

번호	상호	소재지	대표자	영업종류	도소매	매상액
16	同盛永	내리	王棲堂	미곡포목	도소매	260,000
17	永昌	萬石町	王茂俊	가구제조	소매	9,500
18	德順福	支那町	于壽山	포목	도매	950,000
19	仁合東	지나정	楊翼之	포목	도매	550,000
20	同　成	지나정	省書藻	식료잡화	도소매	67,000
21	協泰昌	지나정	王耆陳	포목	도매	460,000
22	永來盛	지나정	傅守亭	포목	도매	800,000
23	仁合東	지나정	楊仁盛	식료잡화	도소매	84,000
24	協興裕	지나정	張殷三	포목	도매	340,000
25	復成棧	지나정	史祝三	객잔업	도매	8,200
26	錦成東	지나정	李石堂	포목	도매	360,000
27	-	지나정	張本雲	육류	도소매	21,000
28	東和昌	지나정	姜子雲	잡화	도소매	260,000
29	興盛和	지나정	劉潤生	객잔업	-	5,200
30	元和棧	지나정	梁洪九	객잔업	-	3,000
	元和棧	지나정	梁洪九	운송업	-	6,000
	元和棧	지나정	梁洪九	원염	도매	90,000
	元和棧	지나정	呂家嬴	잡화	소매	10,000
31	誌興東	지나정	孫長榮	곡물잡화	도소매	216,000
32	同和棧	지나정	王瓚臣	원염	도매	98,000
	同和棧	지나정	王瓚臣	객잔업		5,000
33	天合棧	지나정	張信卿	알선및통관		3,000
	天合棧	지나정	張信卿	객잔업		3,800
	天合棧	지나정	李省三	포목	소매	37,000
34	春記棧	지나정	孫祝三	객잔업		4,100
35	和泰號	지나정	孫金甫	포목	도매	-
합계			-	-	-	5,410,600

* 출처: 京城商業會議所 (1929.3), 「朝鮮に於ける外國人の經濟力」, 『朝鮮經濟雜誌』159호, 34쪽을 근거로 작성.

그렇다면 이들 화상 포목상 및 잡화상은 어떤 절차를 밟아 판매했는지 인천화상상회의 조사 내용을 보도록 하자.

|번역문|

상품 판매 절차

상품의 판매절차는 화상 대 화상 간의 교역은 만약 백색의 면포, 면사 등의 상품의 경우 상품 인도 후 20일을 상품대금 지불 기한으로 한다. 다색의 인견사(人絹絲), 화장품 및 중국산 수건 등의 상품의 경우 상품 인도 후 30일을 지불 기한으로 하며, 먼저 약속어음으로 상품대금을 지불한다. 일용잡화에 대해서는 신용으로 거래하는 화상이 많으며, 조선인에 대한 거래는 특별한 경우를 제외하고는 현금으로 하며, 상품 도착 후 대금을 지불하거나, 운송점 및 은행에 선하증권을 담보로 맡기는 등의 몇 종류의 방법이 있다.[179]

상기의 자료에 의하면, 화상 포목상의 상품 판매는 면직물의 경우 상품 인도 후 20일 이내에 상품 대금을 지불하는 것이 관례였다고 한다. 인견사, 화장품, 수건 등은 상품 인도 후 30일로 면직물 보다 10일 더 길었다. 화상 간의 거래는 외상 거래, 즉 신용거래를 원칙으로 했다. 이때의 이자율은 은행 대출이자보다 낮았는데, 그 원인은 화상 상호 간의 강한 단결력, 상호부조와 신용을 중시하는 상도덕, 중화상회에 의한 신용 알선 때문이었다.[180] 그러나 조선인 상인과의 거래는 특별한 경우를 제외하고는 현금 거래를 했다. 조선인 상인은 화상으로부터 상품을 받은 즉시 대금을 지불하거나 운송점 및 은행에 선하증권을 담보로 지불했다.

179) '상품 판매 절차', 〈인천화상상회 화상 상황 보고 중화민국24년(1935년) 3월〉, 『인천중화상회 보고서』(인천화교협회소장).

180) 京城商業會議所 (1929.3), 「朝鮮に於ける外國人の經濟力」, 『朝鮮經濟雜誌』159호, 20쪽.

(3) 인천 화상의 금융 거래

조선 화상 포목상의 금융 거래는 기존 연구에 의해 밝혀져 있다.[181] 간단히 요약하면, 화상은 은행을 통해 수표 · 어음을 신용으로 화상 간, 혹은 조선인 상인 및 일본인 상인과 상품 매매를 활발히 전개했다.

|표4-3|은 1926년 말 현재 외국인의 조선 각 은행 거래 내역을 나타낸 것이다. 외국인 가운데 화교는 전체 예금액의 4할, 전체 대출액의 9할을 차지하고 있었기 때문에 화교의 예금액은 약 250만 엔, 대출액은 약 300만 엔으로 추정된다. 외국인이 주로 예금한 은행은 제일은행 조선의 각 지점이 전체의 43%(266만 엔)를 차지해 가장 많았고, 그 다음은 조선식산은행, 한일은행, 조선은행의 순이었다. 반면, 외국인에게 대출을 많이 해준 은행은 조선식산은행이 전체의 약 50%를 차지하여 압도적으로 높았으며, 한일은행 11%, 한성은행 8%, 조선상업은행 6%로 그 뒤를 이었다.

|표4-3| 외국인 (화상)의 은행 거래 내역 (1926년 말)

	1926년 말			
	예금액	비중(%)	대출액	비중(%)
朝鮮銀行	757,332	12.1	197,646	5.9
朝鮮殖産銀行	852,580	13.6	1,671,196	49.8
漢城銀行	313,275	5.0	262,408	7.8
韓一銀行	846,023	13.5	355,361	10.6
慶南銀行	19,161	0.3	46,516	1.4

181) 박현 (2000), 「한말 · 일제하 한국인 자본가의 은행 설립과 경영: 한일은행의 사례를 중심으로」, 연세대학교 석사학위 논문, 21-22쪽. ; 李正熙, 위의 책 (2012), 3장을 참조. 한일은행은 1906년 경성의 조선인 상업 자본에 의해 설립되었으며, 1931년에는 호서은행과 합병하여 동일은행이 되었으며, 동일은행은 1943년에 한성은행에 합병되었다.

朝鮮商業銀行	291,946	4.7	214,634	6.4
三南銀行	9,088	0.1	1,419	-
湖南銀行	75,614	1.2	43,317	1.3
湖西銀行	32,851	0.5	3,332	0.1
釜山商業銀行	23,502	0.4	-	-
鮮南銀行	90	-	-	-
慶一銀行	1,791	-	1,162	-
東萊銀行	1,283	-	-	
大邱銀行	12,068	0.2	3,708	0.1
海東銀行	2,100	-	6,718	0.2
慶尙共立銀行	-	-	2,490	-
北鮮商業銀行	9,726	0.2	5,363	0.2
第一銀行支店	2,666,058	42.7	189,949	5.7
十八銀行支店	206,803	3.3	55,369	1.6
安田銀行支店	93,152	1.5	87,928	2.6
山口銀行支店	37,110	0.6	207,964	6.2
합계	6,251,553	100.0	3,356,474	100.0

* 출처: 京城商業會議所 (1929.3), 「朝鮮に於ける外國人の經濟力」, 『朝鮮經濟雜誌』第159號, 20-21쪽을 근거로 작성.

* 주: 금액이 적은 은행은 전체의 비중이 매우 낮아 기재하지 않았다. 적은 금액을 합하면 각각 0.1%를 차지했다.

다음은 인천 화상의 금융 거래에 대해 살펴보자. 1928년 말 현재 인천 화상의 예금액은 16만 75엔(기타 외국인 38만 3,122엔), 대출액은 57만 7,321엔(기타 외국인 9,207엔)이었다.[182] 1930년 12월 말의 예금액은 15만 8천 엔, 대출액은 41만 천 엔으로 큰 차이는 없었다. 그러나 1931년 7월 제2차 배화사건 직후 예금액과 대출액은 급감했다. 1931년 12월은 1930년 12월에 비해 예금액은 33.5%의 감소, 대출액은 무려 81%의 감소를 초래했다. 이 사건이 인천 화상의 은행 거래에 얼마나 큰 영향을 주었는지 알 수 있다.

182) 京城商業會議所, 앞의 자료 (1929.3), 35쪽.

|표4-4| 인천화교의 은행 거래 내역

월별	1930년		1931년	
	예금액(천엔)	대출액(천엔)	예금액(천엔)	대출액(천엔)
7월	278	254	258	88
8월	240	173	297	80
9월	195	382	176	140
10월	184	518	129	95
11월	158	485	96	87
12월	158	411	105	78

* 출처: 京城商工會議所 (1932.4), 「滿洲事變の朝鮮に及ぼした經濟的影響」, 『京城商工會議所經濟月報』第196號, 47-48쪽을 근거로 작성.

인천화상상회는 1935년 현재 화상의 은행거래의 상황을 다음과 같이 보고했다.

|번역문|

은행거래 상황

화상은 이곳의 은행으로부터 때때로 자금을 융통한다. 통상 상당수의 화상은 상품구매의 약속어음 및 선하증권을 저당하여 한정된 금액 이내에서 수시로 차용할 수 있다. 화상의 가옥권리증, 토지매매계약서로 한정된 금액 이내서 수시로 차용할 수 있다. 가옥권리증, 토지매매계약서로 대출받는 자는 저당 없이 차용할 수 있으며, 두 개소의 견실한 상가를 담보자로 세우면 은행으로부터 천 엔 당 하루 0.24엔의 이자로 차용할 수 있다. 이를 월 이자로 하면 7.3 엔이 된다. 화상이 가장 자주 거래하는 은행은 당지의 조선은행과 식산은행의 지점이고, 그 다음은 야스다은행(安田銀行)과 주하치은행(十八銀行), 상업은행의 각 지점이다.[183]

183) '은행 거래 상황', 〈인천화상상회 화상 상황 보고 중화민국24년(1935년) 3월〉, 『인천중화상회 보고서』(인천화교협회소장).

인천 화상의 주요한 거래 은행은 조선은행, 조선식산은행, 야스다(安田)은행, 주하치(十八)은행, 조선상업은행의 인천지점이었다. 외국인의 조선 전체의 거래 은행과 비슷하다. 화상은 상품 판매 때 받은 약속어음과 상품 구입 시 받은 선하증권을 저당하여 자유롭게 대출받았으며, 가옥권리증이나 토지매매계약서로 대출받을 때는 저당 없이 대출받을 수 있었다. 그리고 2명의 견실한 화상의 담보가 있으면 월 천 엔 당 7.3엔의 이자로 대출받을 수 있었다.

인천에는 중국 전통의 금융기관인 전장(錢莊)이 존재했다. 전장은 화중지역을 중심으로 18세기 후반부터 발전하기 시작했다. 청대의 자칭(嘉慶)연간(1796-1820년)에 전표(錢票)를 발행하여 현금을 지출하기 시작했다. 또한 소수의 출자자가 합고(合股)에 의해 다액의 은을 예금했기 때문에 은표(銀票)를 발행하여 융자도 해주었다. 더욱이 회표(會票)라고 하는 송금 환전 업무를 취급하여 은행 업무를 거의 갖추게 되었다.[184] 전장에는 세 종류가 있었다. 첫째로 표장(票莊)은 전장 가운데 규모가 가장 크며 각지에 지점을 두고 대부, 예금, 어음 발행, 외환 어음의 할인 업무를 취급했다. 또한 전표(혹은 莊票)를 발행했는데 지폐와 같은 신용을 가지고 있었다. 둘째로 전장이라 일컬어지는 것으로 베이징 지방에서는 은호(銀號)라 한다. 표장에 비해서는 규모가 작고 영업지역도 일개 지역에 한정되지만 취급 업무는 표장과 거의 같다. 셋째로 전점(錢店)은 전장 가운데 가장 규모가 작으며 취급 업무도 적고 환전업을 전문으로 한다.[185]

인천에는 1928년 말 현재 총 8개소의 전장이 영업하고 있었다. 8개소의 전장은 모두 상기의 '표장'이었다. 각 전장의 본점은 상하이, 다롄,

184) 可兒弘明 · 斯波義信 · 遊仲勳 編 (2002),『華僑 · 華人事典』, 弘文堂, 412쪽.
185) 朝鮮總督府, 앞의 자료 (1924), 108쪽.

옌타이에 있었으며, 이들 출장소는 별도의 건물을 소유하며 영업활동을 전개한 것이 아니라 인천 화상인 동화창, 인합동, 원화잔, 천합잔의 사무실을 활용하여 화교와 거래했다. 주요한 업무는 환전과 중국으로의 송금이었다. 본점에서 파견된 출장원은 객잔의 소개로 인천의 화상과 거래를 시작했다. 인천의 화상이 다롄, 옌타이, 상하이의 화상과 거래할 때는 주로 이들 전장을 통해 거래했다. 인천 화상의 상하이 화상과의 거래는 연간 1천만 엔에 달했는데, 이 가운데 250만-300만 엔은 홍콩상하이은행의 인천 대리점 역할을 하던 타운젠트상회를 통해, 그 나머지는 전장을 통해 이뤄졌다.[186]

|표4-5| 인천의 화상 경영 전장 (錢莊)

전장 명칭	본점소재지	소재지	책임자
增泰德	상하이	支那町의 東和昌	王西門
協興裕	상하이	상동	張殷三
同興福	다롄	支那町의 仁合東	楊仁盛
萬春棧	상동	상동	상동
和順盛	옌타이	支那町의 元和棧	馬範堂
義和盛	상동	상동	상동
同聚公	다롄	支那町의 天合棧	馬範堂
天和盛	상동	상동	상동

* 출처: 京城商業會議所, 앞의 자료 (1929.3), 35쪽을 근거로 작성.

1930년대 중반 인천의 전장은 이전 8개소에서 3개소로 줄어들었다. 옌타이 본점의 전장은 2개소, 다롄 본점의 전장은 1개소였다. 상하이 본점의 전장인 증태덕(增泰德), 협흥유(協興裕)가 사라진 것을 확인할 수 있으며, 다롄 본점의 전장은 이전 4개소에서 1개소로 옌타이는 이전과

186) 京城商業會議所, 앞의 자료 (1929.3), 34-35쪽.

같은 2개소가 존재했다. 3개소의 전장의 평균 자본금은 약 10만 엔이었다. 외환 송금 총액은 220만 엔이며 이 가운데 옌타이 송금액은 130만 엔, 상하이 송금액은 65만 엔, 칭다오 · 지난 · 톈진 송금액은 25만 엔이었다. 1928년의 연간 상하이 외환 송금액만으로 약 700만 엔에 달했기 때문에 전체적으로 중국으로의 외환송금이 많이 감소한 것을 알 수 있다. 이것은 인천과 중국 각 지역 간의 상품 거래가 이전에 비해 많이 줄어든 것을 의미하는데, 특히 상하이 송금이 급격히 줄어든 것은 상하이로부터의 직물, 잡화의 수입이 줄어든 것을 반영한다.

|번역문|

외환

인천에서 본국 외환 송금은 환어음을 전신으로 보낸다. 이를 통해 모든 상하이의 상품대금을 지불할 수 있다. 본지(本地)의 조선은행 지점을 통해 자유롭게 송금할 수 있다. 단, 본항(本港)에는 화상 외환 전장(錢莊)이 3개소 있으며, 그것은 옌타이 (본점의) 전장 2개소, 다롄 (본점의) 전장 1개소이다. 3개 전장의 평균 자본금은 약 10만 엔이다. 3개소 전장의 국내 외환 송금 총액은 매년 평균 220만 엔이며 이중 옌타이 송금액은 약 130만 엔, 상하이 송금액은 약 65만 엔, 칭다오(青島), 지난(濟南), 톈진(天津) 등이 모두 25만 엔이다. 기타 지역 및 다른 산동성 각 현에 송금되는 것은 그 금액을 상세히 몰라 적지 못했다.[187]

송금의 기본적인 형태는 전장이 수표를 중국의 수취인에게 송부하고 수취인이 수표를 수령하여 발행 전장의 본점 또는 제휴 관계에 있는

187) '외환', 〈인천화상상회 화상 상황 보고 중화민국24년(1935년) 3월〉, 『인천중화상회 보고서』(인천화교협회소장).

전장으로부터 수표에 기재된 금액을 수령하는 것이 기본구조였다.[188] 전장의 태환과 외화 송금은 환율의 변화와 매우 밀접한 관련이 있기 때문에 이들 전장은 하루 세 차례 환율을 공시했다. 환전 수수료는 1만 엔 당 최고 25엔, 최저 20엔이었다. 전장은 화상과의 거래를 알선하는 객잔에게 중개료로서 1만 엔 당 약 5엔을 지불했다. 전장은 화상에게 무담보의 신용대부를 했지만 그렇게 많지는 않았다.[189]

(4) 화상의 납세

화상이 납부하는 세금은 관세, 영업세, 호별세, 소득세, 가옥세, 지세, 차량세 및 견세(犬稅) 등이었다.[190] 이들 세금 가운데 화상에게 가장 중요한 세금은 영업세였다. 영업세는 1914년 4월에 각 부의 특별세로서 설치되어 1927년 3월 공포된 '조선영업세령'에 의해 국세로 바뀌었다. 영업세는 24개 업종별로 매상액, 자본, 수입금액, 예금금액에 따라 과세표준이 설정되어 부과되었다. 화상 포목상이 취급하는 직물은 매상액의 만분의 4-12의 세율이 적용되었다.[191] 그러나 조선총독부는 화상 포목상이 매상액 신고를 늘 적게 한다고 의심하였기 때문에 영업세 부과를 둘러싸고 양자 간에 충돌이 자주 발생했다.

인천의 화상 포목상은 1930년도의 매상액이 불경기로 인해 감소했는데도 불구하고 1931년도의 영업세액이 이전보다 3할 증가했다고 인천부에 재심사를 요청한 적이 있다.[192] 경성의 화상 포목상도 1930년 같

---

188) 朝鮮總督府, 앞의 자료 (1924), 108쪽.
189) 京城商業會議所, 앞의 자료 (1929.3), 35쪽.
190) '납세', 〈인천화상상회 화상 상황 보고 중화민국24년(1935년) 3월〉, 『인천중화상회 보고서』(인천화교협회소장).
191) 京畿財務研究會 編纂 (1928), 『所得稅 · 營業稅 · 資本利子稅 · 朝鮮銀行劵發行稅 事務提要』, 55쪽.

은 이유로 경성부에 조사를 요청하여 양자 간에 충돌하는 사건이 발생했다.[193)]

(5) 인천 화상의 부동산 소유 현황

조선총독부는 조선민사령(朝鮮民事令)에 근거하여 화교 등 외국인의 부동산 소유권을 인정했다. 반면 일본 국내는 근대시기 외국인에게 토지 소유권을 부여하지 않고 다만 임차권만 부여한 것과 다르다. 조선정부는 개항기 화교를 비롯한 외국인의 내지 토지소유권을 인정하지 않았지만, 통감부가 1906년 10월 칙령 제65호 '토지가옥증명규칙'을 공포, 외국인의 내지 토지소유권을 합법화 했으며, 이것이 일제 강점기까지 지속되었다.

인천화교의 토지소유는 주로 '중국가'(일본인은 '지나정'이라 함)가 중심이 되어 있었다. 그 이유는 '중국가'가 이전 청국조계였기 때문이다. 1913년 11월 22일 조선총독부와 주조선중국총영사관 사이에 체결된 '조선의 중화민국 거류지 폐지 협정' 제3조는 "중화민국 거류지의 지역 내의 영대차지권을 가진 자는 자기의 선택에 의해 해당 영대차지권을 소유권으로 변경할 수 있다."고 규정, 청국조계 거주 화교의 부동산은 소유권을 공식적으로 인정받게 된 것이다.[194)]

인천화상상회는 1935년 인천화교의 부동산 소유 상황을 조사하여 기록

---

192) 「仁川中國商人結束營業稅不服申立」, 『동아일보』, 1931년4월12일.

193) 이에 대해서는 1930年, 「交涉營業稅」, 『駐韓使館檔案』(동03-47, 191-03)에 그 경위가 상세히 소개되어 있음.

194) 중국어 장정 명칭은 '在朝鮮中華民國居留地廢止之協定'이며 일본어 명칭은 '在朝鮮支那共和國居留地廢止ニ關スル協定'이다. 1913年11月22日, 「在朝鮮支那共和國居留地廢止ニ關スル協定」, 『日本外務省外交史料館』(アジア歷史資料センター, B13090917400).

으로 남겼는데, 그것이 바로 |표4-6|이다. 먼저 인천화교 소유 부동산은 '중국가'(정식 행정 명칭은 지나정)를 중심으로 그 인근 지역인 화방정(花房町), 본정(本町), 화정(花町), 내리(內里), 외리(外里) 등에 분포되어 있었다. 전체 71개소의 화교 부동산 가운데 약 6할은 '중국가'에 있었으며, 인천화교 부동산 총 평수 1만 6,295.5평 가운데 '중국가'의 소유 부동산은 4,888.5평으로 전체의 3할을 차지했다. 인천화교 전체 부동산 총액 84만 5,400엔 가운데 '중국가'의 부동산 총액은 52만 9,400엔으로 전체의 약 6할을 차지했다. 인천화교가 '중국가'에 얼마나 집중하며 거주하고 있었는지를 말해준다.

그런데 '중국가'의 주소로 파악해 볼 때, '중국가'는 1번지부터 57번지까지 있었으며 이 가운데 41개 번지는 화교 소유 부동산, 16개 번지는 화교 이외의 소유 부동산이었다. 즉, 전체 호수 가운데 약 3할의 호수는 화교 소유가 아니라 일본인, 서양인, 조선인의 소유인 것으로 추정된다. 청국조계 시기 때는 거의 전부가 화교 소유 부동산이었던 것과 비교하면 많이 감소한 것으로 판단할 수 있다.

'중국가'의 건축은 벽돌 건축물이 대부분이었으며, 1층 건물보다는 2층 건물인 루방이 많았다. 토지 평수가 넓고 방칸 수가 많으며 부동산 가격이 높은 소유주는 대부분 화상이었으며, 그 가운데서도 포목상 상호가 대부분을 차지했다. 그 다음으로는 해산물 수출상과 수입잡화상, 그리고 객잔이 많았다.

인천화교 부동산 소유 현황을 각 방(幇) 별로 나눠보면 북방(北幇)이 전체의 54%를 차지하여 가장 많았고, 남방(南幇)이 25%, 광방(廣幇)이 21%를 차지했다. 남방과 광방의 인구가 북방에 비해 절대적으로 적은데도 불구하고 이렇게 많은 부동산을 소유하고 있었던 것은 남방의 왕성홍과 광방의 동순태(담정택)가 인천화교의 '부동산 재벌'인 영향이 컸기 때문이다.

|표4-6| 인천화상상회 조사 인천화교 부동산 소유 현황 (1935)

주소	소유주	원적	토지평수	건조 종류	平樓別 방칸수	가격 (만)
中國街1번	錢信仁	저장	203	벽돌	평·루 48칸	1.5
동 2번	怡泰號·梁東涯	광동	150	벽돌	루방 65칸	1.5
동 3번	東和昌·姜子雲	산동	72	벽돌	루방 48칸	6.5
동 4번	東和昌代理·王連山	산동	190	벽돌	루방 72칸	2.5
동 5번	仁合東·姜肇鋒	산동	75	벽돌	루방 30칸	0.8
동 6번	和聚公·楊翼之	산동	96	벽돌	루방 22칸	1
동 7번	鄭愛年	광동	93	벽돌	루방 20칸	0.8
동 10번	同盛號·崔書藻	산동	122	벽돌	루방 22칸	0.8
동 11번	義生盛·周鶴川	광동	102	벽돌	루방 37칸	1.2
동 12번	同順泰·譚廷澤	광동	69	벽돌	루방 25칸	1.1
동 13번	錦成東·劉景熙	산동	94	벽돌	루방 32칸	1.5
상동	和聚公·王紹西	산동	35	벽돌	루방 20칸	0.8
중국가14번	王成鴻	안후이	78	벽돌	평방 222칸	0.5
동 15번	三盛商店·傅紹禹	산동	92	벽돌	루방 19칸	1
동 16번	仁合東·姜肇鋒	산동	47	벽돌	루방 30칸	0.9
동 17번	裕豊德·陳立東	산동	57	벽돌	루방 16칸	0.5
동 18번	協興裕·張殷三	산동	72	벽돌	루방 18칸	7.5
동 20번	協興裕·張殷三	산동	71	벽돌	루방 18칸	7.5
동 23번	東和昌·姜子雲	산동	89	벽돌	루방 36칸	1.3
상동	鄭謂生	광동	200		평방 52칸	0.15

주소	소유주	원적	토지평수	건조 종류	平樓別 방칸수	가격 (만)
중국가24번	同順泰 · 譚廷澤	광동	77	벽돌	루방 52칸	1.2
동 27번	三盛商店 · 傅紹禹	산동	72	벽돌	루방 19칸	0.8
동 29번	同順泰 · 譚廷澤	광동	177	벽돌	루방 19칸	1.05
동 30번	裕豊德 · 陳立東	산동	59	벽돌	루방 14칸	0.6
동 32번	同順泰 · 譚廷澤	광동	183	벽돌	루방 40칸	1.2
동 34번	裕豊德 · 陳立東	산동	54	벽돌	루방 22칸	1
동 35번	裕豊德 · 陳立東	산동	49	벽돌	루방 24칸	0.8
동 36번	黃雲川	광동	86	벽돌	루방 30칸	0.8
동 37번	同順泰 · 譚廷澤	광동	133	벽돌	루방 32칸	0.9
동 38번	元和棧 · 張晉三	산동	72.5	벽돌	루방 48칸	1.2
동 40번	同順泰 · 譚廷澤	광동	162	벽돌	루 · 평 70칸	0.13
동 41번	陳金記	광동	67	벽돌	루방 22칸	0.62
동 42번	錢鴻潤	저장	67	벽돌	루방 21칸	0.5
동 43번	산동동향회	-	18	벽돌	루방 6칸	0.02
상동	法興東 · 王少楠	산동	200	벽돌	평10 루10	1.5
동 44번	同順泰 · 譚廷澤	광동	137	벽돌	루방 11칸	0.4
동 45번	廓兆堂	광동	27	벽돌	루방 6칸	0.2
동 48번	同順泰 · 譚廷澤	광동	134	벽돌	루방 29칸	0.7
동 49번	산동동향회	-	46	벽돌	樓房 18칸	1
동 50번	산동동향회	-	72	벽돌	루방 29칸	2
동 51번	同福公 · 王象豫	산동	105	벽돌	루방 22칸	1

주소	소유주	원적	토지평수	건조 종류	平樓別 방칸수	가격 (만)
동 52번	산동동향회	-	59	벽돌	平房 21칸	0.5
동 54번	산동동향회	-	78	벽돌	루방 35칸	0.8
동 57번	王成鴻	안후이	747	白鐵 벽돌	평방 270칸	7
花房町5번	中華基督敎會	산동	220	벽돌	평방 40칸	1.2
동 9번	仁合東 · 姜肇鋒	산동	40	벽돌	평방 25칸	0.6
동 1-11	錢鴻潤	저장	35	벽돌	루방 12칸	2.5
동 2丁目	法興東 · 王少楠	산동	180	白鐵	평방 9칸	3.5
동 2-9번	天興木舖 · 劉安然	산동	52	벽돌	루방 13칸	0.5
동 2-11번	錢金根	저장	44	벽돌	루방 18칸	0.31
동 3-10번	王成鴻	안후이	850	벽돌	평방 230칸	5
花町3번	譚守玉	산동	27	벽돌	루방 4칸	0.4
화정1-9번	同順泰 · 譚廷澤	광동	754	목조	평방 62칸	1.7
동 1-99번	同順泰 · 譚廷澤	광동	1,940	-	-	2.9
本町1-12번	錢鴻潤	저장	32	벽돌	평방 7칸	0.22
동 1-18번	中華樓 · 賴文藻	산동	66	벽돌	루방 54칸	3.3
동 1-23번	錢金根	저장	29	벽돌	루방 8칸	0.25
仲町3-2번	王成鴻	안후이	129	벽돌	루방 62칸	2.5
新町8	春記棧 · 宋甫亭	산동	91	벽돌	평방 42칸	1.8
동 10번	春記棧 · 宋甫亭	산동	86	벽돌	루방 38칸	1.5
동 35번	萬聚東 · 王承謨	산동	40	벽돌	루방 20칸	1
內里128번	錢金根	저장	22	벽돌	루방 7칸	0.26
동 201번	王成鴻代理 · 姜義堂	안후이	35	벽돌	루방 7칸	0.7

주소	소유주	원적	토지평수	건조 종류	平樓別 방칸수	가격 (만)
동 202번	鄭福堂	광동	50	벽돌	루방 7칸	0.6
外里231번	萬聚東 · 王承謁	산동	83	白鐵	평방 10칸	0.3
상동	錢信仁	저장	42	벽돌	평방 6칸	0.2
동 232번	萬聚東 · 王承謁	산동	42	白鐵	평방 6칸	1.5
동 313번	姜田鎭	산동	30	진흙 건조	草房 5칸	0.03
龍岡町77번	鄭福堂	광동	22	목조	평방 5칸	0.1
花水里7번	和聚公 · 楊翼之	산동	5,066	-	-	0.25
北花島	天興木舖 · 劉德雲	산동	1,400	벽돌	루5칸 평6칸	1
합계	71개소	-	16,295.5	-	-	84.54

* 출처: '僑民不動産調査表', 〈인천화상상회 화상 상황 보고 중화민국24년(1935년) 3월 〉, 『인천중화상회 보고서』(인천화교협회소장).

3. 1935년도 인천화상의 상황(商況)

인천화상상회는 1935년도 1년간의 인천 화상의 상황을 정리한 보고서를 작성했다. 이 문서는 1935년 한 해라는 짧은 기간을 대상으로 한 것이지만 다양한 각도에서 화상의 경제활동을 분석한 것이어서 사료적 가치가 높다.

(1) '민국24년(1935년)인천 교상의 개황'

1935년의 인천 화상의 경제에 가장 큰 영향을 준 것은 난징국민정부의 국폐(國弊)에 대한 일본 엔화의 평가절하, 즉 엔저였다. 왜 국폐의 평가절상이 발생했는지 잠깐 살펴보도록 하자. 1929년 10월 대공황이 시작된 이후 자국 통화의 평가절하를 통한 경제위기 탈출을 위해 잇따라 금본위제로부터 이탈했다. 영국과 일본은 1931년, 미국은 1933년에 금본위제로부터 이탈했다. 중국은 당시 국제통화시스템에서 예외적으로 은본위제를 채택하고 있었다. 각국의 금본위제 이탈로 각국 통화로 환산한 은가가 상승했으며, 특히 미국 정부가 1934년 6월 '은매입법(銀買入法)'을 시행하자 은가는 더욱 상승했다. 이로 인해 중국의 은이 대량으로 국외로 유출되면서 은가의 상승은 더욱 급속해지고 중국 국폐의 타국 화폐에 대한 평가절상은 더욱 심해졌다. 결국 1934년 7월 상하이의 금융시장은 심각한 위기에 빠졌으며, 부동산 가격이 폭락함에 따라 도산하는 금융기관이 148개 기관에 달했다. 이러한 추세는 1935년까지 이어졌다.[195]

국폐고(國弊高, 혹은 엔저)는 조선에서 중국으로 수출하는 상품의 가격을 하락시켜 수출경쟁력을 높여주는 반면, 중국에서 조선으로 수입하는 상품은 상대적으로 가격이 높아지기 때문에 수입을 감소시키는 영향을 주게 된다. 인천 화상의 무역은 주로 중국산 제품의 수입에 있었고 수출은 해산물과 한약재 등의 일부에 지나지 않았다. 또한 난징국민정부는 심각한 위기 상황에 빠진 경제를 타개하기 위해 보호무역정책을 폈기 때문에 조선 화상의 수출에도 영향을 주었다. 즉, 인천 화상 무역상은 1930년대 중반 수입과 수출 모두 막혀버리는 최대의 위기에 직면한 것이다. 인천화상상회의 보고문을 보도록 하자.

|번역문|

민국24년(1935)인천 교상의 개황

금년 봄 금표하락(엔저)로 화상은 영향을 받았다. 제1의 원인은 토산품의 시가에 영향을 준 것이다. 고추, 대추, 곶감 및 기타의 잡화 판로는 모두 막혀버렸다. 마포의 시가에서 원가가 차지하는 비중이 다른 상품에 비해 높다. 매년 가을과 겨울 사이 스촨성(四川省), 장시성(江西省) 등지서 상품을 구매하여 다음해 봄, 여름에 이를 운송하기 시작 조선 각지에 적당한 가격을 매겨 판매한다. 금년 마포의 시장가격은 하락하여 원금 손실을 하면서까지 판매를 하지 않을 수 없었다. 일본에서 생산된 대체품의 가격으로 인해 화상은 큰 손실을 입었다. 면포상이 일본에서 상품을 구입하는 절차는 반드시 3-4개월 이전에 예약 주문을 해야 한다. 시가에 근거하여 상품 계약을 하고, 기한이 되면 상품을 인도한다. 금년 인조 면사와 면직 등의 상품 가격은 봄부터 가을에 이르기까지 매일 하락하여 판매하는 상가(商家)는

195) 城山智子 (2011), 『大恐慌下の中國: 市場・國家・世界經濟』, 名古屋大學出版會, 163-164쪽.
196) '민국24년(1935년)인천 교상의 개황', 〈민국24년도(1935년도)인천화상상회의 교상

> 손해 보면서 장사를 해야 했다. 다행히 가을 이후의 시장 가격은 약간 상승하고, 환율도 상승했다. 간단히 말하면 적게 벌고 크게 손해 본 것이다. 해산물 업자는 국내 관세로 수입을 제한 받는다. 우리나라의 해산물 업자는 그 수가 매우 적다. 비록 이익이 있지만 동북3성의 여관, 통관대리점 등의 상인에게 돌아갔다. 또한 무거운 관세로 각 상품을 많이 수입할 수 없으며, 화인의 조선 입국자의 수가 감소하여 영업의 저조는 다시 말할 필요도 없다. 야채재배는 입국하는 화인은 감소하고 귀국하는 자가 많아 임금이 앙등했다. 다행히 야채가격은 상승했고 수확은 풍성했다. 금년의 야채재배는 약간의 이익을 거둘 수 있었다. 기타의 소자본 영업인 음식점, 호떡집 등의 경우 평소의 주요한 고객의 절반은 화인, 절반은 조선인이었다. 화인 고객은 이미 감소했다. 이들의 장사는 감소하는 것은 있어도 증가하는 것은 없다. 이와 같은 수자를 단적으로 봐서 교상의 쇠락(衰落) 상황을 알 수 있다. 입동 이래 금표상승(엔고)로 인한 환전 방면의 손실 보충은 아직 이르고 금년 상반기에 비해 손실액은 오히려 그 차가 벌어졌다.[196]

인천화상상회의 보고문은 1935년 인천 화상의 상황(商況)이 악화된 양상을 세 가지 소개했다. 첫째, 엔저는 인천 화상이 중국에서 수입하는 상품(중국산 토산품, 마포)의 시가를 상승시켜 판매에 악영향을 주었다는 것이다. 둘째, 대공황으로 인한 수요 감소로 인천 화상이 오사카에서 수입한 직물의 판매 가격이 지속적으로 하락, 적자를 보면서 판매했다는 것이다. 셋째, 인천 화상의 조선산 해산물 수출은 엔저로 환율 면에서는 수출환경이 호전되었는데도 불구하고 난징국민정부의 관세 인상으로 수출이 증가하지 않았다는 것이다. 그 이외 화농은 야채 가격의 상승으로 약간의 이익을 거두었고, 요리점은 조선총독부의 중국인 입국제한 조치로 인한 화교 고객의 감소로 전체적인 수입은 이전에 비해

상황 보고〉, 『인천중화상회 보고서』(인천화교협회소장).

줄었다. 인천화상상회는 상기와 같은 이유로 이들이 처한 상황을 인천 "교상의 쇠락(衰落)"으로 표현했다.

(2) 인천 화상의 수출입 상품 및 판매의 상황

인천 화상이 1935년에 수입한 상품은 마포, 고추, 면화, 톈진 갈대멍석, 소금 등으로 제3장에서 살펴본 것과 거의 동일하다. 인천 화상은 이들 중국산 수입 상품을 조선 각지에 판매하고 인천에서는 조선인에게 직접 판매했다. 다른 도(道)에서는 화상이 조선인 상인을 통해 간접적으로 판매했다. 중국산 수입 상품은 고관세 장벽으로 줄어들고, 이로 인해 경영 규모도 축소되고 있었다. 또한 일본산 대체 상품과 치열한 경쟁을 하여 고전을 면치 못하고 있다고 했다. 이하 각 수출입 상품의 수입 및 판매 상황을 보도록 하자.

|번역문|

> **중국에서 수입한 상품 및 판매의 상황**
>
> 우리나라에서 수입하는 상품은 마포, 고추, 면화, 톈진 갈대멍석, 식염 등의 물품이다. 조선 각지의 시장에서 화상이 이들 물품을 판매한다. 본 항구에서는 조선인에게 직접 판매하며 도매는 적다. 다른 도(道)에서는 화상이 간접적으로 조선인에게 판매하는 것이 가장 많다. 현재의 판매를 유지하고 판로를 개척하려 하지만, 관세로 인해 수입되는 상품이 감소되고 있다. 자본금도 줄고 있다. 동양(일본)의 생산품과의 경쟁이 심한데, 조선 화교 상민을 영원히 존재하도록 하는 목적에 도달할 수 있도록 해야 한다.[197)]

① 중국산 마포

1935년에 수입된 중국산 마포는 2.3만 건(34.5만-46만 필)에 달했으며 수입 마포의 90%는 이미 판매되었다고 한다. 그러나 중국산 마포의 대체품으로 상대적으로 값이 싼 일본산 인견직물이 대량으로 수입되어 경쟁이 치열, 화상이 손해를 보면서 판매하는 상황이 발생했다. 여기에 엔저로 인해 무려 20만 엔의 손해를 봤고, 이로 인해 중국으로 철수하는 포목상도 발생했다. 참고로 1933년 인천 화상의 중국산 마직물 수입량은 유풍덕(裕豊德)이 7천 건, 협흥유가 4천 건, 화취공이 3천 건, 천화잔이 3천 건, 금성동이 3천 건이었다.[198]

|번역문|

> **본년 중국에서 수입한 마포의 수량과 판매의 상황**
>
> 본년의 마포 수입은 약 2.3만 건(件: 15-20필)으로 이미 2만 건이 판매되었다. 하지만 춘계 이래 일본에서 조선에 운송된 인조 직물 등의 가격은 지나치게 저렴하며 또한 마포의 대체 직물이다. 때문에 우리나라의 마포는 큰 영향을 받아 부득이 손해를 보면서 판매하지 않을 수 없었다. 또한 금표하락(엔저)으로 인한 거듭된 손실로 총 손실액은 20여만 엔에 달했다. 초동(初冬)에는 금표상승(엔고)로 마포상은 재빨리 행장을 차려 이미 귀국했으며 송금수수료는 시간의 추이에 따라 변하므로 말해도 소용이 없다.[199]

---

197) '중국에서 수입한 상품 및 판매의 상황', 〈민국24년도(1935년도)인천화상상회의 교상 상황 보고〉, 『인천중화상회 보고서』(인천화교협회소장).

198) 1934年8月15日 編, 駐釜山領事館報告, 「本年朝鮮中國痲布市況及其回顧」, 『南京國民政府外交部公報』第7卷第8號(中國第二歷史檔案館編 (1990), 『南京國民政府外交部公報』, 江蘇古籍出版社).

199) '본년 중국에서 수입한 마포의 수량과 판매의 상황', 〈민국24년도(1935년도)인천화상상회의 교상 상황 보고〉, 『인천중화상회 보고서』(인천화교협회소장).

② 중국산 토산품 및 소금

1935년에 수입된 중국산 토산품은 건고추, 곶감, 약재, 갈대 멍석, 빗자루 등이었다. 이 가운데 가장 많이 수입된 것은 건고추이며, 그러나 수입량은 1934년에 비해 5천 포가 줄었다. 다른 토산품의 수입은 1934년과 같은 수준이며, 이익을 얻지 못했다고 한다.

|번역문|

본년 토산품 수입의 수량 및 판매 상황
중국산 토산품의 수입은 건고추가 가장 많았다. 지난해의 수입량은 약 1.5만 포였다. 금년의 수입량은 1만 포에 불과했다. 판매는 왕성하지 못했다. 기타의 붉은 대추, 곶감, 약재, 갈대 멍석, 빗자루 등의 잡화 수입품은 그 이전 해와 대략 같으며, 이익 획득까지는 이르지 못했다.[200]

1935년의 중국산 소금 수입은 1934년과 같은 5천만 근이었다. 조선 전체의 산동성산 소금의 약 5할을 차지하는 수입량이다. 조선의 1920년대 산동성산 소금 수입량은 대략 1억만 근이었기 때문에 약 절반으로 줄어든 것이다. 그리고 조선총독부 전매국이 소금의 공정가격을 낮게 책정했기 때문에 이익이 거의 없었다고 한다. 하지만 난징국민정부가 1935년 3월 범선에 의한 소금 수출세를 경감시켜 겨우 현상유지하고 있었다 한다.

200) '본년 토산품 수입의 수량 및 판매 상황', 〈민국24년도(1935년도)인천화상상회의 교상 상황 보고〉, 『인천중화상회 보고서』(인천화교협회소장).

|번역문|

> **본년 동해안 식염 수입량 및 판매 상황**
>
> 조선의 식염 업무는 전적으로 전매국에 의해 관리된다. 우리나라 동해안 식염은 범선으로 수입되며 수량과 가격은 이미 정해져 있다. 금년의 식염 수입량은 지난해와 같은 약 5천만 근이었다. 다만 정가는 지난해에 비해 저렴하여 조금의 이익도 없었다. 다행히 우리 정부가 금년 3월에 범선의 수출세율 경감으로 인한 원가 경감으로 판매가가 낮아져 겨우 현상을 유지할 수 있었다.201)

③ 중국산 수입 감소 대책

1935년 인천에 수입된 중국산 상품은 350-360만 엔에 달했다. 1920년대에 비하면 격감한 것이지만 그래도 적지 않은 수입액이었다. 여기에 일본산 제품을 약 350만 엔 판매했기 때문에 인천 화상의 연간 상품 구매액은 600-700만 엔에 달했다. 물론 현지에서 구매한 조선산 제품을 포함하면 이보다 더 많았을 것이다.

그런데 인천 화상 포목상이 일본산 직물을 연간 약 350만 엔을 판매했다는 것에 주목하자.(|표4-7| 참조) 인천 화상 포목상의 주력 상품인 중국산 비단과 마포 그리고 영국산 면직물이 높은 관세장벽과 일본산 대체품의 등장으로 경쟁력을 상실, 이들 상품 수입으로는 시장에서 경쟁할 수 없었다. 따라서 인천 화상으로서는 시장 경쟁력 있는 일본산 직물을 수입하거나 현지에서 구매하여 시장에서 판매하지 않을 수 없었다. 인천 화상 포목상 8개소는 연간 약350만 엔의 일본산 직물을 판매

201) '본년 동해안 식염 수입량 및 판매 상황', 〈민국24년도(1935년도)인천화상상회의 교상 상황 보고〉, 『인천중화상회 보고서』(인천화교협회소장).

했다. 덕생상이 약66만 엔을 판매하여 가장 많았고, 협흥유는 약60만 엔, 동성영은 약55만 엔, 영성흥은 약50만 엔이었다. 그 다음으로는 동생태가 약48만 엔, 금성동이 약25만 엔, 유풍덕은 18만 엔을 판매했다. 이것은 인천 화상이 중국산 및 영국산 직물 수입이 어렵게 되자 일본산 직물의 수입 혹은 구매로 난국을 타개하려 한 것으로 풀이할 수 있다.

|표4-7| 인천 화상 포목상의 일본산 직물 판매액

(단위: 만 엔)

상호	면사	면포	다색(多色)직물	인견	합계
德生祥	15.67	3.55	34.3	12.75	66.27
協興裕	10.85	1.856	32.55	14.57	59.826
永盛興	8.63	2.067	22.67	16.75	50.117
同生泰	5.775	2.155	26.51	13.75	48.19
和聚公	3.25	0.755	15.67	8.55	28.225
錦成東	2.775	0.435	12.75	9.75	25.71
同盛永	8.35	2.75	27.79	16.75	55.64
裕豊德	6.79	5.43	3.25	2.75	18.22
합계	62.09	18.998	175.49	95.62	352.198

* 출처: '民國二十三年份華商販賣日本貨總數', 〈인천화상상회 화상 상황 보고 중화민국24년(1935년) 3월〉, 『인천중화상회 보고서』(인천화교협회소장).

* 주: 일본산 판매총액은 원 사료에 349만 6,990엔으로 나와 있다. 실제의 판매총액과 2만 4,990엔의 차가 난다.

인천화상상회는 중국산 마포의 수입 감소의 원인으로 조선에서 '착색의복'을 권장하고 있다는 점, 가격 대비 일본산 인견이 우수하다는 점, 과중한 관세 부과를 들었다. 그리고 산동성산 견고추는 일본산이 대체하지 못하고 있기 때문에 판매가 순조롭지만 이것도 지속되기 어려울 것이라고 예상했다. 그래서 인천화상상회는 난징국민정부에 중국산을 많이 수입할 수 있도록 관세를 인하해 줄 것을 요청했다.

|번역문|

본년 판로를 잃어버린 수입 중국 상품, 본지(本地)의 대용품 그리고 구제 방법

흰 마포는 원래 우리나라 특산품이다. 조선인은 일반적으로 이 옷을 고급 의복으로 한다. 최근 외도(外道) 각지에서 착색 의복을 입도록 적극 권장한다. 이곳에서 만든 마포는 조잡하고 가격이 저렴하다. 일본에서 만들어진 인견은 매우 광채를 발하여 중국 마포를 대체, 비용 지불의 절약뿐 아니라 미관상으로도 좋다. 또한 중국산 마포에 대한 과중한 수입 관세로 인해 관련 원가도 비싸다. 상호 경쟁하는 세력은 반드시 손실을 내고 판매하여, 이와 같은 다양한 영향을 받았다. 때문에 수입은 날로 감소하고 판로는 점점 더 막혀버렸다. 우리나라 칭저우(青州)의 고추는 살이 두툼하고 맛이 좋아 조선인의 식사에 필요한 것이다. 최근 조선에 수입된 빨간 고추는 날로 증가하고, 조선에 들어오는 일본산 고추도 있지만 상품은 중국산에 미치지 못해 과거에 대체품이 된 적이 없었다. 이 중국산 수입 붉은 고추는 종전과 같이 왕성하게 판매를 할 수 없다. 우수한 우리의 수출품을 위해 조치를 강구하여 수입 관세를 경감하고 가격을 싸게 하여 판로를 넓혀주기를 바란다. 본년 인천에 수입된 우리나라 상품은 약 350-360만 엔으로 올해에 10분의 7 · 8을 판매할 수 있다. 본 항구의 화상은 일본산 인견, 직물 및 기타 잡화를 약 300만 엔 판매한다. 일본에서 오는 상품은 당지에서 각도(道)에 판매한다.[202)]

202) '본년 판로를 잃어버린 수입 중국 상품, 본지(本地)의 대용품 그리고 구제 방법', 〈민국24년도(1935년도)인천화상상회의 교상 상황 보고〉, 『인천중화상회 보고서』(인천화교협회소장).

(3) 조선산 해산물 및 약재의 수출

인천 화상 해산물 수출상은 1935년 중국과 만주에 80-90만 엔의 해산물을 수출했다. 이 가운데 만주가 전체의 70%, 옌타이와 칭다오, 톈진 등지가 30%를 차지했다. 조선산 약재는 약 20만 엔이며 상하이, 홍콩 등지로 판매되었다.[203)]

인천화상상회의 화상 해산물 수출에 대한 현황 분석을 보면 다음과 같다. 인천부는 1935년 6월 1일 인천수산시장을 개설했다. 수산시장은 산하에 염간어거래원조합(鹽干魚取引員組合), 염간어도매조합, 어업조합을 두었다. 이런 상황에서 경기도에서 파견된 직원이 어업연합회를 조직하자, 수산시장의 염간어도매조합 회원 42개 상가(商家)가 일제히 철수했는데, 도매조합에 가입된 화상 상가는 3개소였다. 화상 해산물 상가 가운데 큰 업체는 염간어거래원조합에 가입된 8개 상가로 동화창, 지홍동, 춘기잔, 쌍성발, 인합동, 만취동, 원화잔 이외 또 다른 1개소였다.

이들 8개 화상은 인천항의 대 중국 해산물 수출의 70-80%를 차지, 압도적인 비중을 차지했다. 그런데 어업연합회가 화상 상가가 주로 수출하는 중국과 만주의 도시에 분회를 설치하여 기존의 염간어거래원조합의 수출 거점을 빼앗으려 했다. 이에 대해 연간어거래원조합의 일본 상가 회원인 고카(古賀)가 동 조합에 가입된 일본인, 조선인, 화상 상가 21개가 수출조합을 결성하여 공동구매, 공동판매를 하고, 중국과 만주 방면은 화상 상가가, 일본과 타이완 방면은 일본인 상가가 담당하여 판로를 개척하자고 제의했다.

그러나 화상 상가는 이전에는 화상 상가가 독점적으로 이익을 향유

203) '본년 중국에 수입된 조선 상품 조사', 〈민국24년도(1935년도)인천화상상회의 교상 상황 보고〉, 『인천중화상회 보고서』(인천화교협회소장).

하던 것을 일본인과 조선인 상가와 균점하는 것을 좋게 생각하지 않았다. 인천 화상 해산물 수출상이 1935년에 가장 많이 수출한 것은 새우(小蝦) 건어물인데, 전체의 80%를 차지했다. 이 건어물은 만주에 전체의 80%가 수출되었다.

즉, 인천 화상 상가는 해산물의 대 중국, 만주 수출을 거의 독점하였는데 관청에 의해 다양한 조합이 생성되면서 그러한 독점적 수출권이 위협을 받는 상황이 전개되고 있었던 것이다. 결국 경기도 어업연합회의 활동이 활성화되어 염간어거래원조합은 사라진 것 같으며, 이로 인해 화상 상가의 중국, 만주에 대한 수출 독점권도 상실했을 가능성이 높다.

|번역문|

인천 화상 해산업의 상황 보고

인천 수산시장은 금년 6월 1일에 성립됐다. 인천부윤이 원래 발기하여 개설한 이래 이미 반년이 지났다. 수산시장은 염간어거래원조합(鹽干魚取引員組合), 염간어도매조합, 어업조합으로 나뉘어져 있다. 최근 경기도 파견원이 어업연합회를 조직하자 염간어도매조합의 회원 42개 상가(商家)가 일제히 철수하여, 권리 회수는 연합회에 의해 처리되었다. 이로 인해 화상의 권리는 간접적으로 큰 영향을 받았다. 단, 도매는 어업을 대리하는 조선인이 상품을 판매하고, 도매조합에 가입된 화상은 3개 상가(商家)에 불과했다. 경중(輕重)에 관계없이 관련된 가장 중요한 자는 거래원조합에 가입된 화상 8개 상가로 오로지 해산물을 구매하거나 객방(客幇)을 대리하여 하적 운송한다. 각 항구의 통계에 의하면, 본 항구의 해산물 수출권은 화상이 전체의 10의 7·8을 취급한다. 일본 방면의 해산물 업자의 말에 의하면, 거래원조합은 오래 동안 존재할 수 없고 길어야 1-2년이 될 것이라고 한다. 연합회는 중국 및 만주 각 항구 도시에 파견, 분회를 설치하여 해산물을 판촉하고 있다. 이와 같이 하여 거래원조합의 자격을 취소하려 한다. 화상의 해산물 업자의 명목상 권리는 완전히 상실된다. 최근 거래원조합원인 일본인 상가 고카(古賀)는 거래원조합의 화상, 일본인 상인, 조선인 상인의 세 방면 21개 상가가 별도로 수출조합을 조직할 것을 제창했다. 공동구매, 공동판매로 일치 협력하여 이익을 균분하는 것을 내용으로 한다. 조합의 자본은 평소의 해산물상의 경영 규모에 따라 주식을 할당하고 이익을 균분한다. 혹은 주식회사를 만들어 영업하며 수출조합에서 직원을 중국 및 만주 각 항구 도시에 파견하여 중국과 만주 방면에선 해산물 판촉을 화상이 지배하도록 지정하고, 일본과 타이완 방면은 일본인 상인이 지배하도록 지정한다. 이 방안의 속셈은 사전에 연합회 파견원이 각 항구 도시에서 분회를 확장하는 것을 방지하려는 행위이다. 이 방안은 종전의 자유로운 상행위와 혼자 이익을 얻는 것에는 훨씬 미치지 못한다. 화상에 의한 해산물 수출은 10분의 7·8을 차지하는 것으로 추정된다. 조합의 주식에 가입한 자는 주식 이익의 절반을 획득할 수 있고 계속 보유할 수 있다. 단, 절차가 완전히 끝난 후 연합회가 수거하면 화상의 해산물에 대한 권리가 완전히 상실해 버리는 것이 아닐까 걱정된다. 화상이 취급하는 해산물 가운데 가장 많은 양은 작은 새우(小蝦) 건어물인데, 최근의 상황에 근거하면 80%를 차지한다. 만주 수출이 전체의 80%, 나머지는 중국 각지에서 판매하는데 그 양은 미미하다.[204]

204) '인천 화상 해산업의 상황 보고', 〈민국24년도(1935년도)인천화상상회의 교상 상황 보고〉, 『인천중화상회 보고서』(인천화교협회소장).

5

인천화교와 제2차 배화사건 및 중일전쟁

1. 인천화교와 제2차 배화사건

인천화교를 비롯한 조선화교에게 1931년 7월 발생한 제2차 배화사건과 중일전쟁은 가장 가혹한 것이었다. 두 사건은 인천화교가 오래 동안 쌓아온 사회와 경제의 근간을 뒤흔드는 중대한 사건이었다. 그러나 이번의 "인천화교협회소장자료" 가운데는 이 두 사건에 관한 문헌 사료는 하나도 발견되지 않았다. 다행히 두 사건 관련 인천화교의 사진 10여장이 발견되었다. 본 장에서는 인천화교 근대사에서 결코 빼놓을 수 없는 두 사건에 대해 『주한사관당안』, 『왕위교무위원회당안』 및 조선총독부의 조사의 1차 사료를 활용하여 밝혀내고자 한다.

(1) 인천배화사건의 발단

인천화교의 제2차 배화사건 관련 연구는 장세윤(2003.10)에 의해 이뤄졌지만, 주로 『동아일보』와 『조선일보』의 기사를 활용하여 인천 배화사건의 전체적 윤곽을 파악하는데 그치고 있다.[205] 여기서는 조선총독부경무국이 인천배화사건을 조사하여 기록한 내부 자료 『조선 내 지나인 배척사건의 개황(鮮内ニ於ケル支那人ノ排斥事件ノ槪況)』, 『중국인습격사건재판기록(中國人襲擊事件裁判記錄)』과 『주한사관당안』을 활용하여 인천배화사건에 대해 검토하고자 한다.

---

205) 장세윤 (2003.10), 「만보산사건 전후 시기 인천시민과 화교의 동향」, 『인천학연구』 2-1호.

『조선일보』의 1931년 7월 2일 호외 기사가 동 사건의 도화선이 된 것은 여러 연구에 의해 분명히 밝혀졌다.[206] 사실 중국 관헌의 만주 거주 조선인에 대한 압박·구축사건은 1920년대 후반부터 급속히 증가하기 시작했으며[207], 만보산사건은 그 상징적인 사건이라 할 수 있다. 이 호외 기사의 제목은 '중국 관민 8백 명 습격 다수 동포 위급 장춘 삼성보 문제 중대화 일 주둔군 출동'이고, 기사에는 "2일 새벽 삼성보의 중국 관민 팔백여명이 동원되어 조선 농민과 충돌하여 조선인 농민이 다수 살상되었다"고 기재되어 있었다.[208] 이것은 사실이 아닌 오보였다.

이 호외가 가장 먼저 배포된 지역은 경성과 인천이었다. 『조선일보』의 최진하(인천지국 기자)는 이 호외의 배달 상황에 대해 다음과 같이 증언했다.

> 당일(7월2일: 역자) 본지 석간은 오후 6시경 배달을 마쳤다. 같은 시간 경성 본사에서 전화가 와서 만보산사건에 관한 호외를 10시경의 열차로 송부한다는 것이었다. 나는 배달부를 불러 기다리게 했다. 드디어 마지막 열차가 상인천역에 도착했다. 늦은 밤이라 다음날 아

---

206) 제2차 배화사건에 관한 대표적인 연구 성과는 다음과 같다. 綠川勝子 (1969),「萬寶山事件及び朝鮮內排華事件についての一考察」,『朝鮮史硏究會論文集』第6集. ; 박영석 (1978),『만보산사건 연구: 일제대륙침략정책의 일환으로서』, 아세아문화사. ; 菊池一隆 (2007),「萬寶山・朝鮮事件の實態と構造」,『人間文化』第22號. ; 손승회 (2009),「1931년 식민지 조선의 배화폭동과 화교」,『중국근현대사연구』제41집. ; Michael KIM (2010), "The Hidden Impact of the 1931 Post-Wanpaoshan Riots: Credit Risk and the Chinese Commercial Network in Colonial Korea", Seoul: Sungkyun Journal of East Asian Studies. Vol.10 No.2.

207) 박영석, 앞의 책 (1978), 47-64쪽.

208) 단,『조선일보』의 호외 기사는 입수하지 못했다. 이 제목 및 기사 내용은 조선총독부 고등법원검사국사상부가 호외를 일본어로 번역한 것을 다시 한국어로 번역한 것이다. 高等法院檢事局思想部 (1932.10),『考檢 思想月報』第2卷第7號, 67쪽.

침에 배달하려고도 생각했지만 신문의 사명이 조금이라도 빨리 독자 및 세상에 보도하는 것이 최대의 임무라 그리고 타 신문에 앞서 낸다는 생각에서 바로 배달했다.[209)]

이 호외는 11시 50분에 인천에 도착하고 인천지국의 배달부에 의해 구독자 320명에게 배달된 것은 3일 오전 0시였다.[210)] 배달된 지 1시간 후인 3일 오전 1시 10분 인천부 용강정(龍岡町)의 중화요리점이 조선인 5명에게 습격당한 것을 시작으로 오전 2시경에는 율목리(栗木里), 중정(仲町), 외리(外里)의 화교 경영 중화요리점 및 이발소가 조선인에게 잇따라 습격당했다. 오전 8시에는 부천군 다주면의 화교 농민 왕 모(某), 9시에는 율목리의 화교 만두 행상이 각각 습격당하여 구타를 당하는 사건이 발생했다.[211)]

인천배화사건에 연루되어 경찰 및 검사의 심문을 당한 조선인 22명의 심문조서를 보면, 그 대부분이 "조선 농민이 다수 살상"되었다는 『조선일보』의 호외를 읽었거나 그러한 내용을 누군가에게 들었던 것이 화교를 습격한 동기였다고 진술했다. 화교에게 폭행을 가한 서복남(20 · 목수 견습생)은 "사람의 말에 의하면, 만주에 있는 조선인이 많이 지나인에게 죽임을 당했기 때문에 조선 거주 지나인에게 복수"하려 한 것이 범행의 동기였다고 진술했다.[212)]

화교를 폭행하고 상해를 가한 윤승의(23 · 소달구지꾼)는 인천배화사건에 대해 "신문 호외에 만주 거주 조선인이 지나인에게 많이 죽임을 당한

209) 國史編纂委員會 編 (2003), 『中國人襲擊事件裁判記錄』, 280쪽.
210) 國史編纂委員會 編 , 앞의 책 (2003), 393쪽.
211) 朝鮮總督府警務局 (1931), 『鮮內ニ於ケル支那人排斥事件ノ概況』, 別紙第二號, 30-31쪽.
212) 國史編纂委員會 編, 앞의 책 (2003), 289쪽.

것이 있어 같은 우리들 조선인은 지나인을 매우 증오하게 되어 인천 거주 지나인을 괴롭히려는 것에서 발생한 문제이다"라고 진술했다.[213)]

그리고 화교 가옥 파괴와 경찰을 구타한 강상기(23 · 노동자)는 "길가는 사람이, 이번 북만주 만보산 부근에서 지나인과 조선인이 뜻밖의 충돌을 시작하여 그 때문에 조선인 200명이 학살을 당했다."는 것을 듣고 범행을 저질렀다고 진술했다.[214)] 즉, 『조선일보』의 호외 기사가 "조선인 2백 명이 학살당했다"고 잘못 전달되어 그것이 한층 조선인을 자극한 것을 알 수 있다.

1932년 4월 15일 경성복심법원에서 제2심 판결을 받은 조기영(27 · 운송점인부), 최개천(25 · 정미소인부), 임부성(22 · 소기름상), 문원배(22 · 성냥공장직공), 이옥돌(20 · 성냥공장직공), 신봉돌(23 · 날품팔이), 이신도(22 · 정미소인부), 박범용(26 · 마차꾼)의 판결문을 보더라도 동 신문의 호외가 범행의 동기였다.[215)]

(2) 인천배화사건의 확대

인천사건은 3일 오후부터 더욱 확대되었다. 3일 오후 화교 시작해(始作偕), 최제신(崔齊信), 장유명(張有明), 류유청(劉維靑) 등이 조선인에게 폭행을 당하거나 투석으로 인해 부상을 당하는 사건이 잇달아 발생했다. 더욱이 3일 오후 9시 45분 약 5천 명의 군중이 인천부청 앞에서 함성을 지르고 지나정(支那町, 현 인천차이나타운)을 습격하려 했지만 경찰의 저지로 실패했다. 오후 10시 30분에는 약 100명의 군중이 인천경찰서 앞에 집결하여 검속된 조선인을 탈환하려 했다. 경찰의 저지로 흩어진 군중은 화정(花町) 부근의 화교 가옥에 투석하고, 내리(內里)의 평양관(平壤館) 부

213) 國史編纂委員會 編, 앞의 책 (2003), 248쪽.
214) 國史編纂委員會 編, 앞의 책 (2003), 297쪽.
215) 「萬寶山報復に端を發する仁川騷擾殺人被告事件」, 『東亞政法新聞』, 1932년5월5일.

근에서 수 천 명의 군중이 화교 가옥에 투석하고 폭행을 휘둘러 경계 중인 경찰관 1명과 기마 1필이 부상을 당했다.[216] 인천사건은 3일 밤에 걷잡을 수 없이 확대되었던 것이다.

주경성중국총영사관은 3일 오전 9시 주인천판사처로부터 교민의 피해상황을 보고받고, 장웨이청(張維城)총영사는 바로 인천경찰서에 연락, 교민 보호를 요청했다. 또한 장 총영사는 3일 오후 2시 조선총독부 양(楊) 사무관을 방문하여 인천에 무장경찰을 파견하여 폭도의 단속 및 제지를 요청했다.[217] 이에 대해 양 사무관은 "귀 총영사는 귀국 교민에게 인내하여 충돌을 피하도록 전달해주기를 바란다. 또한 귀국 정부에 상신하여 만보산사건을 빨리 해결해 주기를 바란다."고 말할 뿐 장 총영사의 요청을 수용하려 하지 않았다.[218]

조선총독부와 인천경찰서는 중국총영사관의 교민 보호 요청을 받고 어떻게 대처했는지 살펴보자. 동 경찰서는 3일 오후 3시에 경기도 경찰부장 앞으로 응원 경찰관의 파견을 신청했다. 오후 4시 30분 시부야(澁谷) 경부보(警部補) 이하 6명의 기마대, 순사 40명의 제복 경찰관이 파견되었다.[219]

그럼에도 불구하고 4일 오후 9시경 수천 명의 군중이 화교 가옥을 습격하여 파괴했다. 더욱이 군중은 경찰관에 반항하며 외리 파출소에 쇄도, 유리창을 부수고 전선을 절단하는 등 공권력에 도전하는 양상으로 확대되었다. 그때 경찰관은 "어쩔 수 없이 칼을 꺼내 필사적인 진압에 노력했다. 더욱이 5일 오전 3시 경성에서 급파된 경찰관 51명의 응

216) 朝鮮總督府警務局, 앞의 사료 (1931), 別紙第二號, 31쪽.
217) 「鮮案關係文件 駐朝鮮總領事館呈文(二十年七月二十二日)」, 『天津大公報』1931년8월30일.
218) 「三日下午二時與楊代理外事課長談話」, 『天津大公報』, 1931년8월30일.
219) 朝鮮總督府警務局, 앞의 사료 (1931), 12쪽.

원으로 곧 군중을 해산시켰다."고 한다.[220] 이때 처음으로 경찰관에게 무장하라는 지령을 내렸다.[221] 일본어 신문인 『경성일보(京城日報)』는 5일 오전 2시 용산헌병분대(龍山憲兵分隊)에서 우에하라(上原)분대장이 16명의 헌병을 이끌고 인천에 출동했다고 전했다.[222]

5일(일요일) 아침 웨이(魏) 부영사는 총독부를 방문하고 양(楊) 사무관에게 인천에 바로 무장응원경찰을 파견하고, 경성부 내의 산간벽지 거주 교민을 총영사관에 호송할 것, 교민이 많은 지역은 바로 무장 경찰을 파견하여 보호할 것, 타 도(道)의 경찰은 무장 경계할 것, 등의 4가지를 요청했다.[223] 양 사무관은 경무국에 요청하여 5일 오후 4시 30분 인천에 경부보 1명, 순사 20명을 파견함과 동시에 경무국의 고등경찰과장이 인천에 출장하여 직접 지휘, 인천배화사건은 겨우 진정국면에 들어갔다.[224]

(3) 인천배화사건의 화교 피해 상황

3일 새벽부터 5일 오후에 걸친 3일간의 인천배화사건은 조선총독부 경무국의 조사에 따르면, 화교 사망자는 2명, 중상자는 2명, 경상자는 3명이었다.([표5-1] 참조) 인천판사처의 조사에 따르면 사망자와 중상자 수는 각각 2명으로 경무국과 같지만 경상자 수는 20여명으로 경무국 조사보다 훨씬 많았다. 또한 화교의 직접적인 재산 피해액은 약 9만 엔에 달했다.[225]

---

220) 朝鮮總督府警務局, 앞의 사료 (1931), 4쪽.
221) 朝鮮總督府警務局, 앞의 사료 (1931), 12쪽.
222) 「憲兵の應援」, 『京城日報』, 1931년7월6일.
223) 「五日提出應急辦法四條」, 『天津大公報』, 1931년8월30일.
224) 朝鮮總督府警務局, 앞의 사료 (1931), 12쪽.
225) 「駐朝鮮總領事館仁川辦事處主任蔣文鶴報告仁川慘案經過　中華民國二十年七月二十日」, 『上海時事新報』, 1931년8월2일.

|표5-1| 제2차 조선배화사건의 피해 상황

도별	화교			조선인		
	사망	중상	경상	사망	중상	경상
경기도	2	4	13	1	0	2
경성부	0	2	10	1	0	1
인천부	2	2	3	0	0	1
경상남도	0	0	1	0	0	0
황해도	0	0	11	0	0	2
평안남도	112	33	72	1	5	24
평안북도	2	7	44	0	0	0
강원도	1	0	7	0	0	0
함경남도	2	1	2	1	0	0
합계	119	45	150	3	5	28

* 출처: 朝鮮總督府警務局 (1932), 『鮮支人衝突事件ノ原因狀況及善後措置』를 근거로 필자 작성.

한편, 1927년 12월 유사한 배경에서 발생한 제1차 인천배화사건은 이와 같은 인적 피해를 초래하지는 않았다. 당시 이 사건으로 인한 화교의 직접적인 피해는 1만 8,261.35엔, 피해자의 의약비 471.2엔, 휴양기간 손실액 593.8엔으로 제2차 인천배화사건에 비하면 훨씬 경미했다.[226] 제1차 인천배화사건이 큰 피해를 초래하지 않은 원인을 경기도 경찰부는 다음과 같이 분석했다.

> 12월 15일 오후 4시 30분경 인천부내에서 조선인 아동 십 수 명이 지나인을 경멸하고 모욕하며 폭행을 가한 것이 동기가 되어 인천부내 지나정을 제외한 지역과 인접 지역에 거주하는 지나인에 대한 조선인의 폭행 사건이 발행했지만, 관할 인천경찰서의 급속한 조치에 의해 수 시간 이내에 진정되었다. …형세 점점 불온해짐에 따라 즉시 응원 경찰관을 급파하고 충분하고 철저한 경계를 시행했기 때문에 수일 내로 평상으로 돌아왔다.[227]

226) 1927年, 「仁川鮮人暴動華人被害報告書」, 『駐韓使館檔案』(동03-47, 168-01).

주경성영국총영사관의 페이튼(Paton) 총영사도 이 사건 직후, 조선총독부 당국에 의해 "결정적인 조치가 취해졌다. 무장경찰은 도로의 순시를 하고 화교를 습격하는 어떤 시도도 즉각 진압되었다."고 본국에 보고한 것을 보면 경기도경찰부의 분석이 정확하다는 것을 뒷받침 한다.[228]

그렇다면 왜 조선총독부 당국은 1927년 12월의 배화사건 때와 같이 재빨리 경찰의 무장을 지시하고 진압하지 않았던 것일까? 박영석(1978)은 일본제국주의가 중국인과 조선인을 이간질 하려는 고도의 정치적 의도에서 『조선일보』 오보 사건을 일으켰고 이를 통해 조선인에 의한 배화사건을 유도했다는 주장을 했다.[229] 이러한 주장은 당시의 중일마찰 격화의 정치적 상황 등을 고려할 때 매우 개연성이 있는 것으로 판단되지만 이것을 정확히 입증할 만한 자료를 제시한 것은 아니기 때문에 이를 사실로 받아들이기에는 아직 무리가 있다.

제2차 인천배화사건을 두고 보면, 이 사건 기간 중 조선총독부의 주요 수뇌들이 경성에 부재한 것이 재빠른 조치를 내리지 못한 하나의 원인이 아닐까 한다. 당시 조선총독부의 치안을 담당하는 경무국의 다나카(田中) 보안과장은 1943년경 제2차 조선배화사건을 다음과 같이 회고했다. "(당시의) 책임자는 실은 나였습니다. 당시 경무국장이 경질되었고, 나는 보안과정으로 근무하고 있었습니다. 내가 완전히 상황판단을 잘못하여 큰일은 없겠지, 혹은 약간 일이 일어나도 괜찮겠지 하고 생각했습니다."[230]

---

227) 朝鮮總督府警務局 (1927), 『昭和二年 在留支那人排斥事件狀況』, 6쪽.

228) Consul-General Paton, Annual Report of Affairs in Corea for 1927, Volume 12 Korea: Political and Economic Reports 1924-1939, Japan and Dependencies, Archive Editions, An imprint of Archive International Group, 1994, pp. 447-448.

229) 박영석, 앞의 책 (1978), 아세아문화사.

230) 今井田淸德傳記編纂會 (1943), 『今井田淸德』, 859쪽.

또 그는 1959년 이 사건에 대해 다음과 같이 진술했다. "나는 실은 『저 정도로 조선인을 괴롭히기 때문에 지나인도 약간 당해도, 이것은 자업자득이 아닌가.』 라는 식으로 까놓고 이야기하지는 못하지만 약간 단속의 손길을 늦추었습니다. …그래서 삼엄한 경계태세를 취하지 않은 채 나는 경무국장이 도쿄에서 오기 때문에 나에게 『전임자와 히로시마의 이쓰쿠시마에서 사무 인계가 있기 때문에 입회해주기를 바란다』는 부탁이 있었다. 나는 경성을 떠나서는 안 되었다고 생각해요. 원래는."[231]

당시 조선총독은 1931년 6월 17일 임명된 우가키 가즈나리(宇垣一成)가 조선에 부임한 것은 7월 14일로 인천배화사건이 발생할 당시는 경성에 아직 부임하지 않았다. 조선총독부의 제2인자인 이마이다 기요토쿠(今井田清德) 정무총감은 6월 19일 임명된 후 경성에 부임한 것은 7월 7일로 역시 인천배화사건 당시는 경성에 없었다. 조선 치안의 책임부서인 조선총독부 경무국의 이케다 기요시(池田清) 신임 경무국장은 6월 26일 임명된 후 경성에 부임한 것은 7월 5일 오후로 인천배화사건이 거의 진정 국면에 들어간 때였다.[232]

즉, 인천배화사건은 조선총독부의 총독, 정무총감, 경무국장이 부재한 상태에서 발생했으며, 다나카 경무국 보안과장이 치안의 총 책임자로 있었던 것이다. 그런데 다나카 보안과장도 신임 이케다 경무국장을 마중하기 위해 인천배화사건 발생 직후인 3일 오전 10시 경성역을 출발하여 부산으로 향했으며, 신임 이케다 경무국장과 같이 경성으로 돌아온 것은 5일 오후였다. 다나카 보안과장은 그의 회고에 의하면 인천

231) 宮田節子 監修 (2001), 『朝鮮統治における「在滿朝鮮人問題」』(未公開資料 朝鮮總督府關係者 錄音記錄(2)), 『東洋文化硏究』第3號, 學習院大學東洋文化硏究所, 203-204쪽.
232) 1931年8月8日, 王文政呈, 〈關於韓人暴動加害華僑案之意見書〉, 「朝鮮暴動」, 『外交部檔案』(臺灣國史館所藏, 0671.32-4728).

배화사건이 터진 것을 이미 보고받은 것은 분명하며, 별로 대수롭지 않게 생각했을 뿐 아니라 당시 조선인이 만주에서 박해를 많이 받고 있었기 때문에 중국인도 조금 당해도 괜찮다는 안일한 생각을 한 것이 사건을 걷잡을 수 없이 확대시킨 원인이 된다.

제2차 조선배화사건의 최대의 피해지인 평양도 사정은 마찬가지다. 인천배화사건을 기화로 전국적으로 배화사건이 확산되고 있었고, 100여명 이상의 평양화교가 학살당하는 바로 5일 밤, 평양부의 치안책임자인 소노다 히로시(園田寬) 평안남도지사와 후지와라 키조(藤原喜藏) 평안남도 내무부장, 야스나가 노부루(安永登) 평안남도 경찰서장은 고급 요정에서 기생과 환락의 밤을 보내고 있었다.[233] 이처럼 조선총독부 당국의 제2차 조선배화사건 피해의 책임은 결코 피할 수 없는 것이다. 그러나 이유가 어디에 있든 조선인이 약 200명의 화교를 학살한 것은 엄연한 사실이기 때문에 이에 대한 우리의 참회가 있어야 할 것이다.

(4) 인천배화사건 피난민 수용

한편, 인천에서 시작된 배화사건은 경성, 평양, 신의주 등 전국으로 확산되었다. 각지의 화교는 각 거주지를 벗어나 경성의 총영사관, 인천의 지나정으로 피난했다. 3일 배화사건 발생 이래 인천판사처, 인천화상상회, 인천화교학교에 수용된 난민은 약 3,600명에 달했다. 이들은 6일부터 화상 경영의 이통호(利通號)와 일본인 경영의 공동환(共同丸)에 탑

---

233) 평양배화사건이 최대의 피해를 초래한 원인은 치안 당국의 무사안일한 대응이 근인(近因)이라고 한다면, 원인(遠因)은 사건 발생 이전 평양지역의 조선인 노동자와 화교 노동자의 대립 및 마찰, 조선인 상인과 화상 간의 대립 및 마찰 등을 들 수 있다. 조선배화사건의 둘러싼 각종 문제에 대해서는 李正熙 (2012), 『朝鮮華僑と近代東アジア』, 京都大學學術出版會, 417-477쪽을 참조 바람.

승하여 중국으로 귀국했지만, 7월 20일 현재 200명이 아직도 지나정에 머물러 있었다.[234)]

인천화교협회소장의 자료 가운데 제2차 인천배화사건 관련 사진은 총 9장이다. **|그림5-1|**은 인천화교가 제2차 조선배화사건 때 재앙을 당한 화교 추모 행사의 사진이다. 이 추모 행사명은 '여선우난교포대회(旅鮮遇難僑胞大會)'이며 행사 개최 일은 이 사건 직후일 것으로 추정된다. 행사 장소는 인천화교소학교 운동장이었다.

|그림5-1| 여선우난교포대회(旅鮮遇難僑胞大會)

주인천판사처와 인천화상상회는 지나정에 피난 온 화교를 각 화상 상점에 수용했다. 인천화교협회소장자료 가운데 피난민 수용 사진은 8장 남아있다. 사진에 각 수용소 번호와 화상 상호명이 기재되어 있다. 수용소는 제1수용소부터 제9수용소까지 있으며, 제3수용소의 사진은 발견되지 않았다. 사진 판독을 통해 수용 추정 인원은 제3수용소를

234) 「駐朝鮮總領事館仁川辦事處主任蔣文鶴報告仁川慘案經過　中華民國二十年七月二十日」, 『上海時事新報』, 1931년8월2일.

제외하면 약 457명에 달했다. 제3수용소의 인원을 포함하면 약 500명에 달했을 것으로 추정된다. 앞에서 7월 20일 현재 200명이 수용되어 있다는 것은 확인되었기 때문에 이들 사진은 7월 20일 이전에 촬영된 것이 분명하다.

|표5-2| 인천 각 수용소(상점)와 수용 추정 인원

수용소 번호	수용 장소	상호의 업종	수용추정인원(명)
제1수용소	금화각(金和閣)		110
제2수용소	금화각(金和閣)		125
제3수용소	-	-	-
제4수용소	덕생동(德生東)	포목상	38
제5수용소	동화창(東和昌)	해산물수출상 및 수입잡화상	42
제6수용소	유풍덕(裕豊德)	포목상	40
제7수용소	문태흥(文泰興)	포목상	44
제8수용소	금생동(錦生東)	포목상	28
제9수용소	협흥유(協興裕)	포목상	30

* 출처: 인천화교협회소장 각 사진을 근거로 필자 작성.

화교 피난민을 수용한 장소는 '지나정'의 큰 화상 상점이었다. 덕생동, 유풍덕, 문태흥, 금생동, 협흥유는 제4장에서 살펴본 대로 인천을 대표하는 화상 포목상이었다. 동화창은 인천화상상회 주석인 손경삼이 경영하는 해산물 수출상 겸 수입잡화상이었다. 제1수용소와 제2수용소를 담당한 금화각은 상호명으로 볼 때 포목상이 아니라 중화요리점일 가능성이 높은데 확인할 수는 없다. 하여튼 대량의 피난민을 수용하려면 대형 상점이 아니면 안 되었기 때문에 당시 대표적인 인천 화상 상점이 수용소로 활용되었던 것으로 보인다.

|그림5-2| 제1수용소 금화각 상점

|그림5-3| 제2수용소 금화각 상점

|그림5-4| 제4수용소 덕생동 상점

|그림5-5| 제5수용소 동화창 상점

|그림5-6| 제6수용소 유풍덕 상점

|그림5-7| 제7수용소 문태흥 상점

|그림5-8| 제8수용소 금생동 상점

|그림5-9| 제9수용소 협흥유 상점

2. 중일전쟁 시기 인천화교의 경제와 사회

"인천화교협회소장자료" 가운데 중일전쟁 관련 문서 자료는 한 건도 발견되지 않았다. 따라서 이 시기 인천화교에 관해서는 왕징웨이(汪精衛) 난징국민정부의 당안을 활용할 수밖에 없다. 당시 경성총영사관 인천판사처는 난징국민정부 외교부와 교무위원회에 정기적으로 교민의 실태를 보고했는데, 현재 난징에 있는 중국제2역사당안관에 당시의 당안이 소장되어 있다. 인천판사처가 상부에 인천화교의 실태에 관해 보고한 당안은 사실 인천화상상회가 인천판사처에 교민 실태를 조사하여 보고한 것이어서 인천화상상회의 사료라 해도 과언이 아니다. 이하 상기의 당안 자료를 활용하여 인천화교의 사회와 경제 활동을 검토한다.

(1) 중일전쟁 직후의 인천화교 사회의 혼란

1937년 7월 7일 베이징 근방에서 발생한 루궈차오(盧溝橋)사건을 도화선으로 터진 중일전쟁은 인천화교를 비롯한 조선화교 전체에 큰 영향을 주었다. 장제스(蔣介石) 난징국민정부의 국민이었던 조선화교는 갑자기 일본제국주의의 '적국의 국민'이 되었다.

판한성(范漢生) 주경성총영사는 7월 13일 부산, 신의주, 원산, 진남포 등의 각 영사관과 각 지역의 중화상회에 "신문의 과대한 보도에 선동되

어 놀라지 말라"라는 훈령을 내리고, 그날 조선총독부 경무국장을 방문하고 조선화교의 보호를 정식 요청하는 한편, 교민들에게 본국으로 귀국하지 않도록 조치했다.[235] 하지만 중일 양국 간의 무력충돌이 점차 확대되는 7월 26일 인천화교 등 1,639명이 본국으로 귀국한 것을 계기로 조선화교의 귀국은 본격적으로 시작되었다.[236] 인천화교의 인구는 전쟁 직전인 1936년 말 3,265명에서 1937년 12월 말에는 805명으로 무려 2,460명이 귀국했다.(|표1-1| 참조)

인천화교소학교는 교사와 학생의 대량 귀국으로 휴교에 들어갔다.[237] 인천과 중국의 화베이지역을 왕래하던 일본인 경영의 공동환(共同丸)이 운항을 중지하고, 이어 조선 화상 소유의 이통호(利通號)가 전쟁 직후 정박지인 웨하이(衛海)에서 일본군의 중국 연안 항로 봉쇄 조치에 따라 운항이 금지되었다. 이로써 산동성을 비롯한 화베이지역과 인천 간의 정기항로는 완전히 폐쇄되었다.[238]

한편, 1937년 12월 14일 화베이지역을 기반으로 한 친일협력정권인 중화민국임시정부의 수립은 인천화교를 비롯한 조선화교에 큰 변화를 일으켰다. 판한성 총영사는 임시정부 수립 직후 미나미지로(南次郞) 총독을 예방하고 중일제휴를 위해 장제스 국민정부를 이탈하여 임시정부에 참가할 것을 공식 선언했다.[239] 그 후 판한성 총영사는 베이징의 임시정부를 방

---

235) 朝鮮總督府警務局 (1937), 「在留支那人狀況」, 『昭和十二年 第七十三回 帝國議會說明資料』.
236) 朝鮮總督府警務局, 앞의 사료 (1937).
237) 「仁川華僑小學校 學制改革코 開校」, 『동아일보』, 1938년1월24일. 동 학교가 다시 문을 연 것은 1938년 1월 말이었다.
238) 鎭海要港部參謀長이 旅順要港部參謀長에 보낸 공문, 「中華民國汽船就役ノ件通知」, 『昭和十三年 領事館關係綴』(국가기록원 소장).
239) 澎運泰, 「朝鮮ニ於ケル護旗奮鬪經過」, 『朝鮮出版警察月報』, 1938년4월30일. 원래 이 글은 한커우(漢口)에서 발행되는 『화교동원』(華僑動員)이라는 장제스 충칭(重慶)국민정부의 잡지에 전 한성화교학교 교원이었던 팽운태(澎運泰)가 기고한

문한 후, 12월 28일 오후 무장 일본 경찰 30명의 협력을 얻어 총영사관에 게양되어 있던 장제스 국민정부의 청천백일기(青天白日旗) 대신 임시정부의 오색기(五色旗)를 게양했다. 경성총영사관은 이날부터 실질적으로 장제스 국민정부에서 임시정부의 공관으로 바뀐 것이나 다름없었다.[240)]

조선총독부는 이와 거의 때를 같이 하여 인천화상상회에 임시정부 참가를 강압했다. 경기도경찰부장이 조선총독부 경무국장에게 보낸 다음의 전화통지문을 보도록 하자.

> 본일(28일: 역자) 인천부의 중국인단체인 인천화상상회주석 손경삼 기타의 단체 대표자를 본서(경기도경찰서: 역자)에 초치하여 신정부 수립에 따른 추세에 대해 간담한 결과, 모두 신정권 참가를 맹세함. 우선 본일 오후 8시 인천화상상회에서 식을 거행하고 신정부 요로, 데라우치(寺內)대장, 미나미 총독, 조선군사령관, 조선헌병사령관, 경기도지사 앞으로 오른쪽과 같은 취지 및 장래의 보호를 청원하는 전보를 보냄. 또한 조선 거주 주요 화교 단체에도 성명서를 보내게 되어 오른쪽과 같이 보고함.[241)]

이 전화통지문에서 경기도경찰부가 인천화교 단체 대표자를 '초치'하였다고 표현했지만 실상은 임시정부 참가를 강요하기 위한 '출두명령'으로 봐야 할 것이다. 손경삼 등 인천화교사회의 지도자들은 판한성 총영사가 이미 임시정부 참가를 선언했고, 총영사관에 청천백일기 대신

글인데 조선총독부의 경찰 당국이 일본어로 번역하여 『경찰월보』에 게재한 것이다. 한편, 판한성의 임시정부 참가 선언은 『조선일보』, 1937년 12월 17일에 1면 기사로 보도되었다.

240) 6명의 중국인이 청천백일기의 하강을 완강히 저항하다 경찰에 체포되었다. 체포된 인물은 팽운태, 수위쥔(蘇馭軍)부영사, 예준위(葉俊煜)주사, 동장지(董長志), 양옥지(梁玉芝), 임학농(林學農)이었다. 澎運泰, 앞의 자료(1938).

241) 1937年12月28日, 京畿道警察部長이 警務局長에 보낸 전화 보고문, 「在仁川華僑團體ノ動靜ニ關スル件」(국사편찬위원회 한국사종합정보시스템).

오색기를 게양한 이상, 임시정부 참가는 거스를 수 없는 대세라고 판단하고 임시정부 참가를 수용했을 것이다.

한편, 판한성 총영사는 각 영사관과 판사처에 임시정부 참가와 오색기의 게양을 지시했다. 진남포영사 장이신(張義信)은 12월 19일 가장 먼저 임시정부 지지를 선언했으며, 원산영사 마영파(馬永發)는 12월 28일 임시정부 지지를 표명했다. 그러나 인천판사처 주임인 청광쉰(曾廣勛)은 신의주 영사 진주휘(金祖惠)와 함께 끝까지 판한성 총영사의 임시정부 참가 요구를 거절하여 다른 관원이 오색기를 게양하는 사태가 발생했다.[242] 청광쉰 주임은 1932년 인천판사처 주임으로 부임한 후 인천화교소학교의 발전에 크게 기여한 인물이었다. 이 사건 후 청광쉰 주임은 충칭국민정부의 명령으로 귀국하고 인천판사처의 새로운 주임으로 왕영진(王永晉)이 부임했다.[243]

조선총독부는 인천화교를 비롯한 조선화교가 임시정부에 참가하는 것에 주목, 조선화교를 '우호국의 국민'으로 '대우'하는 조치를 취했다. 조선총독부는 먼저 전쟁으로 인해 본국에 귀국한 조선화교에 대해 줄곧 재입국을 허용하지 않았지만 조건부로 재입국을 허용했다. 즉, 경무국장은 1938년 4월 각 도의 경찰부장에게 보낸 공문에서 "재입선(再入鮮)을 허가하는 자는 현재 조선 재류중인 지나인의 가족, 점원 또는 사용인으로 지나사변으로 귀국중인 자에 한 함. 다만 가족에 대해서는 동거 때문에 새로 입선(入鮮)을 희망하는 자에 대해서는 특히 이를 허가해도 괜찮음. 전항(前項)의 자(者)라도 그 본적지가 황군(皇軍)의 점령지역 이외의 경우는 입선을 허가하지 않음."[244]이라고 했다.

242) 安井三吉 (2005), 『帝國日本と華僑』, 青木書店, 251쪽.
243) 范漢生總領事가 松澤龍雄外務部長에 보낸 공문, 「楊紹權歸城ニ關スル件」, 『昭和十三年 領事館關係綴』(국가기록원 소장).
244) 警務局長이 각 도 警察部長에게 보낸 공문, 「事變ニ依リ引揚中ノ支那人店員及

이 조치에 따라 경기도경찰부장은 1938년 4월 12일 조선총독부의 상기의 방침을 인천화상상회에 전달했다.[245] 조선총독부는 억류중에 있던 이통호의 운항 재개에 대해서도 협조를 아끼지 않았다. 손경삼 주석은 1938년 2월 판한성 총영사를 통해 조선총독부에 "조선 거주 화교는 가장 먼저 신정권에 참가했으며 이통호는 유한 책임의 주식회사라 조선 거주의 주주가 다수를 차지하고 있기 때문에, 중국 · 일본 · 조선의 경제적 제휴와 동아(東亞)의 화평과 행복을 도모"하는 일환으로 이통호를 하루빨리 재취항 할 수 있도록 요청했다.[246] 조선총독부는 손경삼 주석의 요청을 받아들여 이통호는 1938년 6월 22일 인천항에 입항했다.[247]

이와 같은 조선총독부의 대 화교정책의 전환은 본국에 귀국해 있던 화교와 조선 거주 화교 가족의 입국을 증가시켜 인천화교 인구는 1937년 12월 805명에서 1941년에는 2,082명으로 증가했다.(|표1-1| 참조) 하지만 일제 강점기 인천화교 인구가 최고로 많았던 1936년 말의 3,265명에는 미치지 못했다.

(2) 전시통제경제 하의 인천화교 경제

① 포목상

인천화교 경제 가운데 포목상의 비중이 절대적인 것은 제4장에서 살펴본 대로다. 그렇다면 중일전쟁 이후 화상 포목상의 영업에는 어떤 변화가 일어났을까?

家族ノ再入鮮ニ關スル件」, 『昭和十三年 領事館關係綴』(국가기록원 소장).

245) 「いよいよ許される支那人の再入鮮」, 『京城日報』, 1938年4月15日.

246) 1938年2月17日, 范漢生총영사가 松澤龍雄外務部長에 보낸 공문, 「京城在中華民國總領事館僑字第77號」, 『昭和十三年 領事館關係綴』(국가기록원 소장).

247) 「仁川大連間 航路復活!」, 『동아일보』, 1938년6월24일.

1940년 영업세를 납부한 조선 화상 가운데 물품판매업은 전체의 72.8%를 차지하여 음식점 및 요리점의 20.4%를 훨씬 능가했다. 게다가 물품판매업은 영업세 징수의 기준인 매상고를 기준으로 하면 전체의 92.4%나 차지했다.[248] 물품판매업은 포목상뿐 아니라 잡화상도 포함되어 있어 어느 쪽의 비중이 높은지 구분할 수 없지만 추측할 수 있다. 1941년 화교경제의 중심지인 경성의 물품판매업 가운데 포목상이 전체 매상고의 74%를 차지했고, 전체 영업세의 약 5할과 매상총액의 약 7할을 포목상이 차지했다.[249] 포목상이 중일전쟁 시기에도 여전히 화교경제의 주축인 것에는 변함없었던 것이다.

인천화교 포목상은 어떠했을까? 화상 포목상에 대한 정확한 통계는 알 수 없지만, 중일전쟁 이전 경성과 함께 규모 큰 포목상이 가장 많았던 지역이라 경성과 크게 다르지 않을 것이다. 이를 입증해주는 것은 인천화상상회의 임원의 직업 분포다. 보통 유력 화상이 맡는 인천화상상회 상임이사 5명 가운데 1942년 현재 4명이 포목상 경영자였다. 인천화상상회 이사장인 손경삼(孫景三, 58세, 牟平縣 출신)은 해산물 무역상이었고, 그 외의 곽화정(郭華亭, 58세, 산동성 掖縣 출신)은 당시 경성의 유풍덕과 함께 조선을 대표하는 포목상이던 덕생상(德生祥)의 경영자였고, 왕흥서(王興西, 42세, 산동성 黃縣 출신)는 복생동(福生東), 이선방(李仙舫, 50세, 산동성 牟平縣 출신)은 영성흥(永盛興)을 각각 경영하고 있었다. 유락당(柳樂堂, 62세, 산동성 福山縣 출신)은 포목상 경영자이지만 상호는 분명하지 않다.[250]

인천 화교 포목상은 1942년 현재 9개소, 종사자 수는 202명이었다. 이들 화교 포목상의 영업상태가 어떠했는지 인천판사처 왕젠궁(王建功)

---

248) 朝鮮總督府財務局 (1941), 『昭和十四年 朝鮮稅務統計書』, 121쪽.
249) 京城府 (1942), 『物品販賣業調査』, 19-25쪽.
250) 1942年11月30日收, 京城總領事館이 僑務委員會에 보낸 문서, 「關於朝鮮僑民回國觀光團問題的來往文書」, 『汪僞僑務委員會檔案』(동2068-630).

주임이 1940년 12월 왕징웨이 난징국민정부 외교부에 보고한 다음의 공문을 보도록 하자.

> 20년 전은 우리 교상(僑商)에게 전성기였다. 점포가 즐비했다. 중국산 마포와 비단을 주로 수입했다. 연간 무역액은 수백 만 엔에 달했다. 그 후 일본인 상인의 인견 판매가 성행하여 결국 우리 마포의 판로를 빼앗겨 버렸다. 게다가 수차례의 증세가 더해진 결과 판로가 막혀버렸다. 이 때문에 현재 포목상은 10여 호에 불과하며 겨우 오사카산 물품을 전매(轉賣)하는 데 불과하다.[251)]

왕젠궁 주임의 보고는 인천화상상회의 1935년 보고서와 거의 부합된다. 화상 포목상은 이전 독점적으로 중국에서 수입하던 중국산 비단과 마포가 조선총독부의 고관세 부과로 어렵게 되고, 여기에다 두 상품의 대체품인 일본산 인견이 대량 수입되어 판로가 막혔다는 것이다. 따라서 일본 오사카의 섬유업자가 생산한 직물을 구입하여 전매하고 있었다는 것이다.

그러나 인천화교 포목상의 영업이 이전과 같이 보장되고 있었다는 점이 주목된다. 중일전쟁 이전처럼 화교 포목상이 직접 직물을 수입하여 판매하지는 않았지만, 경성과 인천의 일본인 직물수입업자로부터 상품을 구매하여 소매상 및 소비자를 상대로 영업활동을 전개했다. 조선총독부가 1940년 6월부터 직물배급제도를 도입한 이후는 조선인과 일본인 도매 포목상과 마찬가지로 조선에서 생산된 직물과 일본에서 수입된 직물을 할당받아 소매상에게 판매했다.[252)]

---

251) 1940年12月26日收, 王建功主任이 僑務委員會에 보고한 공문, 〈仁川華僑現況〉, 「日本各地華僑概況調查」, 『汪僞僑務委員會檔案』(동2068-630).

252) 1942年7月27日收, 元山副領事館이 僑務委員會에 보고한 공문, 〈元山府棉布華

하지만 전시통제경제는 화교포목상의 영업에 큰 지장을 초래했다. 조선총독부가 1938년 5월 조선에서 시행된 '국가총동원법(國家總動員法)'에 따라 1939년 10월 '가격통제령(價格統制令)'을 공포했다. 이 가격통제령은 상품 거래의 가격을 같은 해 9월 18일 현재의 가격을 초과하여 계약, 지불, 수령하는 것을 금지한 조치다.[253]

또한 조선총독부는 1940년 들어 각종 직물의 최고가격을 잇달아 지정했다. 1941년 12월 태평양전쟁의 발발 이후는 일본으로부터의 직물 수입이 줄어들고 조선 국내의 생산도 원료 공급의 부족으로 생산량이 감소했다. 따라서 인천 화상 포목상이 받는 직물 배급량도 감소하여 그들의 영업은 더욱 악화했다. 1943년 전국 화상 포목상의 매상고는 40만-50만 엔으로 감소했는데, 1920년대 인천 화상 포목상 1개소의 연간 판매액에도 미치지 못했다. 이러한 영업부진으로 다수의 점원이 본국으로 귀국했다.[254] 인천 화상 포목상의 영업은 전쟁 말기 거의 빈사상태에 있었다.

② 중화요리점 및 음식점

인천화교 경제 가운데 포목상 다음으로 주요한 업종은 중화요리점 및 음식점이었다. 3개의 규모가 큰 중화요리점을 포함해 16개소가 영업하고 있었고 종사자 수는 110명에 달했다. 호떡집 같은 영세 음식점은 40호에 148명이 종사하고 있었다.[255] 1935년과 비교해 보자. 중화

商經營概況〉, 「汪僞政府駐朝鮮總領事館半月報告」, 『汪僞僑務委員會檔案』(동2088-373).

253) 조선총독부 편찬 (1996), 『日帝下法令輯覽』제4권(복각판), 국학자료원, 212쪽.

254) 1943年12月, 「第二次領事會議記錄」, 『中華民國國民政府(汪精衛政權)駐日本大使館檔案』, (日本東洋文庫소장, 2-2744-51).

255) 1942年7月15日收, 〈仁川辦駐事處轄境內僑務概況〉, 「汪僞政府駐朝鮮總領事館半月報告」, 『汪僞僑務委員會檔案』(동2088-373).

요리점은 3개로 같았으며, 음식점은 1935년에 비해 1개소 감소했고, 호떡집은 6개소가 증가했다. 즉 중일전쟁 시기 화상 경영 요리점은 1930년대 중반과 거의 비슷하다는 것을 알 수 있다.

중일전쟁 시기 인천의 대표적인 중화요리점은 1930연대 중반과 마찬가지로 중화루, 공화춘 그리고 송죽원(松竹園)이었다. 1930년대 중반 중화루 다음으로 규모가 큰 중화요리점인 동흥루(同興樓)는 문을 닫았는지 등장하지 않았다. 이들 세 중화요리점의 영업은 양호한 편이었다.

중화루의 1941년 2월 한 달 동안의 객수는 2,626명으로 1940년 2월의 961명에 비해 약 3배 증가했다. 2월 한 달의 매상고는 1만 2,897엔으로 연간으로 환산하면 약 15만 엔에 달했다.[256] 부유층을 상대로 한 중화루와 공화춘뿐 아니라 일반 노동자를 대상으로 하는 음식점이나 호떡집의 영업도 상당히 성행, 이들 호떡집은 상당한 이익을 남겼다.[257]

그러나 인천화교 경영의 중화요리음식점은 전시통제경제의 강화와 배급제 실시로 영업은 날로 악화되었다. 조선총독부는 생선식료품 가격상승의 원인이 각 요리점이 경쟁적으로 고급요리를 요리하는데 있다고 보고, 1940년 10월 30일 고시(告示)로 '사치품제조판매제한규칙'을 공포하여 중화요리점의 음식 메뉴를 공정가격제로 전환했다. 이 고시에 따르면, 점심식사의 경우 일본식은 2.5엔, 중화요리와 조선요리는 1.5엔으로 정했으며, 저녁식사의 경우 일본식은 5엔, 중화요리와 조선요리는 3엔으로 정했다.[258] 이와 같은 공정가격의 시행은 중화요리점의 이

256) 1941年3月25日, 京畿道警察部長이 관하 각 경찰서장에게 보낸 공문, 〈料理屋營業商況表〉, 「國民總力運動に伴ふ民情に關する件」, 『京高秘第141號』.

257) 1940年12月26日收, 王建功主任이 僑務委員會에 보고한 공문, 〈仁川華僑現況〉, 「日本各地華僑概況調査」, 『汪僞僑務委員會檔案』(동2068-630).

258) 「京城の飮食店や料理店に價格公定」, 『朝鮮及滿洲』第396號, 1940年11月, 74쪽.

익을 감소시키는 방향으로 작용했다.

한편, 요리점의 음식재료의 확보도 보다 곤란해졌다. 조선총독부는 1940년 10월부터 요리점에 가장 중요한 재료인 밀가루의 배급제를 시행했다. 배급 시스템은 다음과 같다. 경성에 설치된 중앙소맥분통제협회(中央小麥粉統制協會)가 국내 생산량과 일본으로부터의 수입량을 기준으로 각 도에 할당량을 정했다. 이 협회는 각 도의 도매상으로 구성된 소맥분배급협회에게 밀가루를 할당하면 각 소매조합을 통해 각 요리점에 배급했다.

화교 경영 요리점의 경우, 화교 업자가 요리조합 및 만두조합을 조직하여 각 도청의 산업과에 필요한 양을 신청하면, 산업과는 심사를 통해 '소맥분구매상조합'에 통지했다. 각 조합은 할당된 밀가루를 요리점의 경우는 영업 상태에 따라, 만두점을 비롯한 음식점은 평균 배급하는 것이 일반적이었다. 밀가루뿐 아니라 술, 맥주, 설탕, 식용유도 이와 같은 방식으로 배급됐다.[259]

그러나 전쟁 격화로 인해 밀가루 등의 배급은 갈수록 양이 줄어들어 요리점 가운데 영업을 포기하는 화교가 1942년 7월경부터 나오기 시작했다. 전쟁 말기로 접어들면서 식량부족은 더욱 심각해져 밀가루, 술, 설탕, 식용유의 배급은 더욱 감소했다. 조선총독부는 요리점을 통폐합하는 조치를 취했으며, 이에 따라 화교 경영 요리점의 폐업이 속출했다.

259) 1942年7月13日收, 釜山領事館이 外交部에 보낸 공문, 〈處理釜山饅頭商配給交涉事件〉, 「駐汪朝鮮釜山領事館半年報告」, 『汪僞外交部檔案』(동2061-1346).

(3) 전시통제 하의 인천화교 사회

① 각종 화교사회 단체

인천판사처가 중일전쟁 시기인 1942년 인천화교의 각 사회단체에 대해 간단히 정리한 것을 교무위원회에 보고한 당안이 있다.[260] 이를 근거로 1935년 이후 인천화교의 각 사회단체가 어떻게 변화했는지 살펴보도록 하자.

인천화상상회는 1935년과 마찬가지로 위원회제를 채택하고 있었다. 주석은 1명, 상무위원은 5명을 두었다. 당시의 주석은 1935년과 마찬가지로 손경삼이었으며, 당시의 나이는 58세, 산동성 무핑현 출신이었다. 상무위원은 주석을 포함하여 5명이었다. 곽화정(郭華亭)은 58세로 산동성 액현(掖縣) 출신이었다. 왕흥서(王興西)는 42세로 산동성 황현(黃縣) 출신이었다. 이선방(李仙舫)은 50세로 산동성 무핑현 출신이었고, 왕소남(王少南)은 산동성 출신이었다. 인천화상상회의 당시 연간 수입은 4천 엔이었으며, 중화의지 2천 평을 관리하고 있었다.

산동동향회는 이통호 기선을 운영하고 있었다. 회장과 부회장 각각 1명을 두고 간사는 7명이었다. 연간 수입은 6천 엔으로 화상상회의 연간 수입보다 많았다. 회장은 사숙당(沙肅堂), 부회장은 조전사(趙甸俟)였다.

남방회관은 동사 1명이 있을 뿐으로 연간 수입은 100엔에 불과했다. 남방회관의 동사는 이전과 같이 왕성홍이었다. 광방 및 광동회관은 이름만 있을 뿐 아무런 활동이 없었다.

인천중화농회는 1937년에 한 번 조직을 바꾸어 1942년 현재 간사장 1명, 부간사장 1명, 연간 수입은 2천 엔에 달했다. 농회의 역할은 이전

260) 1942年7月15日收, 〈仁川辦駐事處轄境內僑務概況〉, 「汪僞政府駐朝鮮總領事館半月報告」, 『汪僞僑務委員會檔案』(동2088-373).

과 같이 화교 야채 재배 농사에 관한 각종 업무를 담당했다. 간사장은 곡류송(曲毓松)이었다.

여관조합은 10여개의 여관(객잔)에 의해 조직된 단체로 중국과 조선 간의 이동의 제한으로 여객이 줄어 영업이 매우 부진했다. 간어판매중개인조합은 원래 경기도어업연합회에서 조직한 단체로 여기에는 화상 7개소가 가입해 있었다. 주로 이 조합은 조선산 해산물의 수출을 담당했다.

화상무역협의회는 1941년 5월 경인(京仁)지역 21개 무역상에 의해 조직된 단체로 일본 관청과의 원활한 업무 진행을 위해 일본인 하타에 토시로(波多江俊郎)를 이사에 앉혔다. 업무는 주로 화상의 수출입 허가 신청을 담당했다. 이 협의회의 회장은 화상상회 주석인 손경삼이었다.

그 이외 원염조합이 있었지만 거의 활동을 하지 못하고 있는 상황이었다. 화상이 이전과 같이 산동성산 소금을 수입할 수 없었고, 원염이 조선총독부의 전매제로 인해 화상 원염 판매업자가 거의 사라졌기 때문일 것이다.

|그림5-10| 마영파(馬永發) 경성총영사 인천 방문 사진

이상을 통해 중일전쟁 시기 인천화교의 각종 사회단체의 활동은 인천화교의 경제활동의 위축에 따라 전쟁 이전보다 더욱 약화된 것을 확인할 수 있다.

한편, 인천화교협회소장자료 가운데 마영파(馬永發) 경성총영사가 1943년 경 인천을 방문해서 영사관 회의청 앞에서 인천판사처 직원 그리고 인천화상상회 임원과 같이 찍은 사진이 남아있다. 마 총영사는 첫째줄 왼쪽에서 네 번째 인물이다. 마영파 총영사는 1907년 인천영사관 수행원으로 조선에 부임한 후 조선의 각 영사관 영사를 거친 후 1943년 린경위 총영사 후임으로 1943년 총영사로 임명된 인물이다.

② 인천화교소학교

중일전쟁 이후 인천화교소학의 교육에는 큰 변화가 일어났다. 조선화교는 충칭국민정부의 국민에서 왕징웨이 난징국민정부의 국민으로 바뀌었기 때문이다.

먼저 인천화교소학교의 실태를 보도록 하자. 1942년 현재 학교 동사회(이사회)의 동사장(이사장)은 주경성총영사인 린경위(林耕宇)이며 동사는 왕젠궁(王建功) 인천판사처 주임, 남방회관의 동사인 왕성홍, 인천화상상회의 상임이사인 손경삼, 곽화정, 이선방, 왕소남, 왕홍서, 그리고 산동동향회의 회장인 사숙당, 부회장인 조전사가 포함되어 있었다.[261] 즉, 인천화상상회의 상임이사 전원, 남방회관 동사 그리고 산동동향회의 회장, 부회장도 포함되어 있는 것을 보면 이들 사회단체의 임원이 인천화교소학교의 동사로 참가하는 것이 관례로 되어 있었던 것 같다.

인천화교소학교의 교장은 이인탁(李人卓)이며 교원은 9명이었다. 학급

261) 1942年7月15日收, 〈仁川辦駐事處轄境內僑務概況〉, 「汪僞政府駐朝鮮總領事館半月報告」, 『汪僞僑務委員會檔案』(동2088-373).

은 모두 6개 학급이고 초급 4개 반, 고급 2개 반이었다. 학생 인원은 190명이며, 직원의 월급은 25엔-115엔이었다.

인천화교소학의 연간 경비는 약 8천 엔이었다. 주요한 수입원이었던 '범선조비(帆船照費)', '범선톤연(帆船噸捐)'이 산동성산 소금 수입의 감소로 크게 감소하자, 천광쉰(曾廣勛) 주인천판사처 주임은 1935년 난징국민정부에 기부금을 요청, 약 3만元을 받아냈다. 이 돈을 상하이 중앙신탁국에 예금하여 연리 10%의 이자로 연간 3천元의 수입을 얻을 수 있었다. 이것이 인천화교소학교의 제1기금이었다.

또한 중일전쟁 후에는 법폐(法幣)의 평가절하(엔고)로 수입이 줄어들자, 손경삼 주석은 1940년 봄 학교 운영을 위한 기부금을 거둬 모금액은 1.7만 엔에 달했다. 이것이 제2기금이었다. 제3기금은 1943년 린경위 총영사의 제안으로 모금한 3.3만 엔이었다. 인천화교소학교의 수입은 기금의 이자 수입으로 연간 6천 엔, 학비 수입 3천 엔, 정부 보조금 1,900엔, 총 1.09만 엔이었다. 지출은 9천 엔이었다. 따라서 1,900엔의 흑자였다. 학교 건물은 교실 5칸, 도서실 1칸, 유예실(遊藝室) 1칸, 사무실 1칸, 인천판사처의 토지를 차용한 운동장은 약 182평(600㎡)이었다.[262)]

|표5-3| 한성(인천)화교소학의 교과와 수업시간 (단위: 시간)

	1학년	2학년	3학년	4학년	5학년	6학년	합계
수신	1	1	1	1	1	1	6
국어	8	8	10	10	10	10	56
산수	4	5	6	6	7	7	35
공민상식	3	3	3	3	-	-	12
작문	1	1	1	1	1	1	6
唱遊	1	1	-	-	-	-	2

262) 1942年7月15日收, 〈仁川辦駐事處轄境內僑務概況〉, 「汪僞政府駐朝鮮總領事館半月報告」, 『汪僞僑務委員會檔案』(동2088-373).

	1학년	2학년	3학년	4학년	5학년	6학년	합계
미술	1	1	1	1	-	-	4
일어	-	3	4	4	5	5	21
國術	-	2	2	2	2	2	10
체육	-	-	2	2	2	2	8
음악	-	-	1	1	2	2	6
역사	-	-	-	-	2	2	4
지리	-	-	-	-	2	2	4
자연과학	-	-	-	-	2	2	4
총계	19	25	31	31	36	36	178

* 출처: 1942年7月1日收, 〈朝鮮華僑概況〉, 「汪僞政府駐朝鮮總領事館半月報告」, 『汪僞僑務委員會檔案』(동2088-373). ; 楊韻平 (2007), 『汪政權與朝鮮華僑(1940-1945): 東亞秩序之一硏究』, 稻鄕, 187-188쪽.

|표5-3|은 한성화교소학의 각 학년별 개설 과목과 수업 시간을 정리한 것이다. 인천도 같은 경성총영사관 소속이기 때문에 한성화교소학교와 개설 과목 및 수업 시간이 거의 같았을 것이다.

인천화교소학교 1-6학년 개설 과목은 총 14개 과목에 주간 총 수업 시간은 178시간이었다. 그런데 1935년 당시 개설되어 있던 영어 과목은 1942년의 교과과정에서 사라졌다. 이것은 제2차 세계대전의 적국인 미국과 영국의 국어가 영어이기 때문에 폐지한 것으로 보인다.

장제스 난징국민정부 시기에 없던 것이 베이징임시정부 시기에 새롭게 추가된 과목은 유교사상을 가르치는 수신 과목이었다. 수신 과목은 1학년부터 6학년까지 전 학생을 대상으로 주 1시간 배당되어 있었다. 이 과목은 베이징임시정부 교육부가 장제스 난징국민정부가 적극적으로 시행했던 국민당 당화교육(黨化敎育) 배제의 교육방침과, 서구 의존의 탈피라는 임시정부의 건국이념에 의해 신설되었다.[263]

263) 이정희 (2007.9), 「중일전쟁과 조선화교: 조선의 화교소학교를 중심으로」, 『중국근현대사연구』제35집, 122쪽.

그리고 일어과목의 비중이 매우 높아졌다. 장제스 난징국민정부 시기에도 일어 과목이 개설되어 있었지만 5·6학년 때 일주일에 두 번 수업하는 것이 고작이었다.[264] 그러나 중일전쟁 이후의 일어 수업은 1942년 6월 현재 2학년 3시간, 3·4학년 4시간, 5·6학년 5시간이 각각 배정되어 이전보다 훨씬 많아졌다. 수업시간 수로 볼 때 국어(중국어), 산수 시간 다음으로 많았다. 이처럼 일어 수업 시간이 많아진 것은 왕징웨이 친일협력정권의 중일친선 교육이념 의 철저한 실현에 있었다는 것은 두말할 필요도 없다. 베이징임시정부의 교육부도 중일친선의 건국이념 및 교육이념에 따라 소학교에서 대학교에 이르기까지 일주일에 최소한 3시간의 일본어 수업을 시행하도록 지시했다.[265]

이러한 일어 수업의 증가로 인천화교소학교는 일본인 일어 교사를 채용했다. 일본인 교원 스가타 켄지(菅田謙治)는 1939년 2월에 임용되었으며, 데라이 치에코(寺井千惠子)는 1940년 11월에 각각 임용되었다.[266]

인천화교소학교가 사용하는 교과서도 장제스 난징국민정부 시기의 교과서와 달랐다. 중일전쟁 이전 난징국민정부 교육부교과서국(敎育部敎科書局) 검인의 교과서가 1938년부터는 베이징임시정부의 베이징교육총서편심회(北京敎育總署編審會) 편찬의 교과서로, 1940년 임시정부가 해체된 후는 화북정무위원회교육총서편심회(華北政務委員會敎育總署編審會) 편찬의 교과서로 바뀌었다. 린경위 경성총영사는 1942년 왕징웨이 난징국민정부 교육부 편찬의 교과서로 바꿀 것을 지시했다[267].

264) 1930年, 「改進華僑敎育暨僑學立案」, 『駐韓使館檔案』(동03-47, 193-02).
265) 小島昌太郎 (1942), 『支那最近大事年表』, 有斐閣, 745쪽.
266) 1940年12月18日, 「京城總領事館公務人員任命辭職及僑敎等問題」, 『汪僞外交部檔案』(동2061-544).
267) 1942年7月1日收, 〈朝鮮華僑概況〉, 「汪僞政府駐朝鮮總領事館半月報告」, 『汪僞僑務委員會檔案』(동2088-373).

상기의 논의를 통해, 중일전쟁 시기 인천화교소학교의 교육은 '반일적'인 장제스 난징국민정부에서 친일협력정권의 교육체제에 편입되어 교과서 및 교과과정에 큰 변화가 있었던 것을 확인할 수 있었다.

(4) 여선중화상회연합회(旅鮮中華商會聯合會)

인천화교협회소장자료 가운데 여선중화상회연합회(旅鮮中華商會聯合會) 관련 장정 일체가 발견되었다. 인천화상상회의 문헌은 아니지만 중일전쟁 시기 문헌으로서는 유일하다.

여선중화상회연합회는 전국의 중화상회 및 화상상회의 연합 단체이다. 지금까지 여선중화상회연합회 조직대강과 여선중화상회연합회 장정의 원본은 공개된 것이 없기 때문에 상기의 자료는 이 연합회 조직의 해명에 큰 도움을 줄 수 있을 것이다. 먼저 여선중화상회연합회 조직대강을 보도록 하자.

|번역문|

여선중화상회연합회 조직대강

(1938년2월3일 총영사관 비준 시행)

제1조 여선중화교상은 공상업의 발전 증진을 도모한다. 공상업 공공의 복리의 견지에서 중국 상회법 제8장의 규정에 의거하여 여선중화상회연합회를 설립한다.

제2조 본 상회연합회는 법인단체로 한다.

제3조 본 상회연합회는 장정을 결정하여 중화민국임시정부에 품청하고 비준을 받아 기록으로 남겨둬야 한다.

제4조 본 상회연합회는 여선 각 상회를 회원으로 한다.

제5조 본 상회연합회는 환경 적응의 견지에서 정 · 부 회장제를 채용한다.

제6조 본 상회연합회는 회장 1인, 부회장 1인을 둔다. 전체 회원 공동의 추대로 하여 임기는 1년 연임할 수 있다.

제7조 본 상회연합회는 회원 대회를 소집하며 1개월 이전에 이를 통지해야 한다.

제8조 본 상회연합회는 법률이 별도로 규정한 이외에는 중국 상법 각 장의 규정을 채용한다.[268]

이 조직대강의 성립 경위는 다음과 같다. 판한성 총영사는 앞에서 살펴본 대로 12월 14일 베이징임시정부 수립 후, 17일에는 임시정부 참가를 표명하고, 18일에는 주일본대사관에 사임을 통보했다. 28일에는 경성총영사관에 임시정부의 오색기를 게양하고, 29일에는 각 영사관에 오색기를 게양하도록 지령했다. 충칭국민정부는 이러한 상황에 직면하여 1938년 1월 20일 경성총영사관 및 각 영사관을 공식 폐쇄했다.

판한성 임시정부 총영사로서 1938년 2월 23일 각 지역의 조선화교 단체 대표 22명을 경성에 소집하여 화교단체자대표회의를 개최했다. 이때 판한성 총영사가 일방적으로 22명의 대표에게 배포한 것이 '여선중화상회연합회 조직대강'이다.[269]

이 조직대강은 총 8개조로 구성되어 있다. 제3조에 "본 상회연합회는 장정을 결정하여 중화민국임시정부에 품청하고 비준을 받"도록 되어 있는데, 이것은 여선중화상회연합회 조직이 중화민국임시정부 소속이라는 것을 분명히 한 것이다. 이 연합회는 회장과 부회장 각 1인을

268) 1938年2月3日, 「여선중화상회연합회 조직대강」, 『여선중화상회연합회 문건』(인천화교협회소장).

269) 1938年2月3日, 〈新政權 歸屬 後에 있어서의 中國人의 動靜〉, 「治安狀況(昭和13年) 제44報~제47報」, 『경성지방법원검사국문서』(국사편찬위원회 한국역사정보통합시스템).

두도록 조직대강에 규정된 대로 2월 3일의 화교단체대표회의 석상에서 곧바로 선거를 실시, 경성중화상회장인 주신구(周愼九)가 회장, 인천화상상회장인 손경삼(孫景三)이 부회장에 각각 선출되었다. 여선중화상회연합회 문건이 인천화상상회(인천화교협회)에 보존되어 있었던 것은 손경삼이 이 연합회의 부회장인 것과 관련이 있을 것이다.

여선중화상회연합회 장정은 1938년 7월 26일 경성총영사관의 비준을 받아 정식 성립됐다. (이 장정의 원문과 번역문은 부록에 게재) 이 장정은 총 36개 조로 이뤄져 있다. 이 장정 제2조는 연합회 설립의 취지를 "각지의 중화상회 및 각 화교단체에 연락하여 우정을 깊이하고 전 조선 화교의 상공업 및 대외 무역의 발전 증진, 상공업 공공의 복리를 협력 도모하는 것"에 두었다. 이 연합회의 사무소는 경성중화상회 내에 두었다. 이 연합회의 직무는 상공업 진흥이 대부분인데 제4조 9항에 "총영사관 및 총독부의 중요 훈령을 전달하는 것에 관한 사항"이 포함되어 있는 것에 주목할 필요가 있다. 즉, 이 단체는 중일전쟁이라는 특수 상황에서 중화민국베이징임시정부와 조선총독부의 화교에 대한 지령을 전달하는 특수한 임무가 부여되어 있었던 것이다.

또한 각 지역의 중화상회 및 화교단체는 반드시 가입하도록 되어 있고, 탈퇴도 사실상 불가능했다. 동 연합회는 각 단체 회원의 회비 및 기부금 수입으로 운영되었으며, 갑종의 연회비는 20엔, 을종의 연회비는 10엔이었다. 매년 2월 개최하는 전체 회원대회에서 임원의 선거를 실시하고 중요한 사안이 의결되었다.

같은 날 '여선중화상회연합회 선거법'과 '여선중화상회연합회 사무회칙'도 경성총영사관의 비준을 받고 공식 공포되었다. 선거법과 사무회칙의 원본과 번역문도 부록에 실었기 때문에 상세한 것은 부록을 참조하기 바란다.

|그림5-11| 여선중화상회연합회 설립 1주년 기념 단체 사진 (1939.3.2.)

그런데 "인천화교협회소장자료" 가운데 중일전쟁 시기 여선중화상회연합회 관련 사진이 한 장 발견되었다. **|그림5-11|**은 1939년 3월 2일 여선중화상회연합회 성립 1주년 기념 단체 사진이다. 어디서 찍은 사진인지 확실하지는 않지만 경성총영사관일 것으로 추정된다. 사진 제1열에 앉아 있는 인물은 총영사 및 각 지역의 영사, 그리고 연합회의 임원으로 추정된다. 왼쪽에서 일곱 번째가 판한성 경성총영사, 여섯 번째가 주신구(周愼九) 연합회장, 그리고 왼쪽에서 첫 번째는 모문금(慕文錦) 대구중화상회장이다. 뒷 열에 서 있는 인물은 각 지역의 중화상회 및 화교단체의 대표로 보인다. 이들은 3월 2일 중화요리점인 금각원(金閣園)에서 1주년 기념 축하 행사를 성대히 개최했다.[270)]

1942년 현재 여선중화상회연합회의 각 지역별 회원은 |표5-4|와 같다. 이 연합회의 총 회원 수는 전국 89개 단체에 달했다. 경성, 인천, 부산, 대구 등지는 중화상회의 명칭, 중소 규모의 소도시는 신민회(新民

270)「日支親善의 結實 中華商會聯合會一週年祝賀式 昨日金閣園에서 盛大」, 『매일신보』, 1939년3월3일.

會), 교민회(僑民會) 등의 명칭, 그보다 더욱 작은 도시는 지역의 대표적인 화상 상가의 명칭으로 각각 가입되어 있었다. 중화상회 이외의 단체는 대부분 중일전쟁 이후 설립된 것으로 보인다. 1942년 현재의 여선중화상회연합회의 회장은 경성중화상회장인 사자명(司子明)이었다.

|표5-4| 여선중화상회연합회의 각 도별 회원 (1942)

도별	단체명 및 상호명	대표자명	회원수(총89개소)
경기도	경성중화상회	司子明	6
	영등포화교친목회	柳鐘珍	
	인천화상상회	孫景三	
	개성화교공회	趙如海	
	수원화교공회	張倫五	
	장호원의 源聚盛	源聚盛	
충청북도	청주화상조합회	王純德	9
	영동중화상회	孫日昇	
	충주중화공회	東生泰	
	옥천화교연합회	李厚仁	
	제천의 益順盛	張熙■	
	괴산의 天成永	宋田初	
	음성의 同勝德	孫守緒	
	홍성중화상회	劉常義	
	이원의 永順泰본점	王成仁	
충청남도	대전중화상무신민회	孫境友	11
	공주중화공회	官錫璉	
	온양중화신민회	柳運浚	
	예산중화신민회	解天愷	
	부여중화신민회	孫克平	
	조치원중화신민연합회	杜昌紹	
	강경중화신민회	孫振祿	
	청양중화신민회	徐希松	
	천안중화친목회	張鴻潤	
	보령중화상회	隨作材	
	서산의 成源義	楊葆忠	

도별	단체명 및 상호명	대표자명	회원수(총89개소)
경상북도	대구중화상회	慕文錦	1
경상남도	부산중화상회	楊牟利	1
전라북도	군산중화상회	于江義	8
	정읍중화상회	權芝修	
	보성의 福盛長	遲中山	
	금산의 德聚永	木寶琪	
	무주의 德和盛	孫梅	
	고창의 鴻盛樓	王鴻盛	
	전주중화상회	王乾一	
	이리중화상회	-	
전라남도	목포중화상회	孫盛良	3
	광주중화상회	王輔仁	
	순천화교회	鄒子賢	
황해도	해주중화신민연합회	孫鶴齡	7
	황주중화신민회	李順芝	
	사리원중화신민회	王仙洲	
	겸이포중화신민회	王茂林	
	안악중화신민회	孫益呈	
	신막중화신민회	呂金堂	
	남천중화신민회	-	
강원도	통천신민회	孫士永	8
	원주중화연합회	于德海	
	고성중화상회	牟文浜	
	북평중화상회판사처	王嘉謨	
	양양의 謙知福	杜丕石	
	주문진의 文盛東	張銘文	
	금화의 裕盛知	柳豊泰	
	춘천의 瑞生德	魏紹庭	
평안남도	중화신민연합회	張明齊	3
	평양중화상회	孫中朝	
	진남포중화상회	孫連芳	
평안북도	신의주중화상회	于子瑛	11
	운산북진중화상회	呂振山	
	방현시중화상회	王廷弼	
	중강진중화상회	王經之	

도별	단체명 및 상호명	대표자명	회원수(총89개소)
	강계중화상회	-	
	박천중화상회	-	
	위원중화상회	-	
	도구장역중화상회	王乾一	
	정주중화상회	張子明	
	자성중화상회	姜文信	
	만포진중화상회	-	
함경남도	원산중화회관	田炳煥	11
	영흥중화상회	-	
	함흥중화상회	王愼五	
	혜산중화회관	鄒育德	
	홍남중화상회	由子淵	
	차호중화상회	-	
	호인화교상무회	李同憲	
	신가파신교회	郭樹雲	
	신포의 同順德	同順德	
	갑산의 協成興	張振翼	
	장전중화회관	張宗訥	
함경북도	청진중화민회	于爲儀	10
	무산중화민회	孫子欽	
	삼장화교민회	孫翼生	
	경성화교민회	王信	
	온성화교민회	于鴻謨	
	웅기화교민회	于培浤	
	회령화교민회	謝志仁	
	성진중화상농협회	許子沂	
	상창평중화민회	曲維東	
	나남화교민회	薎振亭	

* 출처: 1942年7月1日收, 〈駐京城總領事館報告壹件〉, 「汪僞政府駐朝鮮總領事館半月報告」, 『汪僞僑務委員會檔案』(동2088-373).

6

해방초기 인천화교사회와 경제의 변화

1. 해방초기 인천화교사회의 변화

1945년 8월 15일 일본 제국주의로부터의 해방은 한국인뿐 아니라 인천화교를 비롯한 조선화교에게도 큰 역사적 전환점이었다. 해방부터 한국전쟁 발발 직전의 해방 초기 인천화교의 사회와 경제는 일제강점기에 비해 어떻게 변모했을까? 이번 장에서는 이 문제를 중심으로 검토하고자 한다.

해방과 함께 시작된 한반도의 남북분단은 조선화교 사회도 남북으로 분단시켜 한국화교와 북한화교를 탄생시켰다. 특히 한국화교는 미군점령지에 거주하고 있었기 때문에 자연스럽게 연합국의 일원인 장제스 국민당 정부의 국민이 되었다.

일본의 패전과 함께 친일괴뢰정권인 난징국민정부는 폐쇄되었으며, 자동적으로 동 정부의 경성총영사관 및 인천판사처 그리고 부산영사관도 폐쇄되었다. 인천영사관은 1930년 경성총영사관의 인천판사처로 격하되어 1945년 8월까지 존속하다 완전히 막을 내렸다. 그 후 인천에 중국과 대만의 외교기관이 설치된 적이 없이 지금에 이르고 있다.

인천화교를 비롯한 한국화교는 조선총독부를 대신하여 한국을 통치한 미군정청의 화교정책에 영향을 받지 않을 수 없는 입장이었다. 미군정청의 대 화교정책의 기본이 된 것은 '미군점령 하 조선지역의 민정에 관한 미국육군최고사령관에 대한 기본지령(SWNCC176-8)'이었다.[271] 이

271) 神谷不二 編 (1976), 『朝鮮問題戰後資料』제1권, 日本國際問題硏究所, 171-185

지령의 제8항 '전쟁포로, 연합국 국적자, 중립국 국적자 및 기타'에 의해 한국화교는 '연합국 국민'으로 우대받아 귀국을 원할 경우 각종 편의의 제공을 받을 수 있었고, 건강 및 복지 그리고 화교 재산을 보호받을 수 있었다. 이와 같이 한국화교가 '연합국국민'으로서 대우받게 됨에 따라 미군정기간 중 인천화교에게 유리한 환경이 조성되었다.

미군정청이 인천화교를 '연합국국민'으로 정책적으로 우대한 대표적인 사례는 일본인이 거주하다 귀국하고 남은 귀속주택 문제였다. 남한화교자치총구공소(南韓華僑自治總區公所)가 조사한 바에 의하면, 1948년 말 현재 한국화교 3,296호 가운데 약 21%에 해당하는 677호가 귀속주택에 거주하고 있었으며, 인천지역은 701호 가운데 125호가 귀속주택에 거주하고 있었다.[272] 그러나 적산관리처(敵産管理處)의 발표에 의하면 인천의 귀속주택 4,500호 가운데 500호가 화교 거주의 귀속주택인 것으로 나타났다.[273] 즉, 전체 귀속주택의 11%를 화교가 거주하고 있었던 것이다. 왕흥서(王興西)는 중국에서 개최된 제1차 국민대회 참가 전 본국 정부에 제출한 의견서에 화교가 거주하는 귀속주택을 화교가 우선적으로 구입할 수 있도록 요청했다.[274]

이와 함께 해방 초기 인천화교의 두드러진 변화는 인구가 급속히 증가했다는 점이다. 인천화교 인구는 1945년 말 1,451명에서 1947년 7월에는 2,500명으로 증가하고 그해 12월 말에는 3,580명[275], 1949년 5월

쪽. 이 지령은 3성조정위원회(SWNCC) 극동분과위원회에 의해 작성되어 10월 17일자로 맥아더사령관에게 전달되었다. 따라서 이 기초지령이 미군정청에 하달된 것은 그 이후이다.

272) 朝鮮銀行調査部 (1949), 「특수문제 편: 재한화교의 경제세력」, 『1949年版 經濟年鑑』, Ⅱ-63쪽.

273) 「주객전도의 인천 상가 적산은 화상이 거의 점유」, 『조선일보』, 1948년10월13일.

274) 1948년, 王興西가 中華民國政府에 보낸 의견서, 「朝鮮概況報告及意見書」, 『韓國僑務案(1948.1-12)』, (臺灣國史館소장, 0893).

275) 「在留華僑一萬二千」, 『貿易新聞』, 1947년9월22일.

에는 4,938명으로 증가했다.[276] 인천항 개항 이래 인천화교가 가장 많이 거주하게 된 것이다.

이렇게 인천화교 인구가 급증한 데는 몇 가지 요인이 있었다. 첫째는 중국 대륙에서 1947년 7월 이후 산동성 등의 화베이지역에서 국공내전이 격화되어 사회적 불안과 급격한 물가상승이 중국인을 인천지역으로 이주하도록 밀어낸 푸쉬(Push)요인이다. 이것은 해방 초기 인천에 거주했던 화교에 대한 인터뷰 조사에서 확인할 수 있다.

난계선(欒繼善 · 1921년생)은 산동성 칭도에서 잡화 무역상을 경영하다 1946년 칭다오가 공산당의 지배하에 들어가는 것을 두려워하여 무역선을 타고 인천으로 이주했다.[277] 모영문(慕永文 · 1932년생)은 산동성 룽청(榮成)출신으로 1948년 국공내전을 피해 북한을 향해 가다가 인천에 도착했다.[278] 왕수망(王修網 · 1931년생)도 1947년 옌타이에서 전화를 피해 인천을 통해 한국에 들어왔다.[279] 상기의 화교는 모두 산동성에서 국공내전을 피해 인천에 이주한 것이다.

다음은 인천 및 한국이 이들 중국인을 끌어들이는(Pull) 요인이다. 해방 초기 인천을 비롯한 한국도 정치 · 경제적으로 불안하기는 했지만 전쟁지역인 산동성 보다는 상대적으로 안정되어 있었다. 여기에 인천지역의 화교경제가 중일전쟁 시기의 침체를 벗어나 매우 번성했다는 것도 중국인을 끌어들이는 요인으로 작용했다. 그리고 또 하나 지적하고 싶은 것은 난계선, 모영문, 왕수망은 모두 한국에 친척이 있었다는 점이다. 즉 이들 친척이 있었다는 점이 이들의 한국 이주를 촉진하는

276) 대한민국공보처통계국 (1953), 『1952년 대한민국통계연감』, 공보처, 25쪽.
277) 1999년 9월 대구화교협회에서 난계선(欒繼善, 1921년생)씨 인터뷰.
278) 1999년 9월 모영문(慕永文 · 1932년생)씨가 경영하는 대구의 北京飯店에서 인터뷰.
279) 2005년 2월 21일 대구시 소재 왕수망(王修網 · 1931년생)씨 경영의 成立行에서 인터뷰.

요인, 이른바 연쇄적 이주(Chain migration)였다.

당시 중국에서 한국에 입국하는 절차는 비교적 간단했다. 미군정청은 기본적으로 중국인의 입국에 대한 별다른 법률을 제정하지 않았다. 한국 건국 직전인 1948년 7월 중국인이 인천항을 통해 입국하는데 필요한 것은 서류는 임시상륙허가증 2통, 사진 4매가 전부였으며 신청하기만 하면 모두 입국을 허가해 주었다고 한다.[280] 1949년 11월 17일 법률 제65호 '외국인의 입국출국과 등록에 관한 법률' 공포 이전에는 중국인의 한국 입국은 거의 제한이 없었던 것이다.

한편, 북한지역에서 한국으로 이주하는 화교도 적지 않았다. 서울의 중국총영사관은 1948년 말까지 북한지역에서 월남한 화교는 수 천 명에 달했다고 추정했다. 산동성 무핑현 출신의 양춘상(楊春祥, 84세)은 1943년 고향에서 누나가 거주하는 해주로 이주하고 그곳에서 해방을 맞이한 후, 중공군의 소집령을 받고 바로 인천으로 피신했다.[281] 구비소(邱丕昭, 1934년생)는 산동상 라이양(萊陽) 출신으로 북한지역인 강원도 철원에서 거주하다 1949년경 정정이 불안하여 인천으로 이주했다.[282]

280) 「外國人出入局手續變更」, 『貿易新聞』, 1948년7월1일.
281) 2005년 2월 20일 양춘상(楊春祥, 84세)씨가 경영하는 대구시 소재 益生春 한약방에서 인터뷰.
282) 1999년 9월 구비소(邱丕昭, 1934년생)씨 대구화교협회에서 인터뷰.

2. 인천화교의 경제와 무역업

해방 초기 인천화교의 경제는 어떠했는지 중일전쟁 시기와 비교해서 살펴보자. 1942년과 1948년의 인천화교의 직업별 구성은 상업종사자 호수는 144호에서 388호로 증가하고, 종사자 수는 1,163명에서 1,520명으로 각각 증가했다. 농업 호수는 160호에서 215호로, 공업 종사자 호수는 5호에서 35호로 증가했다. 상업 호수는 1948년 전체 호수의 55%를 차지할 만큼 인천화교의 가장 중요한 직종이었다.(|표6-1|참조)

|표6-1| 중일전쟁 시기와 해방초기 인천화교 직업 비교

직업별	호수(호)		인구(명)	
	1942년	1948년	1942년	1948년
상업	144	388	1,163	1,520
농업	160	215	464	1,044
공업	5	35	94	109
공무자유업	-	19	-	89
기타 유업자	-	44	-	229
무업자	-	-	124	1,027
합계	309	701	1,845	4,016

* 출처: 1942年7月15日, 〈仁川辦事處轄境內僑務概況〉, 「駐京城領事館報告乙件」, 『汪僞僑務委員會檔案』(同2088/373). ; 조선은행조사부, 앞의 자료 (1949), Ⅱ-68쪽.

해방 초기 인천화교의 상업의 내역에는 약간의 변화가 있었다. 개항기부터 중일전쟁 시기까지 인천화교 경제 가운데 최고의 지위를 차지하고 있던 포목상 가운데 1948년까지 존속한 것은 이선방(李仙舫)의 영성흥(永盛興)정도에 불과했다. 그 원인은 해방 초기 일본으로부터의 직물 수입이 여의치 않았으며, 한국 국내의 원료부족과 방적기 부품 부족으로 인한 생산량 감소로 포목상이 판매할 수 있는 상품이 부족했기 때문이었다. 그래서 당시 포목상이 주로 판매한 것은 중국에서 수입한 중국산 비단이었다.[283)]

그런데 매우 흥미로운 점은 중일전쟁 시기 포목상 대부분이 해방 초기 무역업으로 전환했다는 것이다. 1948년 주요한 인천화교 무역상으로 활동하던 덕생상(德生祥), 복생동(福生東), 동순동(同順東), 인합동(仁合東), 지흥동(誌興東)은 모두 중일전쟁 시기 포목상으로 활동하던 화상이었다. 중일전쟁 시기 인천 최대의 무역상으로 활동하던 손경삼의 동화창(東和昌)은 상호가 광태성(廣泰成)으로 바뀐 형태로 무역업을 계속했다.

인천의 규모가 큰 상점은 음식점을 제외하면 54개소가 있었는데, 이 가운데 무역회사가 27개소로 가장 많았다. 중일전쟁 시기 인천화교 무역회사는 9개소였기 때문에 3배나 증가한 것이다.[284)]

이처럼 인천화교 무역회사가 양적으로만 증가한 것이 아니라 질적으로도 상당한 발전을 이루었다. 조선은행조사부가 인천항의 무역에 있어 화교 무역회사의 활동에 대해 다음과 같은 분석을 내놓았다.

> 最近의 仁川을 살펴보면 電力 原料 資金難 等으로 産業界는 萎縮의 위기에 직면하고 있는 반면 物價의 騰貴를 틈타서 貿易界는 오히려 活氣를 띠고 있는 것 같이 보이고 있다. 즉 貿易界의 7割을 占한 中國人貿易商은 仁川의 貿易界 아니 韓國의 貿易界를 支配하

283) 조선은행조사부, 앞의 자료 (1949), Ⅱ-71쪽.
284) 1942年7月15日, 〈仁川辦事處轄境內僑務槪況〉, 「駐京城領事館報告乙件」, 『汪僞僑務委員會檔案』(同2088/373). ; 조선은행조사부, 앞의 자료 (1949), Ⅱ-70쪽.

고 있는 形便으로 純全히 中國人의 舞臺로 化한 感이 있다.[285]

조선은행조사부는 화상 무역회사가 인천무역뿐 아니라 한국무역의 7할을 차지하고 있다는 '충격'적인 보고를 한 것이다. 이것이 어떻게 가능했는지 미군정청의 무역정책을 통해 살펴보도록 하자.

미군정청의 무역정책은 한국을 일본제국주의의 경제적 지배로부터 완전히 분리시키기 위해 한국과 일본 간의 민간무역을 금지시키는 대신, 중국, 홍콩 등과의 교역을 적극 추진하는 것이 기본적인 방향이었다. 1946년 2월 미국무성 조사국은 '조선의 대외무역에 관한 예비 조사'에서 한국의 건전한 경제발전을 위해 무역 대상지역을 일본에서 다른 아시아지역으로 전환할 것을 권했다. 이에 따라 미군정청은 미국과 장제스 국민당 정부와의 동맹관계를 고려하여 중국과의 무역관계를 중시하게 된다. 1946년 3월 미군정청 상무국장 토마스 중령은 중국과의 무역관계를 수립하여 국산품을 수출하고 식염을 수입한다고 발표했으며[286], 상하이 구 일본대사관 자리에 조선연락소를 설치하여 중화민국과의 통상교섭에 임했다.[287]

미군정청은 남조선과도정부 법령 제149호 대외무역규칙으로 1947년 8월 인천, 군산, 목포 등을 개항장으로 지정하여 대중 무역을 준비했으며, 1946년 7월 공포된 외국무역규칙 제1호에 의해 외국무역의 면허제가 시행되는데 면허를 받는 대상에 한국인과 함께 화교도 포함됐다. 무역면허제는 1947년 8월 폐지되기까지 면허가 발급된 사람의 국적은 한국인 528명, 화교 15명이었다.[288]

285) 朝鮮銀行調査部, 앞의 자료 (1949), II-69쪽.
286) 「再開될 對華貿易 國産品을 보내어 食鹽등을 수입」, 『漢城日報』, 1946년3월19일.
287) 「外交機關設置의 前提로 上海에 朝鮮連絡所」, 『獨立新報』, 1946년5월25일.
288) 朝鮮銀行調査部 (1948), 『朝鮮經濟年鑑 1948年版』, I-120~121쪽.

미군정청이 적극 추진하던 대중 무역 교섭은 1946년 11월 미군정청과 중국 간에 중조임시통항무역판법(中朝臨時通航貿易辦法)의 체결로 이어졌지만 이 무역판법은 쌍방의 교역을 물물교환제를 기본으로 미국 달러 결제를 골자로 한 것으로 한국의 무역선이 중국 영해에 진입할 때는 미국 성조기를 달 것과 조인협정의 방식이 아니라 양국의 명령으로써 공포하기로 하는 등 많은 문제점을 내포하고 있었다.[289] 중국 정부는 기본적으로 한국과 민간무역을 하는 것에 반대하였고 어디까지나 정부무역을 하려 했다. 반면 미군정청은 이러한 중국 정부의 정책에 반대하여 이 판법은 제대로 시행되지 못했다. 그러나 미군정청은 소규모 중국 범선과 교역선이 한국의 개항장으로 들어오는 것을 허용함으로써 미군정 기간 대중무역은 주로 화베이지역과 인천 간의 민간무역이 중심이었다.[290]

이처럼 대중무역 교섭이 제대로 이뤄지지 않자 미군정청은 자유중계무역항인 홍콩과의 무역을 적극 추진했다. 미군정청의 적극적인 교섭 결과 홍콩정청은 1947년 8월 한국에 대한 적국조항(敵國條項)을 폐지하고 한국과의 교역에 대한 모든 제한을 철폐, 9월부터 홍콩과 한국 간의 민간무역이 완전히 개방됐다.[291] 이후 한국의 대외 민간무역은 홍콩무역과 중국무역이 중심을 이루게 된다. 해방 초기 한국의 민간무역 가운데 대중무역이 차지하는 비중은 대 홍콩무역이 개시되기 이전인 1946년에는 91.7%를 차지했지만, 그 후는 1947년 29%, 1948년 8.7%로 각각 하

289) 「韓中貿易辦法內容」, 『漢城日報』, 1947년1월4일.

290) "South Korean Interim Government Activities, Summation of United States Army Military Government Activities in Korea"No.28, January 1948.(미군정청, 『미군정청 활동보고서』제5권(복각판), 원주문화사, 1996, 312쪽).

291) "South Korean Interim Government Activities, Summation of United States Army Military Government Activities in Korea"No.34, July-August 1948.(미군정청, 『미군정청 활동보고서』제6권(복각판), 원주문화사, 1996, 734쪽).

락했다. 대 홍콩무역은 1947년 61%, 1948년 70%로 절대적인 비중을 차지했다.[292] 또한 인천항이 한국 전체의 교역에서 차지하는 비중은 1946년 91%, 1947년 41%, 1948년 62%를 차지하여 1947년을 제외하고 부산을 압도했다.[293]

|표6-2| 1948년 주요 화상 무역회사의 수출입액 (단위: 천 원)

회사명	본사소재지	경영자	수입액	수출액	합계
萬聚東	인천	姜茂禎	416,450	248,804	665,254
啓中貿易	인천	夏子範	294,298	93,234	387,532
互惠貿易	인천	-	331,658	196,954	528,612
正興德	인천	王國禎	204,717	157,293	362,010
益昌盛	인천	-	58,191	24,984	83,175
仁昌公司	서울	史換章	296,672	282,199	578,871
福隆祥	인천	-	8,692	2,929	11,621
益泰東	인천	-	9,621	8,144	17,765
廣泰成	인천	孫景三	35,938	6,070	42,008
華僑服務	인천	-	141,120	86,293	227,413
天德洋行	인천	鄭家賢	39,272	36,432	75,704
中韓貿易	인천	-	34,742	19,461	54,203
南方華僑	인천	-	4,919	804	5,723
합계	-	-	1,876,290	1,163,601	3,039,891

* 출처: 조선은행조사부, 앞의 자료 (1949), Ⅳ-60쪽.

|표6-2|는 화교가 경영하는 주요한 무역회사의 1948년 1년간의 교역액을 나타낸 것이다. 주요한 화교 무역회사 13개 가운데 인창공사를 제외하고는 모두 인천에 본사를 두고 있는 것을 알 수 있다. 이 가운데 만취동은 1948년 교역액이 6억 6,525만 원으로 13개 무역회사 가운데 가장 많았다. 이 교역액은 1948년 인천항 무역액의 6.7%를 차지하는

292) 조선은행조사부, 앞의 자료 (1949), Ⅳ-52~53쪽.
293) 조선은행조사부, 앞의 자료 (1949), Ⅳ-54~55쪽.

막대한 금액이었다. 당시 한국인 무역회사로 꽤 규모가 큰 건설실업, 화신무역, 천일, 중앙보다 교역액이 훨씬 많았기 때문에 만취동은 해방 초기 한국 최대의 무역회사라 할 수 있다.

만취동에서 1949년부터 1951년 1·4후퇴로 이 무역회사가 문을 닫을 때까지 근무한 구비소(邱丕昭, 1934년생)씨의 증언을 토대로 만취동을 간단히 정리하면 다음과 같다. 만취동은 인천 신포동 본사에 30여명, 서울 지점에 10여명 등 모두 40명의 종업원을 두었다. 사장은 강무정(姜茂禎), 부사장은 이경문(李慶文)이었다. 만취동은 무역회사 뿐 아니라 음식점, 백주공장, 당면공장을 경영했다. 만취동은 본사 바로 옆에 객잔을 두었다. 2-4명이 잘 수 있는 작은 방이 8개, 10명 정도 잘 수 있는 큰 방이 3개 있었다. 각 방에는 무역 업무를 볼 수 있는 의자와 책상이 놓여있었고, 홍콩 무역회사에서 파견된 출장원, 상하이와 산동성에서 온 소상인들이 기거하며 무역활동을 했다. 이들 중국인 상인은 대부분 산동성 출신이었다. 상하이에서 출장원을 파견한 무역회사는 산동성 사람이 경영하는 이타이항(義泰行)이었다. 체류 상인의 인원은 50-60명에 달했다. 만취동은 이들 상인의 통관 업무를 도와주고 관세를 싸게 해주는 업무와 화상 잡화상 및 한국인 무역업자와의 거래를 중개했으며, 거래가 성사되면 거래액의 1%를 수수료로 받았다.[294]

구비소씨의 상기의 이야기를 근거로 살펴보면 만취동은 단순히 무역활동만 하는 회사가 아니라 근대 일본 오사카의 가와구치(川口)에서 존재했던 행잔(行棧)의 영업 내용과 매우 흡사하다. 가와구치의 행잔 경영자는 산동성을 중심으로 한 화베이지역 출신자였는데 만취동의 경영자인 강무정과 이경문도 산동성 출신이기 때문에 이 또한 똑같다. 구비소

294) 2004년 5월 20일 대구에서 인터뷰. 구비소는 1990-1994년 대구화교협회장을 지냈다.

에 의하면 해방 초기 인천의 무역회사인 동순동, 광태성, 익태동도 만취동과 같은 행잔이었다고 한다.

만취동을 비롯한 인천화교의 무역회사는 행잔을 통해 각지에서 온 중국인 상인과 정보를 공유하고 거래를 활발히 전개했다. 각 무역회사는 행잔을 통한 상업네트워크를 형성하고 있었던 것이다.

|그림6-1| 인천 화상 무역회사 만취동의 주권(株券)

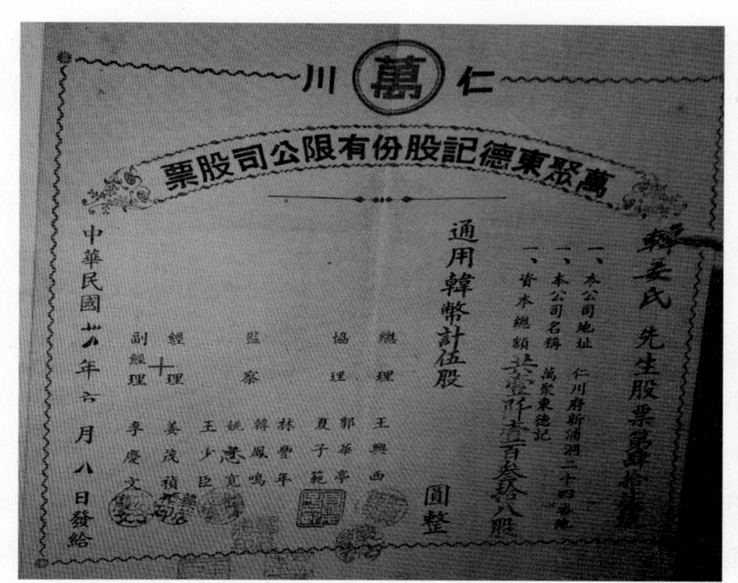

* 출처: 서은미 씨 제공

이번 인천화교 취재 중 만취동에 관한 귀중한 자료가 발견되었다. 인천차이나타운의 중화요리점 '풍미(豐美)'가 보관하고 있는 만취동의 주권(株券)이다. 이 주권은 동순동 경영자인 한봉명(韓鳳鳴)의 아들 한성전(韓聖典, 1923년 산동성 원등현(文登縣 출신)씨의 부인 한강(韓姜)씨 명의의 주권 5주(株)이다.[295] 주권의 발행 번호는 47호이다. 이 주권에는 만취동에 관한 중요한 정보가 기재되어 있다. 먼저 만취동의 주소는 '인천부 신포동 24번지'이며, 정식 회사 명칭은 '만취동덕기(萬聚東德記)'였다. 만취동은 고분유한공사(股份有限公司), 즉 주식회사였다. 만취동이 발행한 주식은 총 1,138주였다. 총리(總理, 회장)은 왕홍서(王興西), 협리(協理, 부회장)은 곽화정(郭華亭), 하자범(夏子範), 임풍년(林豊年)이며, 감찰은 한봉명(韓鳳鳴), 조지관(姚志寬), 왕소신(王少臣)이며, 經理(사장)은 강무정, 副經理(부사장)은 이경문 이었다. 이들 주주 임원의 대부분은 인천의 화상 무역회사 경영자였다. 하자범은 계중무역, 한봉명은 동순동, 왕홍서는 복생동을 경영했다. 이것으로 볼 때 이들 화교 무역상들이 상호 공동출자하여 만취동 주식회사를 공동 경영하고 있었던 것으로 판단된다.

구비소에 의하면, 만취동은 1951년 '1 · 4 후퇴' 때 직원 모두 부산으로 피난했으며 그것을 끝으로 회사는 문을 닫았다고 한다. 그런데 동순동(同順東) 경영자인 한봉명의 둘째 손자 한중정(韓中正, 72세)씨에 의하면 동순동도 만취동과 같은 시기 문을 닫았다고 했다. 당시 초등학교 학생이던 한중정씨는 동순동의 직원이 약 40명에 달했다고 하며, 현재의 해안 성당 근처에 있었다고 한다. 동순동은 무역회사뿐 아니라 만취동과 같이 행잔을 설치하고 있었고, 행잔에는 홍콩과 중국에서 온 상인들이 거주하면서 사업을 했다고 한다. 동순동도 만취동과 같이 산동성에서 이주한 화상이 만든 합고(합자회사)였다고 한다. 당시 동순동의 실질적인 경영자는 한성전 씨가 맡고 있었고, 한봉명 씨는 당시 인천에 거주하지 않았고 일본 도쿄 신주쿠에서 국수 공장을 했다고 한다. 동순동은 홍콩에서 빗, 양복, 여자 머리핀 등을 수입했다.

295) 한성전 씨는 1997년경, 그의 부인 한강 씨는 1994년경 인천에서 사망했다.(2014년 11월 13일 인천차이나타운에 있는 풍미(豐美)식당에서 일시 귀국한 그의 둘째 아들 한중정 씨 인터뷰). 한강 씨는 1920년 산동성 출생.

한중정 씨는 '1 · 4 후퇴' 때 동순동 직원 40명과 함께 미군의 엘에스티(L · S · T)선을 타고 인천 해상으로 나가 대형 선박으로 갈아타고 제주도로 피난 가서 6개월간 생활한 후 부산으로 이주했다. 그가 인천으로 다시 돌아온 것은 1953년이었다고 한다. 한중정씨의 부친인 한성전(韓聖典)은 1957년경 현재의 풍미(豐美) 식당을 개업하여 그의 셋째 아들인 한중화(韓中華, 70세)씨가 현재의 풍미를 경영하고 있다. 한중정 씨는 1983년 미국 아틀란타로 이주하여 그곳에서 'FUNG MEI(豐美)' 중화요리점을 개업하여 크게 성공했다.[296)]

한편, 인천항의 대 중화권 무역이 활발히 전개된 데는 편리한 해상 교통편의 영향도 컸다. 홍콩에서 수저우호(蘇州號), 난창호(南昌號), 스촨호(四川號), 뿌랫 에버렛호 등의 대형 정기 선박이 정기적으로 입출항하고 있었다. 이외에 화베이지역과 인천 간을 왕래하는 각종 소형 무역선이 많았다. 인천의 화교 무역회사 가운데서는 자체적으로 무역선을 보유하고 대 중화권 무역을 전개한 곳도 있었다.

296) 2014년 11월 13일 인천차이나타운에 있는 풍미(豐美)식당에서 일시 귀국한 한중정 씨를 인터뷰. 한중정 씨는 1944년 1월 인천차이나타운에서 출생했다. 미국으로 이주하기 이전인 1968년부터 6년 반 일본 오사카에서 일본 화교 경영의 중화요리점에서 근무했다. 현재 그의 장남이 'FUNG MEI'을 경영하고 있다. 'FUNG MEI'의 홈페이지는 www.fungmei.com.

3. 인천중화상회의 인천화교 실태보고

“인천화교협회소장자료” 가운데 인천중화상회가 1949년 10월 인천화상의 경제활동에 대해 보고한 ‘인천중화상회 보고의 화상 개황 의견서’는 해방 초기 인천화교 사회와 경제를 파악하는데 매우 귀중한 문서다. 이 문서는 ‘화상의 조직과 연혁 개황’, ‘화상의 쇠락 개황’, ‘한국 관청의 화상에 대한 정책’, ‘화상이 정부의 보호를 희망하는 의견’ 등의 네 가지로 구성되어 있다. 이 문서를 통해 인천중화상회가 분석한 해방 최기 인천화교의 실태를 분석하도록 한다.

(1) ‘화상의 조직과 연혁 개황’

인천중화상회는 ‘화상의 조직과 연혁 개황’에서 인천화상상회가 1935년 보고한 화교 단체 소개를 바탕으로 하면서도 1935년 이후부터 1949년 10월까지의 인천화교 단체의 소개를 추가했다. 1935년까지의 내용은 앞에서 논의했기 때문에 여기서는 1935년 이후의 변화에 주목하여 1935년 이후의 기술만을 뽑아내 보도록 하자.

|번역문|

화상의 조직과 연혁 개황

七七事變(중일전쟁) 후 일본인은 다시 화상의 입국을 제한했다. 승전 이후부터 지금까지 정식으로 통상을 하지 못하고 있다. 이전의 화상 단체 가운데 상회, 농회, 반업공회(飯業公會) 및 산동회관을 제외한 나머지는 모두 정돈(停頓)상태에 있다.…(인천화상상회는) 지금은 법에 의거하여 다시 이사제로 바뀌었다. 화교의 공·상업 및 일체의 사안은 이전 거의 상회에 의해 처리되었다. 지난해부터 화교는 자치(회)를 개최한 이후 자치구공소에서 사무를 분담하고 상호 협력하기 시작했다.[297]

먼저 중일전쟁 후 다시 화상의 입국을 제한했다는 것은 조선총독부가 중국에 귀국한 조선화교의 입국을 제한한 것을 말한다. 그리고 중일전쟁 승전 이후 '정식으로 통상을 하지 못하고 있다'는 것의 의미는 앞에서 살펴 본 대로 한국과 중국 간에 정식 무역협정이 체결되지 않은 것을 말한다. 그리고 상회, 농회, 반업공회, 산동회관을 제외한 모든 단체는 거의 활동을 하지 않는 상태에 있다는 것인데, 그렇다면 중일전쟁 시기에 있었던 남방회관, 원염조합, 간어판매중개인조합의 제 단체는 사라진 것이 된다.

1949년 현재 실존하고 있던 화교 단체에 대해 살펴보자. 인천화상상회는 해방 직후 '인천중화상회'로 바뀌었다. 그러나 인천중화상회는 1948년 7월 거류민단의 성격을 가진 인천화교자치구공소가 조직된 이후는 거류민단의 행정업무는 자치구에 이양하고 주로 상공회의소의 기능만 맡게 되었다.[298] 상기의 문서에 "지난해부터 화교는 자치(회)를 개

297) '화상의 조직과 연혁 개황', 〈인천중화상회 보고의 화상 개황 의견서〉, 『인천중화상회 보고서』(인천화교협회소장).

최한 이후 자치구공소에서 사무를 분담하고 상호 협력하기 시작했다." 고 하는 것은 이를 두고 말하는 것이다.

1949년 현재 인천중화상회의 회장은 만취동의 강무정 사장이 맡았는데, 그는 인천화교자치구공소의 회장도 맡고 있었다. 인천중화상회와 인천화교자치구공소의 두 개 단체로 분리되었지만 같은 사무실을 사용하고 있었고 같은 인물이 회장을 맡고 있었기 때문에 분리의 의미는 크지 않았을 것으로 보인다. 1913년 새롭게 설립된 인천중화상무총회와 기존의 인천중화회관과의 관계와 유사한 것으로 보면 될 것 같다.

1949년 당시 인천중화농회는 구우성(救牛成)이 회장을 맡고 있었으며, 야채재배에 종사하는 화농에게 본국으로부터의 종자 알선, 비료 배급, 기타 농사개량 등의 사무를 봤다. 화농의 경작지 면적은 약 22.2만 평으로 재배하는 야채는 양배추, 배추, 호박, 가지, 무, 시금치, 파 등이었다. 해방 이후는 화농이 재배한 야채의 주요한 수요자였던 일본인이 본국으로 귀국했기 때문에 수입은 이전보다 좋지 않았다고 한다.[299)]

인천중화반업공회(仁川中華飯業公會)는 중화요리업 조합으로 회장은 주복기(周禮基)였다. 1949년 당시 인천에는 중화요리점과 소형 음식점을 포함하여 모두 69개소가 영업하고 있었다. 주요한 중화요리점은 송죽루(松竹樓, 경영자 周禮基), 공화춘(共和春, 于希光), 중화루(中華樓, 徐德有), 만취동(이경문), 빈해루(濱海樓, 干煥興), 복생루(福生樓, 揚福州), 금매원(錦梅園, 林汝夏), 평하원(平下園, 周銘昌)이 있었다. 중일전쟁 시기 영업하던 송죽루, 공화춘, 중화루는 그대로 영업을 계속하고 있었던 것이다. 중화요리점과 음식점의 영업은 인천항이 대 중화권 무역으로 경기가 매우 좋아 수입이 매우 좋았다고 한다.[300)]

---

298) 조선은행조사부, 앞의 자료 (1949), II-68~69쪽.
299) 조선은행조사부, 앞의 자료 (1949), II-68 · 71쪽.

|그림6-2| 인천 최대의 중화요리점 중화루(1940년대 후반)

* 출처: 손덕준(孫德俊) 현 중화루 사장 제공

상기의 '화상의 조직과 연혁 개황'에는 나오지 않지만 '인천화상무역조합'이라는 무역조합이 있었다. 조합장은 이전 인천화상상회 주석인 손경삼이 맡고 있었는데 중일전쟁 시기의 화상무역협의회와 같은 조직이었던 것 같다.

(2) '화상의 쇠락 개황'

'인천중화상회 보고의 화상 개황 의견서'의 두 번째 주제는 '화상의 쇠락 개황'이다. 앞 절에선 인천 화상의 경제가 매우 번성했다는 것을 살펴보았는데, 인천중화상회가 인천 '화상의 쇠락 상황'을 보고한 것을

300) 조선은행조사부, 앞의 자료 (1949), Ⅱ-68 · 71쪽.

이상히 여길지 모르겠다. 먼저 '화상의 쇠락 개황' 보고서 전문을 보도록 하자.

|번역문|

화상의 쇠락 개황

한국 인민의 일상 필수품은 많은 것을 우리나라에 의존했다. 마포, 면화, 붉은 대추, 붉은 고추 및 포(布)류가 수입의 대종을 이뤘다. 일본의 수입 세율 인상과 산업의 적극 진흥으로 인해 모든 수출품의 품질은 좋고 가격이 싸지 않는 것이 없었다. 우리나라의 상품은 그 저지를 받아 무역은 점점 쇠락했다. 중일전쟁 이후 화상은 일체의 이권을 상실 혹은 거의 잃어버렸다. 전승 이후 미군 점령 시기에 비록 임시적으로 통상을 할 수 있었으나 상품 교역은 원칙적으로 한국의 생산 낙후로 교역 가능한 상품이 전혀 없었다. 동시에 우리나라의 세관은 왕래하는 한국 선박에 대해 엄격한 제한을 가하여 늘 억류를 당했다. 이로 인해 화상이 소형 선박으로 계속해서 국내에서 땅콩 알맹이, 땅콩기름, 콩기름, 참깨 등을 선적하여 운송하는 것은 위험한 일이라고 본다. 수입하는 것과 그 수입량도 이전의 중한(中韓)무역에 비해 상당한 차이가 난다. 다만 일반 교상(僑商)의 다수가 피난으로 이곳에 이주했는데 이것으로 현상을 유지하고 있다. 한국정부 성립 이후 이러한 종류의 상품에 대해 수입을 금지했지만 식염 수입은 금지품에 들어가 있지 않다. 다만 자유롭게 판매 할 수 없는데 반드시 전매국의 공정가격에 근거하여 반드시 수개월 후에 비로소 지불을 요청할 수 있다. 이와 같이 화상은 겨우 생존할 수 있고 단절의 위기에 빠져 있다. 지난해 왕흥서(王興西) 대표가 뤄양(洛陽)에서 개최된 국민대회에 참가했을 때 우리 정부에 대해 다시 임시통상판법의 개선을 소리 높여 요청했는데 우리 정부는 이를 수용하여 사정을 참작하고 기간을 고려하여 처리하게 되었다. 그러나 상하이, 칭다오, 옌타이의 국군은 잇따라 철수하여 홍콩 이외에는 활동할 지역이 없다. 화상은 홍콩에서 고무원료, 타닌엑스(tannin extract), 종이류, 면사, 염료, 옷감, 자동차, 솜, 탄산소다, 베이킹소다 등의 상품은 수입은 할 수 있으나 관세가 매우 가혹하여 이윤이 매우 박하다. 세관 및 각 기관의 불법적인 일의 지체에는 속수무책이다. 야채재배를 하는 농민의 다수는 한국인의 농지를 빌려 경작한다. 이전에는 시기가 되면 농지 차지료를 지불했는데 지금은 지주의 다수가 생산량에 따라 차지료를 받는다. 차지료 증가의 변화된 양상은 실로 배척의 뜻을 내포하고 있다. 그 나머지는 소수의 판매 상인과 보부상을 제외하고는 음식점 경영자가 많다. 일본의 항복 초기 한인(韓人)은 미친 듯이 기뻐하고 미친 듯이 마시고 하여 일시적으로 영업이 좋았지만, 점차 한산해져 지금은 손해를 봐서 파산(破産)할 위기에 빠져 폐업하는 자도 있다고 한다.[301]

이 문서는 중일전쟁 시기 화상의 경제활동에 대해서는 "화상은 일체의 이권을 상실 혹은 거의 잃어버렸다."고 인천중화상회는 인식했다. 또한 미군정기의 화상의 경제활동에 대한 평가는 대단히 비판적이었다. 무역활동을 제약하는 몇 가지의 요인을 들었다.

첫째, 한국에서 중화권으로 수출할 상품이 부족했다는 것이다. 미군정청은 수출과 수입을 연계하는 정책을 펼쳐 수입의 쿼터를 확보하려면 수출을 많이 해야 했다. 그러나 한국의 수출물자는 수산품 이외는 없었다.

둘째, 중국 정부는 국공내전 때문에 중국 연안에 접근하는 무역선박에 제한을 가하여 자주 선박을 억류했다는 것이다. 이것으로 인해 중국산 물자의 한국으로의 운반은 매우 힘들었다고 한다.

셋째, 일제시기에 비해 한중 무역량은 많이 줄었다는 것이다. 이것은

301) '화상의 쇠락 개황', 〈인천중화상회 보고의 화상 개황 의견서〉, 『인천중화상회 보고서』(인천화교협회소장).

특히 1920년대에 비교해서 그럴 것이며, 중일전쟁 시기에 비교하면 많을 것이다.

넷째, 화교 인구의 증가로 화상의 경제가 현상을 유지하고 있다는 것이다. 이것은 앞에서 살펴본 대로 인구 증가로 인해 화상 경영의 각종 상점과 요리점 등이 큰 수입을 올리고 있었던 것을 말하는 것이다.

'화상의 쇠락 개황'은 한국 정부 수립 이후 화상을 둘러싼 환경의 변화에 대해서도 지적했다.

첫째, 한국 정부는 식염 이외에 땅콩 알맹이, 땅콩기름, 콩기름, 참깨 등의 수입을 금지하고, 식염도 정부의 전매제도로 인해 수입이 많지 않았다는 것이다.

둘째, 한국과 중국 사이에는 정식 무역협정이 체결되어 있지 않아 무역하는데 많이 불편했다는 것이다. 그들은 1946년에 체결된 '중조임시통항무역판법'의 개선을 요구하고 있었다.

셋째, 장제스 국민당 정부는 공산당에 패전하여 대만으로 정부를 이양, 공산화된 중국 대륙과의 무역의 길이 닫혔다는 것이다.

넷째, 홍콩에서 수입하는 물자에 대한 관세가 가혹하여 화상에게 큰 이익이 되지 않는다는 것이다. 또한 세관을 비롯한 한국 관청의 불법적인 행태도 화상의 무역활동을 저해하고 있다고 지적했다. 이에 대해서는 뒤에서 상술한다.

인천중화상회가 지적한 네 가지 원인은 크게 한국 정부의 대 화상 정책이 엄격해졌다는 것과 중국 대륙의 공산화로 인해 교역을 할 수 없게 되었다는 점으로 정리할 수 있다.

한국정부는 한국 무역의 7할을 장악하고 있던 화상의 무역업에 불리한 각종 규제를 발표했다. 한국정부는 1949년 2월 수입쿼터제를 실시하여 한국정부로부터 허가를 받은 양만큼 수입할 수 있도록 하여 상대적으로 화상 무역상에게 불리했다. 또한 한국정부는 1949년 6월 대통령령 123호로 '대외무역 기타 거래의 외국환취급규칙'을 공포하여 수입용 외환은 민간무역의 수출에서 획득한 것 이외에 사용하는 것을 금지함에 따라 상대적으로 수출 실적이 부족한 화상 무역상에게 불리한 규칙이었다. '화상의 쇠락 개황' 작성 한 달 후인 11월, 한국정부는 새로운 관세법을 공포하여 한국 국적이 아닌 외국인(화교)에 의한 보세창고 관리를 인정하지 않게 되었다. 한국정부는 새로운 관세법 공포 직후인 12월 화상 무역상의 보세창고를 봉쇄하고 상품의 소유주인 화교 60명을 구류처분 했다.[302)]

한편, 이러한 조치의 배경에는 화상 무역회사에 의한 밀무역의 성행이 있었던 것도 사실이다. 만취동 등도 이런 밀무역에 연루되어 책임자가 경찰의 조사를 받았다.[303)] 세관에 적발된 화상의 밀수 건수는 1946년 36건, 1947년 36건, 1948년 50건이었으며, 이는 전체 적발된 건수의 55.4%, 11.1%, 21.4%를 차지했다.[304)] 이처럼 화상의 밀무역이 매우 성행하여 한국 사회에 큰 문제가 되자, 샤오위린(邵毓麟) 주한중화민국대사는 1949년 12월 10일과 11일 전국의 화교대표 160명을 소집한 회의에서, "모든 재한화교는 한국의 법률을 지켜 한국인과 좋은 관계를 유지해야 한다. 한국의 법률을 어기는 자는 처벌을 받거나 이 나라에서 추방될 것"이라고 말했다.[305)]

또한 화교의 이동을 규제한 1949년 11월 공포의 '외국인 입국출국과

302) 王恩美 (2008), 『東アジア現代史のなかの韓國華僑: 冷戰體制と「祖國」意識』, 三元社, 208-211쪽. 이 책은 송승석에 의해 2013년 학고방에서 번역되어 출판되었다.
303) 「中共에 油類 提供 在仁川華商의 密輸 跳梁」, 『商業日報』, 1948년11월23일.
304) 조선은행조사부, 앞의 자료 (1949), II-61쪽.
305) From American Embassy, Seoul to Secretary of State, Records of the U.S. Department of State relating to the Internal Affairs of Korea, December 19, 1949.

등록에 관한 법률'은 화교의 대중 무역을 원천적으로 차단했으며, 중국으로부터의 중국인 이주의 길을 막아버렸다. 물론 이 법률은 1949년 10월 중화인민공화국 수립과 관련이 있는 것이 사실이지만, 화교의 사회경제활동에 미친 영향은 지대했다.

'화상의 쇠락 개황'에 따르면, 화상만이 아니라 화농도 어려움을 겪고 있었다. 일제시기 화농은 한국인과 일본인으로부터 토지를 빌려 야채재배를 하고 약속한 차지료를 지불했다. 그런데 해방 초기가 되면 한국인 지주가 생산량에 따라 차지료를 요구하여 실질적으로 차지료가 인상되었다는 것이다. 이런 한국인 지주의 조치에 대해 "실로 배척의 뜻을 내포하고 있다."고 지적했다.

(3) '한국 관청의 화상에 대한 정책'

한국 정부의 화상에 대한 눈에 보이는 법률과 같은 규제 정책은 앞에서 살펴봤다. 인천중화상회는 '한국 관청의 화상에 대한 정책'은 한마디로 차별적이라고 지적했다.

첫째, 무역 관련 조치가 자주 바뀌고 무 규정이 많아 공무원이 제 마음대로 한다는 것이다. 그와 관련된 사례를 여러 가지 들고 있다.

둘째, 군경의 불법 검사가 너무 잦아 영업을 방해한다는 것이다. 경찰이 화상의 밀무역 관련 조사를 위해 검사를 한 것으로 추정되는데 검사 과정에서 영업을 방해하는 불법적인 행동을 한 것으로 보인다.

셋째, 화교 경영 중화요리점과 음식점에 대한 과다한 세금 부과와 청결 검사가 횡행하고 있다는 것이다.

넷째, 인천 세관의 세관 통관 업무는 화교에게도 개방되어 2-3개의 화상이 담당하고 있는데 이것을 한국정부가 금지하면 화상 무역회사에 더욱 큰 타격을 줄 것이라는 것이다.

이러한 네 가지 사례를 들어 인천중화상회는 "한국 관청은 화상을 적으로 보고 있으며, 배척은 실로 일본보다 더 심하다."고 분노했다.

|번역문|

> **한국 관청의 화상에 대한 정책**
>
> 미군 점령시기 화상은 일체의 법령과 아직 공포되지 않은 많은 것에 의해 고통을 받았으며, 이미 과거의 사실이 되어 다시 말 할 필요가 없다. 정부 성립 후 화상에 대한 업무는 지금에 이르기까지 여전히 준칙이 없다. 무역에 대해 말하자면 아침에 명령한 것이 저녁에 바뀌고 무 규정이 심각하여 각자가 책임져야 한다. 예를 들면, 이전 홍콩에서 수입된 각종 상품은 수입허가를 신청해야 했다. 초창기는 아직 처리가 순조로웠지만 뒤이어 무역국이 일일이 제한을 가했다. 어떤 담당자는 수입을 금지하고, 어떤 담당자는 수입을 금지하지 않았다. 명백한 규정이 없기 때문에 금지하는 담당자는 어떤 때는 괜찮다고 화물을 육지에 내리지만, 금지하지 않는 담당자는 늘 화물을 육지에 내리는 것을 허가하지 않았다. 어떤 때는 해관 창고에 화물을 압수하여 4·5개월 뒤에서야 허가 하든지 불허가 하든지 조치하여 화물을 운송한다. 무역국도 화상에게 명백한 회답을 하지 않는다. 이런 것들에 의해 입은 손실은 헤아릴 수가 없다. 또한 땅콩기름은 먼저 수입허가를 했는데 곧바로 수입을 금지했다. 작년 가을 수입을 허가하고 1개월도 되지 않았는데 수입을 엄금했다. 비슷한 사건으로, 주관 관청이 이미 허가한 것을 비 주관 관청이 뜻밖에 뛰어나와 엄격하게 간섭, 얼토당토않은 것을 옳다고 주장하여 당사자를 어리둥절하게 한 것도 있다. 군경의 불법 검사는 아무런 근거 없이 일을 방해하는 등의 각종 현상은 너무 많아 일일이 열거할 수 없다. 그 다음은 음식업에 대해 마음대로 세금을 부과하고 무리하게 단속을 하며, 가끔 하루 판매가 3·5천원에 불과한 소규모 음식점에

대해 소득세를 월 몇 만원 납부하라고 강제했다. 청결 검사를 핑계로 가지고 간 허가증을 되돌려 주지 않았는데 이렇게 해도 되지 않느냐 하고 끝내 버렸다. 상인은 사실 상업상의 많은 지장을 받고 있다. 인천화상으로 세관 통관 업무를 겸업하는 자는 총 2 · 3개 상가(商家)에 불과하다. 만약 화상에게 세관 통관 업무를 하지 못하도록 단속할 경우, 이들은 직접적인 위협을 받게 되며, 화상으로서 무역업을 하는 자는 극히 불편을 느끼게 될 것이다. 종합적으로 볼 때, 한국 관청은 화상을 적으로 보고 있으며, 배척은 실로 일본보다 더 심하다.306)

(4) '화상이 정부의 보호를 희망하는 의견'

위와 같은 상황에 처한 인천중화상회는 중국 정부에 다음과 같은 요청을 했다. '화상이 정부의 보호를 희망하는 의견'은 인천 화상의 생생한 요구이기 때문에 내용 전문을 있는 그대로 싣는다.

|번역문|

화상이 정부의 보호를 희망하는 의견

이상의 상황을 종합해 볼 때, 화상이 현재 처한 처지는 매우 힘들고 어렵다. 만약 긴급히 개선하지 않을 경우 화상 세력의 활로를 전혀 찾을 수 없을 것이다. 긴급한 개선을 기대하고 절박하게 희망하는 것을 삼가 왼쪽과 같이 하나씩 하나씩 진술하고자 한다.

(1) **무역제도의 개선**: 한국정부의 수입화물에 대한 무 규정 및 신청 허

306) '한국 관청의 화상에 대한 정책', 〈인천중화상회 보고의 화상 개황 의견서〉, 『인천중화상회 보고서』(인천화교협회소장).

가의 곤란은 위에서 이미 기술한 대로다. 긴급히 개선하지 않을 경우 화상의 활로는 절망에 빠질 것이다. (주한국중화민국)대사는 한국정부와 교섭하여 허가제를 폐지해주기를 바란다. 만약 그렇게 되지 않을 경우 어떤 담당자는 수입을 금지하고 어떤 담당자는 수입을 금지하지 않게 된다. 무역 상인에게 모든 것을 맡기도록 명령 공포해야 한다. 이에 따라 자칫 잘못해서 화물을 압수당하거나 손실을 입는 것을 면할 수 있다.

(2) **국산품의 판촉**: 이전 인천을 통해 수입된 우리나라 상품은 민국15년(1926)부터 민국24년(1935)까지 마포, 식염을 제외한 매월 수입 잡화의 수량도 1・2천 톤에 달했다. 현재 잡화 수입품 가운데 많은 상품이 수입 금지품으로 지정되어 있다. 국산품 판로의 확대 및 이권 쟁취, 화상 구제를 위해 뒤에 열거하는 각종 상품에 대해 대사가 한국정부와 교섭하여 금지령을 철폐하고 수입을 허가하도록 요청한다.

목록: 마포, 면포, 비단, 면사, 면화, 면제품, 고무신, 설탕류, 주류, 약재, 후추, 참깨, 종이류, 철(鐵)류, 과일, 등나무류, 대나무류, 고추, 대추, 곶감, 호두, 은행나무 열매, 땅콩, 땅콩알맹이, 땅콩기름, 콩기름, 유동나무씨 기름(桐油), 향유(香油), 갈대멍석, 빗자루, 대나무 빗자루, 종이 우산, 천 우산.

(3) **화상의 법적 이익 보장**: 화상 가운데 검속되지 않았는데도 스스로 위법한 것을 보고하는 자가 있다. 자신의 분수를 알고 자신을 지키는 자도 무고로 죄를 덮어쓸 때가 있다. 위에서 서술한 대로다. 화물을 압수하여 오래 동안 되돌려 주지 않아 교상(僑商)은 큰 손실을 입었다. 혹은 어떤 구실을 만들어 문제를 일으키거나, 공권력으로 협박하거나, 강탈하거나 했다. 혹은 고의로 영업을 방해하거나 마음대로 체포하여 불법으로 구금하고, 형벌을 남용하고, 제멋대로 포악한 짓을 하는 등의 여러 상황은 사실 권리를 침해하는 위법에 속하는 것이다. 이러한 상황에서 화상은 편안히 영업을 할 수 없을 뿐 아니라 생명과 재산도 극히 위험하다. 대사가 법에 의거하

여 보장하도록 한국정부에 다시는 이와 같은 사건이 발생하지 않도록 엄중히 항의하여 교상을 보호해주기를 바란다.

(4) **원래의 항해권 유지**: 화상은 중일전쟁 이전 자금을 모아 이통호(利通號) 윤선 한 척을 구입했다. 이 윤선은 정기적으로 다롄, 옌타이, 웨이하이, 칭다오 간을 왕복 운항했다. 일본에 의해 군용으로 징용된 후 파손되어 자취를 감추었다. 이미 왕홍서 대표는 정부에 배상 교섭을 허가하도록 요청하여 문서로 기록되어 있다. 중일간의 강화(講和)문제가 아직 미해결되어 지금까지도 배상을 받지 못하고 있다. 다만 중국과 한국은 현재 이미 통항(通航)상태에 있고, 해당 윤선은 아직 배상을 받지 못한 상태여서 이전 윤선의 원래의 항행권은 대사가 교섭하여 사전에 미리 확보 유지함으로써 장래 배상 시 통항을 회복할 수 있도록 해야 한다.

(5) **통상조약의 조기 체결**: 중한 양국은 이미 정식으로 국교를 수립했으며 이미 통항을 개시했다. 통상조약에 관해서는 평등, 호혜의 원칙 하에서 빨리 체결되어야 한다. 임시적인 일체의 조치는 하루빨리 폐지하여 정상을 회복해야 한다.

이상의 각 항은 화교의 이해와 안위와 관련하여 극히 중요하며 극히 절박한 것이다. 대사는 화교의 상황을 잘 살피어 참고 수용하여 주기를 바란다. 본회의 행복이 크면 교상의 행복도 크다.[307]

307) '화상이 정부의 보호를 희망하는 의견', 〈인천중화상회 보고의 화상 개황 의견서〉, 『인천중화상회 보고서』(인천화교협회소장).

결

화교 연구 및 중국 상회 연구 상의 의의

1. 화교 연구 상의 의의

우리는 지금까지 "인천화교협회소장자료"를 기본 사료로 근대 시기 인천화교의 사회와 경제에 대해 살펴봤다.

여기서는 본 연구가 분명히 밝혀낸 것을 정리한 후, 이러한 연구 결과가 화교 연구에 어떠한 의의가 있는지 검토하고자 한다.

본 연구는 근대 시기 인천화교에 관해 그동안 밝혀지지 않았던 사실(史實)을 새롭게 밝혀낸 것이 적지 않다.

첫째, 인천화교협회의 전신인 중화회관 및 중화상회의 설립 연대 그리고 각 동향회의 설립 연대를 밝혀냈다. 중화회관의 설립은 1887년 초, 중화상무총회의 설립은 1913년 12월, 중화총상회의 설립은 1915년 12월, 화상상회의 설립은 1929년 6월이었다. 그리고 산동동향회의 설립은 1891년, 남방(회관)의 설립은 1899년, 광방(회관)의 설립은 1900년이었다.

둘째, 인천중화상무총회(인천중화상회) 및 여선중화상회연합회의 장정(章程)의 내용 전문을 번역하고, 이를 상세히 분석했다. 각 지역의 조선화교의 구심점 역할을 담당했던 중화상회 조직의 장정이 이처럼 완벽하게 밝혀진 것은 이번이 처음이다.

셋째, 『인천중화상회 보고서』의 분석을 통해 1930년대 중반 인천화교의 사회 및 경제의 구체적인 모습을 밝혀낼 수 있었다. 인천 화상의 경제는 1920년대 전성기를 맞은 이후, 1930년대 들어 1931년 7월 발생한 제2차 배화사건과 세계대공황으로 인한 불경기, 중국산 수입품에 대한 고관세 부과 및 일본산 대체품으로 인한 수입 감소로 전반적으로 쇠퇴하는 국면에 있었다. 여기에다 조선총독부가 1934년 9월부터 실시한 중국인 입국 제한 조치와 화교의 국내 이동을 제약하는 조치 등으로 인천화교 인구가 거의 증가하지 않았다. 이로 인해 인천화교 사회단체의 활동은 이전에 비해 많이 위축되었다. 그러나 인천 화상은 여전히 포목상, 해산물 수출무역, 잡화 수입상 부문에서 큰 세력을 형성하고 있었고, 동순태와 왕성홍은 부동산 '재벌'로서 상당한 부동산을 소유하고 있었다.

넷째, 한국 정부 수립 직후 한국 정부의 인천 화상에 대한 차별적 조치가 어떻게 이뤄지고 있었는지 『인천중화상회 보고서』를 통해 분명히 밝혀낼 수 있었다. 기존의 연구에선 한국 정부의 외환 및 무역정책에 초점을 맞춰 이뤄졌지, 인천 화상의 입장에서 그러한 정책이 얼마나 차별적인지에 대한 논의는 없었다. 『인천중화상회 보고서』에는 그러한 차별적인 정책뿐 아니라 일선 공무원의 화상에 대한 차별적인 대우에 대해 매우 '분노'하는 내용이 그대로 담겨 있었다.

다섯째, 인천 화상의 각종 금융 및 거래 네트워크를 밝혀낼 수 있었다. 인천 화상은 상하이, 오사카, 옌타이, 칭다오 등지의 화상을 통해 상품을 수입하고 있었으며, 인천의 은행과 전장(錢莊)을 이용하여 수입대금을 지불했다. 또한 인천 화상은 인천 각 은행 지점으로부터 대출받아 자금흐름을 원활히 했다.

여섯째, 인천 화상의 상점은 자본출자자와 노무출자자로 구성된 중국 전통의 기업형태인 합고(合股)가 많았다. 또한 각 상점은 관련 업종을 중심으로 강력한 상점 연계 조직인 연호(聯號)를 형성하고 있었다. 이는 해방 초기 한국 최대의 무역회사인 만취동의 주권(株券)을 통해 만취동의 연호가 동순동, 계중무역, 복생동이라는 것을 밝힐 수 있었다.

상기와 같은 인천화교의 새로운 사실(史實)은 근대 시기 인천화교의 새로운 역사의 단편을 제시하는 것이라 하겠다. 근대 시기 인천화교 사회와 경제가 경성(서울)화교와 함께 조선화교를 대표하는 상징성을 가지고 있기 때문에 조선화교 연구 상에도 큰 의의를 가지는 것이라 할 수 있다.

2. 중국 상회 연구 상의 의의

중국의 근대 상회 연구 성과는 크게 중국 국내의 상회 연구와 해외에 이주한 화교 설립의 상회 연구로 나눠 볼 수 있다.

중국 국내의 상회 연구는 상회 관련 사료가 많이 남아 있고 입수가 가능한 상하이총상회(上海總商會)[308], 톈진상회(天津商會)[309], 수저우상회(蘇州商會)에 관한 연구가 상대적으로 많이 이뤄졌다. 최근에는 상하이와 톈진상회 이외에 타 지역의 상회 연구로 확산되고 있다.

연구의 방향은 상회의 조직 자체와 상회와 국가 간의 관계, 상회의 자선구제사업, 동업공회 등의 타 사회단체와의 관계 등을 중심으로 이뤄졌다.[310]

한편, 해외 거주 화교가 설립한 상회 연구는 중국 상회 연구나 화교 연구 가운데서 그렇게 활발히 이뤄진 분야는 아닌 것 같다. 이번에는 시간의 제약으로 세계의 화교 상회 연구의 성과를 정리하지 못해 정확히 설명할 수는 없다. 단, 상대적으로 화교연구가 활발히 이뤄지고 있는 일본화교에 관한 연구 성과를 보더라도 상회 연구 성과는 손꼽을 수 있을 정도로 적다. 우치다 나오사쿠(內田直作)는 일본화교 사회단체를

---

308) 徐鼎新·錢小明 (1991), 『上海總商會史』, 上海社會科學院出版社. ; 張恒忠 編 (1996), 『上海總商會研究 (1902-1929)』, 臺北知書房出版社.
309) 宋美雲 編 (2002), 『近代天津商會』, 天津社會科學院出版社.
310) 중국 근대 상회 연구에 관한 연구 경향과 내용은 다음의 연구를 참조. 朱英·鄭成林 編 (2005), 『商會與近代中國』, 華中師範大學出版社.

소개하면서 그 가운데 하나로 중화총상회의 설립 경위 및 사업 내용을 소개했다.[311] 진 라이코(陳來幸)는 1912년-1925년의 시기 고베중화총상회가 중일관계에 어떻게 관여했는지 고찰했다.[312] 이렇게 일본화교의 상회에 관한 연구 성과가 적은 이유는 참고할 사료의 부족에 있지 않을까 한다.

이런 가운데 조선화교의 상회에 관한 기존 연구는 개항기 한성의 '화상조직'이 중심이었다. 한성 화상은 1884년 중화회관을 설립하여 자치적인 활동을 전개하지만 기본적으로 '상무공서'(영사관)의 보호와 지시를 받는 반관반민적인 성격의 사회단체였다.[313]

이번의 "인천화교협회소장자료"를 통해 일제강점기 인천 중화상회의 형성 과정 및 활동 내용의 분석을 통해, 인천 중화상회는 산동방 혹은 북방, 남방, 광방의 3방(幇)이 참가하는 자치적 사회단체로 중국 국내의 상회가 담당한 역할을 수행하고 있었다는 것을 밝혀낼 수 있었다. 또한 인천 중화상회는 인천화교의 민단(民團) 조직으로서 인천영사관 및 인천판사처의 하부 행정기관으로서의 각종 행정사무를 담당했다. 특히 인천 중화상회는 중국 정부의 상회법 제정 및 개정을 철저히 준수하여 상회의 명칭과 조직을 그때마다 바꾸었다. 1913년 설립된 인천중화상무총회는 1903년 11월 공포된 상회간명장정, 1915년 12월 개칭된 인천중화총상회는 그해 공포된 새로운 베이징국민정부의 상회법, 1929년 6월 인천화상상회로의 개칭과 조직 개편은 난징국민정부의 신 상회법에

311) 內田直作 (1949), 『日本華僑社會の研究』, 同文館, 263-310쪽.
312) 陳來幸 (2000), 「通過中華總商會網絡論日本大正時期的阪神華僑與中日關係」, 『華僑華人歷史研究』2000年4期.
313) 김희신 (2010), 「淸末(1882-1894년) 漢城 華商組織과 그 位相」, 『中國近現代史硏究』제46집. ; 김희신 (2012), 「淸末 駐漢城 商務公署와 華商組織」, 『東北亞歷史論叢』Vol.35.

의해 이뤄진 것이다. 인천 중화상회처럼 본국 정부의 상회법에 따라 개칭과 조직 개편을 철저히 시행한 상회는 조선의 다른 지역 상회에서는 물론이고 일본에서도 잘 찾아볼 수 없다. 따라서 인천의 중화상회 조직은 중국 국내의 상회 조직 및 활동과 유사한 점이 많다.

그리고 최근 중국 동북지역의 근대 상회 연구가 국내서도 이뤄지기 시작했는데, 이들 연구 성과는 인천 중화상회의 활동과 관련하여 많은 시사점을 준다.[314] 중국 동북지역에는 산동성, 허베이성(河北省), 산시성(山西省) 등지에서 이주한 중국인에 의해 설립된 동향단체와 상회가 많았다. 동북지역의 각 상회는 동향단체를 기반으로 설립되었는데 이것은 인천 중화상회와 공통되는 부분이며, 상회의 활동 내용은 거의 비슷했다. 단, 동북지역의 상회는 지방군벌과 유착관계에 있어 정치적인 역할을 상대적으로 많이 수행할 수밖에 없는 위치에 있었기 때문에 인천 중화상회와는 조금 상황이 다르다. 그러나 인천 중화상회는 중일전쟁 시기 친일협력정권의 말단 기관으로서 조선총독부와 베이징임시정부 및 왕징웨이 난징국민정부에 정치적으로 협력하지 않을 수 없는 입장에 있었다.

이처럼 인천 중화상회 연구는 중국의 상회 연구 및 동북지역 상회 연구에도 기여할 수 있는 의의를 가지고 있는 것이다.

314) 박경석 (2013), 「中國東北地域의 傳統 行會에서 '近代的' 商會 사이: '公議會'의 조직과 활동을 중심으로」, 『중국근현대사연구』 제60집. ; 김희신 (2014), 「중국 동북지역의 상업자본과 상점 네트워크: 만주국 수립 이전 봉천시 사례를 중심으로」, 『중국근현대사연구』 제62집.

【참고문헌】

모든 참고문헌은 발행 및 발표 연 순으로 정리했다. 발표 연이 같은 경우는 한국어 사료 및 문헌은 한글음순, 중국어 사료 및 문헌은 필자의 병음순, 일본어 사료 및 문헌은 50음순으로 나열했다.

1. 1차 사료

1) 미간행 사료

(1) 중국어 사료

① 인천화교협회소장 사료

· 1905年2月16日, 『曲秀蓉夫婦救濟案』

· 1913年, 『朝鮮仁川中華商會章程』

· 1913年, 『朝鮮仁川中華商務總會民國二年選擧職員姓名年歲籍貫履歷列表』

· 1935年, 〈仁川華商商會華商狀況報告　中華民國二十四年三月〉, 『仁川中華商會報告書文件』

· 1935年, 〈仁川華商商會華僑狀況報告　中國民國二十四年三月〉, 『仁川中華商會報告書文件』

· 1935年, 〈二十四年度仁川華商商會僑商狀況報告〉, 『仁川中華商會報告書文件』

· 1935年, 〈仁川中華商會報告華商概況意見書　中華民國廿八年十月〉, 『仁川中華商會報告書文件』

· 1937年5月18日, 『仁川華商海産組合章程』

· 1938年2月3日, 「旅鮮中華商會聯合會組織大綱」, 『旅鮮中華商會聯合會文件』

· 1938年7月26日, 「旅鮮中華商會聯合會章程」, 『旅鮮中華商會聯合會文件』

· 1938年7月26日, 「旅鮮中華商會聯合會選擧法」, 『旅鮮中華商會聯合會文件』

· 1938年7月26日, 「旅鮮中華商會聯合會辦事細則」, 『旅鮮中華商會聯合會文件』

② 타이완 중앙연구원 근대사연구소 당안관 소장 사료

· 1905年, 「擬設華商會館由」, 『駐韓史館檔案』(문서보관번호, 02-35, 031-03)

· 1906年, 「華商人數淸冊」, 『駐韓史館檔案』 (同02-35, 041-03)

· 1910年, 「新定仁川 · 釜山 · 元山租界謄本」, 『駐韓使館檔案』 (同02-35, 055-01)

· 1910年, 「領事裁判權合併後有關巡警防疫勞動關係」, 『駐韓使館檔案』 (同02-35, 067-04)

· 1917年, 「各華商會選擧及改組」, 『駐韓使館檔案』 (同03-47, 045-01)

· 1927年, 「仁川鮮人暴動華人被害報告書」, 『駐韓使館檔案』(同03-47, 168-01)

· 1930年, 「仁川農會紛糾案」, 『駐韓使館檔案』 (同03-47, 192-03)

· 1930年, 「仁川華僑小學」, 『駐韓使館檔案』 (同03-47, 193-01)

· 1930年, 「改進華僑教育暨僑學立案」, 『駐韓使館檔案』(同03-47, 193-02)

· 1930年, 「中華農會會員冊」, 『駐韓使館檔案』(同03-47, 191-02)

· 1930年, 「交涉營業稅」, 『駐韓使館檔案』(同03-47, 191-03)

· 1931年, 「仁川農會改組及賑捐」, 『駐韓使館檔案』(同03-47, 205-01)

· 1932年, 「仁川公設市場之菜類販賣權」, 『駐韓使館檔案』(同03-47, 218-02)

③ 타이완 국사관(國史館) 소장 사료

· 1931年, 「朝鮮暴動」, 『外交部檔案』(문서보관번호, 0671.32-4728)

· 1948年, 「朝鮮概況報告及意見書」, 『韓國僑務案(1948.1-12)』(문서보관번호, 0893)

④ 중국 제2역사당안관 소장 사료 (楊韻平씨 제공)

- 『汪僞僑務委員會檔案』

· 1940年, 〈仁川華僑現況〉, 「日本各地華僑概況調査」, 『汪僞僑務委員會檔案』(문서보관번호, 2068-630)

· 1942年, 〈駐京城總領事館報告壹件〉, 「汪僞政府駐朝鮮總領事館半月報告」, 『汪僞僑務委員會檔案』(同2088-373)

· 1942年, 〈朝鮮華僑概況〉, 「汪僞政府駐朝鮮總領事館半月報告」, 『汪僞僑務委員會檔案』(同2088-373)

· 1942年, 〈元山府棉布華商經營概況〉, 「汪僞政府駐朝鮮總領事館半月報告」, 『汪僞僑務委員會檔案』(同2088-373)

· 1942年, 〈仁川辦駐事處轄境內僑務概況〉, 「汪僞政府駐朝鮮總

領事館半月報告」,『汪僞僑務委員會檔案』(同2088-373)

· 1941年, 「朝鮮京城華商北幇會館職員履歷章程印鑑報告表」,『汪僞僑務委員會檔案』(同2088-679)

· 1942年, 「關於朝鮮僑民回國觀光團問題的來往文書」,『汪僞僑務委員會檔案』(同2068-630)

-『汪僞外交部檔案』(楊韻平씨 제공)

· 1940年, 「京城總領事館公務人員任命辭職及僑敎等問題」,『汪僞外交部檔案』(同2061-544)

· 1942年, 〈處理釜山饅頭商配給交涉事件〉, 「駐汪朝鮮釜山領事館半年報告」,『汪僞外交部檔案』(同2061-1346)

⑤ 일본 東洋文庫 소장 사료

· 1943年, 「第二次領事會議記錄」,『中華民國國民政府(汪精衛政權)駐日本大使館檔案』, (日本東洋文庫所藏, 2-2744-51)

(2) 일본어 사료

① 한국국가기록원 소장 사료

- 朝鮮總督府 外事課 사료

·『昭和四 · 五 · 六 · 七年 各國領事館往復』

·『昭和九年 領事館往復綴(各國)』

·『昭和十三年 領事館關係綴』

2) 간행 사료

(1) 중국어 문헌

· 中華民國駐朝鮮總領事館 (1930), 『朝鮮華僑概況』

· 中央研究院近代史研究所 編 (1972), 『清季中日韓關係史料』

· 中國第二歷史檔案館編 (1990), 『南京國民政府外交部公報』, 江蘇古籍出版社

(2) 일본어 문헌

· 仁川日本人商業會議所 (1908), 『明治四十年仁川日本人商業會議所報告』

· 統監府 (1908), 『第2次統監府統計年報』

· 度支部 (1910), 『韓國財政施設綱要』

· 外務省通商局 (1921), 『在芝罘日本領事館管內狀況』

· 中村資良 編 (1921), 『朝鮮銀行會社要錄』, 東洋經濟新報社

· 朝鮮總督府 (1923), 『支那ニ於ケル麻布及絹布並其ノ原料ニ關スル調査』

· 朝鮮總督府 (1924), 『朝鮮に於ける支那人』

· 朝鮮總督府警務局 (1927), 『昭和二年 在留支那人排斥事件狀況』

· 京畿財務研究會 編纂 (1928), 『所得稅 · 營業稅 · 資本利子稅 · 朝鮮銀行券發行稅 事務提要』

· 朝鮮總督府 (1929), 『昭和二年 朝鮮總督府統計年鑑』

· 朝鮮綿絲布商聯合會 (1929), 『朝鮮綿業史』

· 朝鮮總督府警務局 (1931), 『鮮內ニ於ケル支那人排斥事件ノ概況』

· 朝鮮總督府警務局 (1932), 『鮮支人衝突事件ノ原因狀況及善

後措置』
· 朝鮮總督府 (1933),『昭和六年 朝鮮總督府統計年報』
· 仁川府 編纂 (1933),『仁川府史』
· 南滿洲鐵道株式會社經濟調查會 (1933.9.15.),『朝鮮人勞動者一般事情』
· 朝鮮總督府 (1934),『昭和五年 朝鮮國勢調查報告: 全鮮編 第一卷 結果表』
· 朝鮮總督府 (1936),『昭和九年 鮮總督府統計年報』
· 朝鮮總督府警務局 (1937),「在留支那人狀況」,『昭和十二年第七十三回 帝國議會說明資料』
· 朝鮮總督府 (1939),『昭和十二年 朝鮮總督府統計年報』
· 東亞硏究所 編 (1940),『南洋華僑教育調査硏究(飜譯)』
· 朝鮮總督府財務局 (1941),『昭和十四年 朝鮮稅務統計書』
· 京城府 (1941),『昭和十四年度 第一回京城府中央御賣市場年報』
· 京城府 (1942),『物品販賣業調査』
· 今井田清德傳記編纂會 (1943),『今井田清德』
· 김경태 편 (1987),『통상휘찬 한국편①』(영인본), 여강출판사
· 한국학문헌연구소 편 (1990),『조선총독부관보1』(영인본), 아세아문화사
· 조선총독부 (1994),「第七十三回 帝國議會說明資料」,『朝鮮總督府 帝國議會說明資料 第一卷』(영인본), 不二出版
· 조선총독부 편찬 (1996),『日帝下法令輯覽』제4권(영인본), 국학자료원
· 宮田節子 監修 (2001),『朝鮮統治における「在滿朝鮮人問題」』(未公開資料 朝鮮總督府關係者 錄音記錄(2)),『東洋文化硏究』

第3號, 學習院大學東洋文化研究所

(3) 한국어 문헌

· 朝鮮銀行調査部 (1948), 『朝鮮經濟年鑑 1948年版』
· 朝鮮銀行調査部 (1949), 「특수문제 편: 재한화교의 경제세력」, 『1949年版 經濟年鑑』
· 대한민국공보처통계국 (1953), 『1952년 대한민국통계연감』, 공보처
· 國會圖書館立法調査局 (1965), 『舊韓末條約彙纂 (1876-1945) 下卷』
· 國史編纂委員會 編 (2003), 『中國人襲擊事件裁判記錄』

(4) 영어 문헌

· Consul-General Paton, Annual Report of Affairs in Corea for 1927, Volume 12 Korea: Political and Economic Reports 1924-1939, Japan and Dependencies, Archive Editions, An imprint of Archive International Group, 1994
· "South Korean Interim Government Activities, Summation of United States Army Military Government Activities in Korea"No.28, January 1948
· "South Korean Interim Government Activities, Summation of United States Army Military Government Activities in Korea"No.34, July-August 1948
· From American Embassy, Seoul to Secretary of State, Records of the U.S. Department of State relating to the Internal Affairs of Korea, December 19, 1949.

2. 2차 사료 (정기간행물 · 인터뷰)

(1) 신문

- 「경기봉찬헌금」, 『매일신보』, 1917년 3월 3일
- 「仁川府議　선거한 결과」, 『매일신보』, 1923년 11월 22일
- 「支那人理髮業者料金引上問題」, 『매일신보』, 1924년 7월 4일
- 「仁川中國商人結束營業稅不服申立」, 『동아일보』, 1931년 4월 12일.
- 「中國軍艦來仁」, 『매일신보』, 1931년 6월 7일.
- 「憲兵の應援」, 『京城日報』, 1931년 7월 6일
- 「駐朝鮮總領事館仁川辦事處主任蔣文鶴報告仁川慘案經過　中華民國二十年七月二十日」, 『上海時事新報』, 1931년 8월 2일
- 「五日提出應急辦法四條」, 『天津大公報』, 1931년 8월 30일
- 「鮮案關係文件　駐朝鮮總領事館呈文(二十年七月二十二日)」, 『天津大公報』, 1931년 8월 30일
- 「三日下午二時與楊代理外事課長談話」, 『天津大公報』, 1931년 8월 30일.
- 「萬寶山報復に端を發する仁川騷擾殺人被告事件」, 『東亞政法新聞』, 1932년 5월 5일
- 「中華勞動者の上陸取締りを歡迎　京城からの反對慫慂　仁川華商々會は一蹴」, 『朝鮮新聞』, 1934年 9月 5日
- 「인천 야채 생산자 철거로 금년 김장은 대공황?」, 『동아일보』, 1937년 8월 26일
- 「야채 간상 발호 인천서 엄중히 단속」, 『동아일보』, 1937년 9월 3일
- 「仁川華僑小學校 學制改革코 開校」, 『동아일보』, 1938년 1월 24일

·「いよいよ許される支那人の再入鮮」, 『京城日報』, 1938년 4월 15일
·「仁川大連間 航路復活!」, 『동아일보』, 1938년 6월 24일
·「日支親善의 結實 中華商會聯合會一週年祝賀式 昨日金閣園에서 盛大」, 『매일신보』, 1939년 3월 3일
·「再開될 對華貿易 國産品을 보내어 食鹽등을 수입」, 『漢城日報』, 1946년 3월 19일
·「外交機關設置의 前提로 上海에 朝鮮連絡所」, 『獨立新報』, 1946년 5월 25일
·「在留華僑一萬二千」, 『貿易新聞』, 1947년 9월 22일
·「外國人出入局手續變更」, 『貿易新聞』, 1948년 7월 1일
·「주객전도의 인천 상가 적산은 화상이 거의 점유」, 『조선일보』, 1948년 10월 13일
·「中共에 油類 提供 在仁川華商의 密輸 跳梁」, 『商業日報』, 1948년 11월 23일

(2) 잡지

· 谷垣嘉市 (1906.2), 「木浦附近の鹽田」, 『朝鮮之實業2』第10號
· 水口隆三 (1926.4), 「青島鹽の朝鮮輸入に就て」, 『朝鮮』第131號
· 京城商業會議所 (1929.3), 「朝鮮に於ける外國人の經濟力」, 『朝鮮經濟雜誌』159호
· 京城商業會議所 (1929.6), 「朝鮮における麻布の需給概況」, 『朝鮮經濟雜誌』제162호
· 京城商業會議所 (1930.4), 「資料: 鹽の輸移入管理と賣捌人規定の制定」, 『朝鮮經濟雜誌』第172號

· 松本誠 (1930.5), 「鹽輸移入管理施行に就て」, 『朝鮮』第180號
· 室田武隣 (1931.2), 「朝鮮の機業に就て」, 『朝鮮』제189호,
· 室田武隣 (1926.1), 「朝鮮における痲織物及絹織物」, 『朝鮮經濟雜誌』第121號
· 稅田谷五郎 (1926.1), 『朝鮮』第128號
· 京城商業會議所 (1927.11), 「朝鮮に於けるメリヤス製品の需給狀況」, 『朝鮮經濟雜誌』第143號
· 室田武隣 (1931.2), 「朝鮮の機業に就て」, 『朝鮮』第189號
· 京城商工會議所 (1932.4), 「滿洲事變の朝鮮に及ぼした經濟的影響」, 『京城商工會議所經濟月報』第196號
· 高等法院檢事局思想部 (1932.10), 『考檢 思想月報』第2卷第7號
· 朝鮮總督府警務局保安課 (1934), 『高等警察報』第3號
· 朝鮮總督府技師川口利一 (1935.1), 「藥草の栽培と利用について(其ノ四)」, 『京城商工會議所經濟月報』第229號
· 小林林藏 (1936.8), 「京城人の嗜好から見た蔬菜と果實」, 『朝鮮農會報』第10卷第8號
· 京城商工會議所 (1937.8), 「北支事變に關する法令及諸調査」, 『京城商工會議所經濟月報』第259號
· 澎運泰 (1938年4月30日), 「朝鮮ニ於ケル護旗奮鬪經過」, 『朝鮮出版警察月報』,
· 「京城の飲食店や料理店に價格公定」, 『朝鮮及滿洲』第396號, 1940年11月

(3) 인터뷰

· 난계선 (欒繼善, 1921년생), 1999년 9월, 장소 대구화교협회
· 모영문(慕永文, 1932년생), 1999년 9월, 장소 대구 北京飯店
· 구비소(邱丕昭, 1934년생), 1999년 9월 및 2004년 5월 20일, 대구화교협회
· 양춘상(楊春祥, 84세), 2005년 2월 20일, 장소 대구 益生春 한약방
· 왕수망(王修網, 1931년생), 2005년 2월 21일, 장소 대구 成立行
· 한중정(韓中正, 72세), 2014년 11월 13일, 장소 인천차이나타운 豊美
· 부극정(傅克正, 66세), 2015년 4월 6일, 장소 인천화교협회

3. 연구서

(1) 한국어 문헌

· 박영석 (1978), 『만보산사건 연구: 일제대륙침략정책의 일환으로서』, 아세아문화사
· 강진아 (2011), 『동순태호: 동아시아 화교 자본과 근대 조선』, 경북대학교출판부
· 왕언메이 저 · 송승석 역 (2013), 『동아시아 현대사 속의 한국화교: 냉전체제와 조국 의식』, 학고방
· 야스이 산기치 저 · 송승석 역 (2013), 『제국일본과 화교: 일본 · 타이완 · 조선』, 학고방

(2) 중국어 문헌

· 楊昭全 · 孫玉梅 (1991),『朝鮮華僑史』, 中國華僑出版公司
· 徐鼎新 · 錢小明 (1991),『上海總商會史』, 上海社會科學院出版社
· 張恒忠 編 (1996),『上海總商會硏究 (1902-1929)』, 臺北知書房出版社
· 韓國仁川華僑協會 (2000.6),『僑情簡報』
· 旅韓中華基督教聯合會 (2002),『旅韓中華基督教創立九十週年紀念特刊』
· 宋美雲 編 (2002),『近代天津商會』, 天津社會科學院出版社
· 杜書簿 編著 (2002),『仁川華僑教育百年史』
· 朱英 · 鄭成林 編 (2005),『商會與近代中國』, 華中師範大學出版社
· 楊韻平 (2007),『汪政權與朝鮮華僑(1940-1945): 東亞秩序之一硏究』, 稻鄕
· 徐秀麗 · 鄭成林 編 (2014),『中國近代民間組織與國家』, 社會科學文獻出版社

(3) 일본어 문헌

· 山內喜代美 (1942),『支那商業論』, 巖松堂書店
· 小島昌太郎 (1942),『支那最近大事年表』, 有斐閣
· 吳主惠 (1944),『華僑本質論』, 千倉書房
· 內田直作 (1949),『日本華僑社會の硏究』, 同文館
· 內田直作 · 鹽脇幸四郎 共編 (1950),『留日華僑經濟の分析』, 河出書房

· 神谷不二 編 (1976), 『朝鮮問題戰後資料』제1권, 日本國際問題硏究所
· 內田直作 (1982), 『東南アジア華僑の社會と經濟』, 千倉書房
· 市川信愛 (1987), 『華僑社會經濟論序說』, 九州大學出版會
· 許淑眞 (1990), 「日本における勞動移民禁止法の成立: 勅令第352號をめぐって」, 『東アジアの法と社會』, 汲古書院
· 山脇啓造 (1994), 『近代日本と外國人勞動者』, 明石書店
· 可兒弘明 · 斯波義信 · 遊仲勳 編 (2002), 『華僑 · 華人事典』, 弘文堂
· 安井三吉 (2005), 『帝國日本 華僑』, 青木書店
· 王恩美 (2008), 『東アジア現代史のなかの韓國華僑: 冷戰體制と「祖國」意識』, 三元社
· 城山智子 (2011), 『大恐慌下の中國: 市場 · 國家 · 世界經濟』, 名古屋大學出版會
· 李正熙 (2012), 『朝鮮華僑と近代東アジア』, 京都大學學術出版會

4. 연구 논문

(1) 한국어 문헌

· 박현 (2000), 「한말 · 일제하 한국인 자본가의 은행 설립과 경영: 한일은행의 사례를 중심으로」, 연세대학교 석사학위 논문
· 진홍민, 왕은미(역) (2005), 「쟁점과 동향: 한국정부문서에 포함

된 민국시기의 한,중관계 관련 사료」, 『중국근현대사연구』제27집
· 장세윤 (2003.10), 「만보산사건 전후 시기 인천시민과 화교의 동향」, 『인천학연구』2-1호
· 김중규 (2007), 「화교의 생활사와 정체성의 변화과정: 군사 여씨가를 중심으로」, 『지방사와 지방문화』10권제2호)
· 강진아 (2007), 「동아시아경제사 연구의 미답지: 서울대학교 중앙도서관 고문헌자료실 소장 朝鮮華商 同順泰號關係文書」, 『동양사학연구』100
· 이정희 (2007.9), 「중일전쟁과 조선화교: 조선의 화교소학교를 중심으로」, 『중국근현대사연구』제35집
· 이정희 (2008), 「해방 초기 인천화교의 경제활동에 관한 연구」, 『인천학연구』제9호
· 이은자 (2008), 「청말 주한상무서 조직과 그 위상」, 『명청사연구』제30집
· 손승회 (2009), 「1931년 식민지 조선의 배화폭동과 화교」, 『중국근현대사연구』제41집
· 김태웅 (2010), 「일제하 군산부 화교의 존재형태와 활동양상」, 『지방사와 지방문화』13권제2호
· 김희신 (2010), 「淸末(1882-1894년) 漢城 華商組織과 그 位相」, 『中國近現代史硏究』제46집
· 김희신 (2011), 「근대 한중관계의 변화와 외교당안의 생성: 『淸季駐韓使館保存檔』을 중심으로」, 『중국근현대사연구』제30집
· 신규환 (2012), 「제1 · 2차 만주 페페스트의 유행과 일제의 방역행정(1910-1921)」, 『醫史學』21-3
· 李銀子 (2012), 「仁川三里寨 中國租界 韓民가옥철거 안건연구」,

『東洋史學硏究』Vol.118
· 김희신 (2012), 「淸末 駐漢城 商務公署와 華商組織」, 『東北亞歷史論叢』Vol.35
· 송승석 (2012), 「1945년 이전 仁川의 華僑敎育과 華僑社會」, 『역사교육』124
· 송승석 (2013.9.1), 「인천에도 중화회관이 있었다」, 『중국관행웹진』49, 인천대학교인문한국중국관행연구사업단
· 박경석 (2013), 「中國東北地域의 傳統 行會에서 '近代的' 商會 사이: '公議會'의 조직과 활동을 중심으로」, 『중국근현대사연구』 제60집
· 강진아 (2014), 「20세기 광동 화교자본의 환류와 대중국 투자」, 『동양사학회 학술대회 발표 논문집』No.2
· 강진아 (2014), 「在韓華商 同順泰號의 눈에 비친 淸日戰爭」, 『역사학보』Vol. 224.
· 김희신 (2014), 「華僑, 華僑 네트워크와 駐韓使館」, 『중국사연구』 제89집
· 김희신 (2014), 「중국 동북지역의 상업자본과 상점 네트워크: 만주국 수립 이전 봉천시 사례를 중심으로」, 『중국근현대사연구』제62집
· 신규환 (2014), 「제국의 과학과 동아시아 정치: 1910~11년 만주 페스트의 유행과 방역법규의 제정」, 『동방학지』167
· 송승석 (2015), 「인천 중화의지(中華義地)의 역사와 그 변천」, 『인천학연구』22

(2) 일본어 문헌

· 綠川勝子 (1969), 「萬寶山事件及び朝鮮內排華事件についての一考察」, 『朝鮮史硏究會論文集』第6集
· 田中正敬 (1997), 「植民地期朝鮮の鹽需要と民間鹽業: 1930年代までを中心に」, 『朝鮮史硏究會論文集』第35集
· 石川亮太 (2004), 「ソウル大學校藏『同泰來信』の性格と成立過程: 近代朝鮮華僑硏究の手がかりとして」, 『東洋史論集』32, 九州大學東洋史硏究會
· 石川亮太 (2005), 「朝鮮開港後における華商の對上海貿易: 同順泰資料を通じて」, 『東洋史硏究』63(4)
· 菊池一隆 (2007), 「萬寶山・朝鮮事件の實態と構造」, 『人間文化』第22號
· 李正熙 (2008), 「'日韓倂合'と朝鮮華僑」, 『華僑華人硏究』第5號
· 李正熙 (2009), 「朝鮮開港期における中國人勞動者問題: 『大韓帝國』末期廣梁灣鹽田築造工事の苦力を中心に」, 『朝鮮史硏究會論文集』第47集
· 李正熙 (2010), 「南京國民政府時期の朝鮮における華僑小學校の實態: 朝鮮總督府の'排日'教科書取り締まりを中心に」, 『現代中國硏究』第26號

(3) 중국어 문헌

· 李正熙 (2009), 「近代朝鮮華僑製造業硏究: 以鑄造業爲中心」, 『華僑華人歷史硏究』2009 年第 I 期 · 總第85期
· 朱英 (2014), 「1920年代商會法的修訂及其影響」, 『中國近代民

間組織與國家』, 社會科學文獻出版社

(4) 영어 문헌

· Michael KIM (2010), "The Hidden Impact of the 1931 Post-Wanpaoshan Riots: Credit Risk and the Chinese Commercial Network in Colonial Korea", Seoul: Sungkyun Journal of East Asian Studies. Vol.10 No.2

부록

【부록1】 인천화교협회소장자료 목록(근대시기)

|부표1-1| 인천화교협회소장자료 문헌목록 (1905-1949)

번호	연	월	일	건명	작성기관
1	1905-1915			中華會館職員月給支出現況	仁川中華會館
2	1908			仁川淸國居留地地稅表	仁川中華會館
3	1908			仁川三里寨淸商地稅表	仁川中華會館
4	1911	閏6 (음)		宣統三年閏六月西横街 · 中横街 · 界後街戶口調查表	仁川中華會館
5	1911	11	25	地稅納稅告知書	多所面長
6	1911	12	29	地稅納稅領收證	多所面公錢領收員
7	1911-1913			中華會館建物火災保險更新領收證	The North British &Mercantile Insurance Company
8	1911-1914			當座預金入金票	仁川中華會館
9	1911-1918			當座預金勘定帳	株式會社十八銀行仁川支店
10	1912	1	29	吳禮堂遺囑書	吳禮堂
11	1912	1	29	診斷書	小倉柳助
12	1912	1	29	吳禮堂遺囑書批示	仁川淸國領事府
13	1912	3	28	關稅及內地各稅之稅率暨抽稅辦法	仁川中華會館
14	1912	4		塵芥及汚物掃除契約書	仁川居留民團長岩崎ㅁ英
15	1912	5	4	華商遵守章程	仁川中華會館
16	1912 · 1914	9	1	醫務囑託合同	仁川領事館 · 仁川中華會館
17	1912	10	4	僑居朝鮮仁川埠國民捐淸冊	仁川中華會館
18	1912	10	28	消防費寄附金領收證	仁川居留民團會計役代理書記 岡本保誠
19	1912	11	2	消防費寄附金領收確認	仁川中國領事府
20	1913	5-12		衛生捐單領收證及章程五款	仁川中華會館
21	1913	10	11	王田錫救濟案	仁合東棧
22	1913			朝鮮仁川中華商務總會章程	仁川中華商務總會
23	1913			朝鮮仁川中華商務總會民國二年選擧職員姓名年歲籍貫履歷列表	仁川中華商務總會
24	1913-1914			仁川中華會館收支	仁川中華會館
25	1914	1	16	孫潤齡印鑑證明願	孫潤齡

번호	연	월	일	건명	작성기관
26	1914	7	10	the letter claiming upon the payment of the cost of Woo Litang's Monument	Amalia
27	1914	7	24	the letter reclaiming upon the payment of the cost of Woo Litang's Monument	Amalia
28	1914	7	20	源生東裕華恆商去來證明存根	仁川中華商務總會
29	1914	7	20	法順福裕華恆商去來證明存根	仁川中華商務總會
30	1914	7	27	吳禮堂墓碑費用支拂의 件	鄧其芬(TienTchi Fang)
31	1914	8		朝鮮仁川府府稅條例	仁川中華商務總會
32	1914	9	14	埋火葬認許證	仁川警察署
33	1914	12		菜市場建築合同	鴻興木廠
34	1914	12		菜市場茅厠工事合同	鴻興木廠
35	1914			中華民國二年自十月到十二月華商輸入貨物總計表	仁川中華商務總會
36	1914			徵收大正三年春季三個月新界地稅准名單	仁川中華商務總會
37	1914			避病院房屋工事合同	永昌號
38	1914-1916			當座預金手票存根	仁川中華商務總會會計課
39	1914-1917			當座預金入金票存根	株式會社十八銀行仁川支店
40	1914-1918			中華商務總會來銀部	中華商務總會理財員王成鴻
41	1915	1	23	避病院捐金單	中華商會
42	1915	2	16	曲秀蓉夫婦救濟案	仁川農業公議會總理人王承謁
43	1915	2	25	埋火葬認許證	仁川警察署
44	1915	4		購買公債姓名數目	中華商務總會
45	1915	5		波多野商店의 仁川中華會館에 판매한 商品帳簿	仁川波多野商店
46	1915	6		民國四年內國公債買入收據	仁川領事張鴻
47	1915	9	7	內國公債本年利子	仁川中華商務總會
48	1915-1917			當座小切手存根	中華商務總會
49	1916	9	19	醫務囑託料領收證	高木助市
50	1917	1-11		中華商務總會支出帳簿(當座預金手票存根)	仁川中華商務總會
51	1918-1923			繙譯收支老帳(中華商務總會收支帳簿)	仁川中華商務總會
52	1919	7		醫務囑託料領收證	高木助市
53	1919	10		醫務囑託料領收證	高木助市
54	1919	1-12		會費·學校費收支	仁川中華商務總會
55	1922			中華民國十一年中華商務總會의商	仁川中華商務總會

번호	연	월	일	건명	작성기관
				會·學校·義莊·避病院·京城雙興木廠別收支	
56	1922	1-12		中華商務總會月別收支	仁川中華商務總會
57	1923	1		死亡者·義莊備具	仁川中華總商會
58	1926			發文稿簿(利通號의件)	山東同鄉會
59	1929	8	17	工商同業公會法	-
60	1930	7	25	工商同業公會法施行細則	-
61	1935	3		仁川華商商會華商商況報告	仁川華商商會
62	1937	5	18	仁川華商海産組合章程	仁川華商海産組合
63	1938	2	3	旅鮮中華商會聯合會組織大綱	旅鮮中華商會聯合會
64	1938	7	26	旅鮮中華商會聯合會章程	旅鮮中華商會聯合會
65	1938	7	26	旅鮮中華商會聯合會選擧法	旅鮮中華商會聯合會
66	1938	7	26	旅鮮中華商會聯合會辦事細則	旅鮮中華商會聯合會
67	1949	10		仁川中華商會報告華商概況意見書	仁川中華商會

* 출처: 인천화교협회소장 자료의 각 문헌을 연대순으로 필자 작성.

|부표1-2| 인천화교협회소장자료 비문헌 자료 목록

번호	연	월	일	건 명	보존형태	비고
1	1912頃			五色旗 아래서 찍은 仁川 華商	흑백사진	
2	1923			仁川華僑學校新築校舍落成記念團體寫眞	흑백사진	仁川華僑學校에서
3	1927	12	24	京城總領事館領事群山中華商務會訪問記念團體寫眞	흑백사진	群山中華商務會의 건물 앞에서
4	1930	12		旅仁川山東同鄉會重築落成記念團體寫眞	흑백사진	仁川山東同鄉會의 건물 안에서
5	1930	12		旅仁川山東同鄉會重築落成記念全體及外賓團體寫眞	흑백사진	仁川山東同鄉會의 건물 안에서
6	1931	6		旅仁川山東同鄉會海琖號軍艦歡宴團體寫眞	흑백사진	仁川山東同鄉會의 건물 안
7	1931	6		旅仁川華商商會海琖號軍艦艦長暨士官歡迎團體寫眞	흑백사진	인천화교학교에서
8	1931	7		在留同胞避難者第一收容所錦和閣商店	흑백	錦和閣商店 안

번호	연	월	일	건 명	보존형태	비고
					사진	
9	1931	7		在留同胞避難者第二收容所錦和閣商店	흑백사진	錦和閣商店 안
10	1931	7		在留同胞避難者第四收容所德生東商店	흑백사진	德生東商店 안
11	1931	7		在留同胞避難者第六收容所裕豊德商店	흑백사진	裕豊德商店 안
12	1931	7		在留同胞避難者第七收容所文泰興商店	흑백사진	文泰興商店 안
13	1931	7		在留同胞避難者第九收容所協興裕商店	흑백사진	協興裕商店 안
14	1931	7		仁川僑民遺悼旅鮮遇難僑胞大會	흑백사진	인천화교학교에서
15	1939	3	2	旅鮮中華商會聯合會成立一週年記念寫眞	흑백사진	장소불명
16	1943 · 1944			仁川辦事處를 訪問한 馬永發 京城總領事	흑백사진	仁川辦事處會議廳 建物 앞에서
17	1930-1945			仁川華商商會의 印鑑	인감	인천화상상회의 인감
18	1945頃			仁川中華商會의 印鑑	인감	인천중화상회 인감

* 출처: 인천화교협회소장 사진과 인감을 연대순으로 필자 작성.

【부록2】 근대시기 인천 화상 상호의 신용 조사 목록

이하에 게재하는 부표는 일본의 신용평가회사인 상업흥신소(商業興信所)가 발행한 『상공자산신용록』(商工資産信用錄)』 가운데 제16회(1915년 발행), 제19회(1918년), 제21회(1921년), 제23회(1922년), 제26회(1925년), 제30회(1929년), 제33회(1932년), 제37회(1936년), 제42회(1941년) 가운데 인천에 소재하는 화상 상호를 선별하여 수록한 것이다. 『상공자산신용록』에는 각 회사의 자산 및 신용정도가 부표로 표기되어 있다. 자산 및 신용정도의 부호(符號)는 각 회에 따라 달라 주의를 요한다. 이하 각 회의 부호 표를 적어둔다. 각 부표와 부호표를 대조하여 각 회사의 자산 및 신용정도를 확인할 수 가 있다. 예를 들면 |부표1|의 1번의 이태잔은 자산의 부호는 Q, 신용정도의 부호는 C이기 때문에 |제16회 상공자산신용록의 부호표|를 참조하면, 추정 자산액은 7.5만 엔-10만 엔 미만, 신용정도는 보통인 것을 확인할 수 있다.

|제16회 상공자산신용록의 부호(符號) 표|

부호	추정자산 금액	부호	신용정도
G	100만엔 이상	A	매우 높음(最厚)
H	75만엔-100만엔 미만	B	높음(厚)
J	50만엔 이상-75만엔 미만	C	보통(普通)
K	40만엔 이상-50만엔 미만	D	낮음(薄)
L	30만엔 이상-40만엔 미만	E	없음(無)
M	25만엔 이상-30만엔 미만		
N	20만엔 이상-25만엔 미만		
O	15만엔 이상-20만엔 미만		
P	10만엔 이상-15만엔 미만		
Q	7.5만엔 이상-10만엔 미만		

부호	추정자산 금액	부호	신용정도
R	5만엔 이상-7.5만엔 미만		
S	3.5만엔 이상-5만엔 미만		
T	2만엔 이상-3.5만엔 미만		
U	1만엔 이상-2만엔 미만		
V	0.5만엔 이상-1만엔 미만		
W	0.3만엔 이상-0.5만엔 미만		
X	0.2만엔 이상-0.3만엔 미만		
Y	0.1만엔 이상-0.2만엔 미만		
Z	0.1만엔 미만		
△	없음(無)		

* 출처: 商業興信所 (1915), 『第十六回 商工資産信用錄(大正四年)』(복각판, 『明治大正期商工資産信用錄』제8권(大正四年 下), クロスカルチャー出版, 2009년)에서 작성.

|제19 · 21 · 23 · 26 · 30회 상공자산신용록의 부호(符號) 표|

부호	추정자산 금액	신용정도		
		갑	을	병
G	100만엔 이상	Aa	A	B
H J K L M N	75만엔 이상-100만엔 미만 50만엔 이상-75만엔 미만 40만엔 이상-50만엔 미만 30만엔 이상-40만엔 미만 25만엔 이상-30만엔 미만 20만엔 이상-25만엔 미만	A	B	C
O P Q R	15만엔 이상-20만엔 미만 10만엔 이상-15만엔 미만 7.5만엔 이상-10만엔 미만 5만엔 이상-7.5만엔 미만	B	C	D
S T U V	3.5만엔 이상-5만엔 미만 2만엔 이상-3.5만엔 미만 1만엔 이상-2만엔 미만 0.5만엔 이상-1만엔 미만	C	D	E
W X Y	0.3만엔 이상-0.5만엔 미만 0.2만엔 이상-0.3만엔 미만 0.1만엔 이상-0.2만엔 미만	D	E	F
Z	0.1만엔 미만	E	F	-
△	미상	-	-	-

* 출처: 商業興信所 (1929), 『第三十回 商工資産信用錄』에서 작성.

|제33 · 37 · 38회 상공자산신용록의 부호(符號) 표|

<table>
<tr><th rowspan="2">부호</th><th rowspan="2">추정자산 금액</th><th colspan="3">신용정도</th></tr>
<tr><th>갑</th><th>을</th><th>병</th></tr>
<tr><td>G</td><td>1,000만엔 이상
500만엔 이상-1,000만엔 미만
300만엔 이상-500만엔 미만
200만엔 이상-300만엔 미만
100만엔 이상-200만엔 미만</td><td>Aa</td><td>A</td><td>B</td></tr>
<tr><td>H</td><td>75만엔 이상-100만엔 미만</td><td rowspan="6">A</td><td rowspan="6">B</td><td rowspan="6">C</td></tr>
<tr><td>J</td><td>50만엔 이상-75만엔 미만</td></tr>
<tr><td>K</td><td>40만엔 이상-50만엔 미만</td></tr>
<tr><td>L</td><td>30만엔 이상-40만엔 미만</td></tr>
<tr><td>M</td><td>25만엔 이상-30만엔 미만</td></tr>
<tr><td>N</td><td>20만엔 이상-25만엔 미만</td></tr>
<tr><td>O</td><td>15만엔 이상-20만엔 미만</td><td rowspan="4">B</td><td rowspan="4">C</td><td rowspan="4">D</td></tr>
<tr><td>P</td><td>10만엔 이상-15만엔 미만</td></tr>
<tr><td>Q</td><td>7.5만엔 이상-10만엔 미만</td></tr>
<tr><td>R</td><td>5만엔 이상-7.5만엔 미만</td></tr>
<tr><td>S</td><td>3.5만엔 이상-5만엔 미만</td><td rowspan="4">C</td><td rowspan="4">D</td><td rowspan="4">E</td></tr>
<tr><td>T</td><td>2만엔 이상-3.5만엔 미만</td></tr>
<tr><td>U</td><td>1만엔 이상-2만엔 미만</td></tr>
<tr><td>V</td><td>0.5만엔 이상-1만엔 미만</td></tr>
<tr><td>W</td><td>0.3만엔 이상-0.5만엔 미만</td><td rowspan="3">D</td><td rowspan="3">E</td><td rowspan="3">F</td></tr>
<tr><td>X</td><td>0.2만엔 이상-0.3만엔 미만</td></tr>
<tr><td>Y</td><td>0.1만엔 이상-0.2만엔 미만</td></tr>
<tr><td>Z</td><td>0.1만엔 미만</td><td>E</td><td>F</td><td>-</td></tr>
<tr><td>△</td><td>미상</td><td>-</td><td>-</td><td>-</td></tr>
</table>

* 출처: 商業興信所 (1937), 『第三十八回 商工資産信用錄』에서 작성.

|제42회 상공자산신용록의 부호(符號) 표|

추정자산금액	취급액(연수입)의 부호	금액
Ga	Ga	1,000만엔 이상
Gb	Gb	500만엔 이상-1,000만엔 미만
Gc	Gc	300만엔 이상-500만엔 미만
Gd	Gd	200만엔 이상-300만엔 미만
G	G	100만엔 이상-200만엔 미만

추정자산금액	취급액(연수입)의 부호	금액				
H	H	75만엔 이상-100만엔 미만				
J	J	50만엔 이상-75만엔 미만				
K	K	40만엔 이상-50만엔 미만				
L	L	30만엔 이상-40만엔 미만				
M	M	25만엔 이상-30만엔 미만				
N	N	20만엔 이상-25만엔 미만				
O	O	15만엔 이상-20만엔 미만				
P	P	10만엔 이상-15만엔 미만				
Q	Q	7.5만엔 이상-10만엔 미만				
R	R	5만엔 이상-7.5만엔 미만				
S	S	3.5만엔 이상-5만엔 미만				
T	T	2만엔 이상-3.5만엔 미만				
U	U	1만엔 이상-2만엔 미만				
V	V	0.5만엔 이상-1만엔 미만				
W	W	0.3만엔 이상-0.5만엔 미만				
X	X	0.2만엔 이상-0.3만엔 미만				
Y	Y	0.1만엔 이상-0.2만엔 미만				
Z	Z	0.1만엔 미만				
F	-	부채초과				
△	△	미상				
신용정도의 순위		Ca	Cb	Cc	Cd	Ce

* 출처: 商業興信所 (1941), 『第四十二回 商工資産信用錄』에서 작성.

|부표2-1| 제16회 인천 화상 상점 신용조사 목록 (1915)

번호	상호명	대표	영업 종류	자산	신용정도
1	怡泰棧	黃華瑛	잡화 · 여관	Q	C
2	東昌興	張子純	직물	T	C
3	同源興	-	포목	T	C
4	德順福	干壽山	포목잡화	T	C
5	和聚公	-	직물잡화	T	C
6	泰盛東	常鎭川	직물	T	C
7	源生東	王寶軒	직물	U	C
8	公和長	-	직물잡화	O	C

번호	상호명	대표	영업 종류	자산	신용정도
9	永來盛	-	직물	S	C
10	西公順	宋蔭南	직물	T	C
11	錦成東	-	직물	O	C
12	仁來盛	-	직물	R	C

* 출처: 商業興信所 (1915), 『第十六回 商工資産信用錄(大正四年)』 (복각판, 『明治大正期商工資産信用錄』제8권(大正四年 下), クロスカルチャー出版, 2009년), 外國人10-15쪽을 근거로 작성.

|부표2-2| 제19회 인천 화상 상점 신용조사 목록 (1918)

번호	상호명	대표	영업 종류	자산	신용정도
1	怡泰棧	梁綺堂	잡화 · 여관	Q	B
2	東昌興	姜鴻瑞	식료품 · 잡화	V	C
3	東昌興	姜子雲	식료품 · 잡화	U	C
4	同盛永	沙敬毓	포목잡화	U	C
5	德順福	干壽山	포목잡화	T	C
6	泰盛東	-	직물	T	C
7	萬盛公	張叔明	직물	U	C
8	慶盛長	孔漸鴻	포목잡화	V	C
9	源泰號	金同慶	양복	V	C
10	源生仁	王寶軒	직물	S	C
11	福聚東	李鏡亭	직물(본점대구)	-	-
12	廣源恒	-	포목잡화	Y	D
13	永來盛		직물	S	C
14	天合棧	-	객주	V	C
15	天盛興	黃廷弼	포목잡화	W	D
16	義生盛	-	잡화	T	C
17	誌興東	(본점 경성)	중국인용잡화	-	-
18	聚和祥	孫衡軒	직물잡화	V	C
19	春記棧	曲維銘	객주	T	C
20	春成興	劉建元	포목잡화	Z	E
21	仁來盛	王心甫	직물	R	B
22	仁合東	-	잡화	V	C

* 출처: 商業興信所 (1915), 『第十九回 商工資産信用錄(大正七年)』 (복각판, 『明治大正期商工資産信用錄』제10권(大正七年 下), クロスカルチャー出版, 2009년), 外國人9-17쪽을 근거로 작성.

|부표2-3| 제21회 인천 화상 상점 신용조사 목록 (1921)

번호	상호명	대표	영업 종류	자산	신용정도
1	怡泰棧	梁綺堂	양식료품	P	B
2	東和昌	姜子雲	식료잡화	V	C
3	同春盛	汝春堂	포목잡화	V	C
4	同盛永	-	포목잡화	U	C
5	同成號	崔振梅	잡화	W	D
6	德順福	干壽山	포목잡화	T	C
7	和泰號	王宗仁	직물	R	B
8	和聚公	-	직물잡화	S	C
9	泰盛東	常鎭川	직물잡화	S	C
10	雙成發	李切有	포목잡화	V	C
11	增盛和	呂茂梅	포목잡화	W	D
12	源泰	金周慶	양복	U	C
13	福聚東	李鏡亭	직물(본점대구)	-	-
14	廣源恒	-	포목잡화	U	C
15	興盛和	宋川孔	여관	U	C
16	永來盛	-	직물	R	B
17	天合棧	-	객주	V	C
18	天盛興	黃廷弼	포목잡화	V	C
19	義興盛	王心甫	직물잡곡맥분	S	C
20	義生盛	周鶴山	잡화	△	-
21	春記棧	曲維銘	여관	T	C
22	仁合東	-	잡화	U	C

* 출처: 商業興信所 (1915), 『第二十一回 商工資産信用錄(大正十年)』(복각판, 『明治大正期商工資産信用錄』제10권(大正十年 下), クロスカルチャー出版, 2009년), 外國人11-17쪽을 근거로 작성.

|부표2-4| 제23회 인천 화상 상점 신용조사 목록 (1922)

번호	상호명	대표	영업 종류	자산	신용정도
1	怡泰棧	梁綺堂	양식료품	O	B
2	東和昌	姜子雲	식료잡화포목	V	C
3	同春福	孫文堂	잡화	W	D
4	同春盛	沙春堂	포목잡화	U	C
5	同盛永	沙敬毓	잡화	U	C

번호	상호명	대표	영업 종류	자산	신용정도
6	同成號	崔振梅	잡화	W	D
7	德盛昌	王啓謨	직물	V	C
8	和泰號	王仲仁	직물	S	C
9	和聚公	楊勳堂	직물잡화	S	C
10	泰升東	常鎭川	직물	T	C
11	泰盛東	常鎭川	직물잡화	T	C
12	雙成發	李切有	포목잡화	V	C
13	增盛和	呂茂梅	포목잡화	W	D
14	萬聚東	王承謁	잡화	X	D
15	源泰號	金同慶	양복	U	C
16	元和棧	趙漢庭	여관	W	D
17	復豊成	孫丕喬	잡화	W	D
18	復聚棧	郭秋舫	여관	V	C
19	復盛棧	史祝三	여관	X	D
20	福聚東	李鏡亭	직물(대구본점)	-	-
21	興盛和	宋川孔	여관	V	C
22	永來盛	張子余	직물	Q	B
23	天合棧	-	여관	V	C
24	天盛興	黃廷弼	포목잡화	V	C
25	天成泰	宮文獻	직물	△	-
26	三合永	譚維中	직물	S	C
27	義和盛	孫秀柱	일용잡화	Z	E
28	義生盛號	周鷄林	양식료품	U	C
29	協興裕	張殷三	직물	R	B
30	誌興東	王連陞	중국잡화	T	C
31	春記棧	曲敬齊	여관	T	C
32	仁合東	畢明齊	잡화	U	C
33	人和福	王景仙	직물	T	C

* 출처: 商業興信所 (1922), 『第二十三回 商工資産信用錄』, 商業興信所, 外國人10-18쪽을 근거로 작성.

|부표2-5| 제26회 인천 화상 상점 신용조사 목록 (1925)

번호	상호명	대표	영업 종류	자산	신용정도
1	怡泰棧	梁綺堂	양식료품	P	B
2	東和昌	姜子雲	직물잡곡식료잡화	T	C

번호	상호명	대표	영업 종류	자산	신용정도
3	東聚成	子哲卿	직물잡화	Z	E
4	同春福	孫文堂	직물잡화	W	D
5	同春盛	沙春堂	직물잡화	U	C
6	同盛永	沙敬毓	잡화	△	D
7	同成號	崔振梅	잡화잡곡	W	D
8	同生泰	許壽臣	잡화신발제조	X	D
9	德盛昌	王啓謨	직물	V	C
10	和泰號	孫金甫	직물	S	C
11	和聚公	楊子馨	직물	T	C
12	泰升東	常鎭川	직물	T	C
13	雙成發	李發林	직물잡화	U	C
14	增盛和	呂茂樓	직물잡화	X	D
15	萬聚東	王承謁	잡화	U	D
16	源泰號	金同慶	양복	V	C
17	元和棧	梁供九	여관	T	C
18	復豊成	孫丕喬	잡화	Y	D
19	復成東	史祝三	여관	U	C
20	興盛和	劉富滋	여관	V	C
21	永來盛	傅維貢	직물	Q	B
22	天合棧	王凞庭	여관	V	C
23	天盛興	黃廷弼	직물잡화	U	C
24	天成泰	宮文獻	직물잡화	△	C
25	三合永	譚維中	직물	T	C
26	義和盛	孫秀柱	일용잡화	Y	D
27	義生盛	周鶏林	양식료품	U	C
28	協泰昌	王心甫	직물	R	B
29	協興裕	林毓芬	직물	R	B
30	誌興東	孫長榮	잡화곡물여관	T	C
31	聚源和	林騰九	직물잡화	△	D
32	春記棧	曲敬齊	여관	T	C
33	仁合東	楊仁盛	직물	U	C
34	人和福	王景仙	직물	Y	D

* 출처: 商業興信所 (1925), 『第二十六回 商工資産信用錄(大正十四年)』 (복각판, 『明治大正期商工資産信用錄』 제14권(大正十四年 下), クロスカルチャー出版, 2009년), 外國人10-19쪽을 근거로 작성.

|부표2-6| 제30회 인천 화상 상점 신용조사 목록 (1929)

번호	상호명	대표	영업 종류	자산	신용정도
1	怡泰棧	梁綺堂	식료잡화	P	B
2	豊順棧	徐桂松	직물여관	V	C
3	東和昌	姜子雲	직물잡화	V	C
4	東聚成	子哲卿	직물잡화	V	C
5	同發祥記	李培發	식료품잡곡	Z	F
6	同春盛	沙春堂	직물잡화	U	C
7	同盛號	崔振梅	잡화곡물	V	C
8	同盛永	沙敬毓	잡화	T	C
9	同成泰	許壽臣	잡화신발제조	T	C
10	德盛昌	王啓謨	직물	V	C
11	和泰號	孫金甫	직물	R	B
12	和聚公	楊子馨	직물	T	C
13	和盛興	溫蘭亭	조선인용잡화	W	D
14	雙成發	李發林	직물잡화	U	C
15	增盛和	呂茂樓	직물잡화	W	D
16	萬聚東	王承謁	잡화	U	C
17	源泰號	金同慶	양복	W	D
18	元和棧	梁供九	여관	T	C
19	蚨聚永	用玉田	면포잡화	W	D
20	復成棧	史祝三	여관	U	C
21	福豊盛	孫丕喬	잡화	Y	D
22	福聚東	李鏡亭	직물(본점 대구)	-	-
23	興盛和	劉富叔	여관	V	C
24	永來盛	傅維貢	직물	R	B
25	永盛東	揚子芳	양말제조	Y	D
26	天合棧	王熙庭	여관	U	C
27	天成泰	宮文坪	직물	△	-
28	天盛興	黃建弼	직물잡화	U	C
29	義生盛	周鶴林	요리	U	C
30	協泰昌	王心甫	직물	R	B
31	協興裕	林統芬	직물	R	B
32	誌興東	孫長榮	잡화곡물여관	R	B

번호	상호명	대표	영업 종류	자산	신용정도
33	春記棧	曲敬齊	여관	T	C
34	順泰號	錢信二	양복	X	D
35	仁合東	楊仁盛	직물	U	C

* 출처: 商業興信所 (1929),『第三十回 商工資産信用錄』, 商業興信所, 外國人11-19쪽을 근거로 작성.

|부표2-7| 제33회 인천 화상 상점 신용조사 목록 (1932)

번호	상호명	대표	영업 종류	자산	신용정도
1	東和昌	姜子雲	직물잡화	W	D
2	東聚成	子哲卿	직물잡화	V	C
3	同盛永	沙敬毓	잡화	U	C
4	同成號	崔書藻	잡곡잡화	W	D
5	德聚昌	朱昌三	원염잡곡	V	C
6	德盛昌	王啓謀	직물	V	C
7	德生祥	郭占榮	잡화	W	D
8	和聚興	溫蘭亭	잡화	U	C
9	和聚公	楊翼之	직물	U	C
10	和盛興	溫蘭亭	잡화	W	D
11	雙成發	李發林	직물잡화잡곡	U	C
12	泰昌祥	孫長榮	잡화	W	D
13	增盛和	呂茂樓	직물잡화	Z	E
14	萬聚東	王承謁	잡화	U	C
15	源泰號	高林汝	양복	Z	E
16	元和棧	張晉三	잡곡여관	U	C
17	福聚東	李鏡亭	직물	V	C
18	永來盛	傅守亭	직물	S	C
19	天合棧	張亭鄕	여관	V	C
20	義生盛	周鶴林	직물	V	C
21	協興裕	張殷三	직물	△	C
22	誌興東	王少楠	잡화곡물여관	U	C
23	春記棧	孫祝三	여관	V	C
24	順泰號	錢信仁	양복	Z	E
25	仁合東	姜肇健	직물	V	C

* 출처: 商業興信所 (1932),『第三十三回 商工資産信用錄』, 商業興信所, 外國人1-5쪽을 근거로 작성.

|부표2-8| 제37회 인천 화상 상점 신용조사 목록 (1936)

번호	상호명	대표	영업 종류	자산	신용정도
1	東和昌	孫景三	잡화	U	C
2	東聚成	干哲卿	직물잡화	U	C
3	同生泰	許壽臣	잡화직물	△	-
4	同盛永	王ㅁ堂	일용잡화	T	C
5	同成號	崔書藻	일용잡화	V	C
6	德聚昌	朱品三	원염잡곡	V	C
7	德盛昌	王啓謀	직물	V	C
8	德生祥	郭占榮	일용잡화직물	Q	B
9	張潤財	-	양복	X	D
10	和聚公	楊翼之	직물	S	C
11	和盛興	溫蘭亭	직물잡화	W	D
12	雙成發	李發林	해산물직물잡화	S	C
13	泰昌祥	孫長榮	일용잡화	W	D
14	萬聚東	王承謁	일용잡화여관	T	C
15	源泰號	高林汝	양복	Z	E
16	元和棧	張晉三	일용잡화	U	C
17	復成棧	史祝三	여관직물	U	C
18	永盛興	李仙舫	직물잡화	T	C
19	天合棧	張信鄉	여관직물	T	C
20	錦成東	曲人瑞	직물	T	C
21	協興裕	張殷三	직물	S	C
22	誌興東	王少楠	해산물잡곡	U	C
23	春記棧	孫祝三	여관	V	C
24	順泰號	錢信仁	양복	V	C
25	愼昌洋服店	應士成	양복	W	D
26	仁合東	姜噩鐸	직물	U	C

* 출처: 商業興信所 (1936), 『第三十七回 商工資産信用錄』, 商業興信所, 外國人1-6쪽을 근거로 작성.

|부표2-9| 제42회 인천 화상 상점 신용조사 목록 (1941)

번호	상호명	대표	영업 종류	자산	신용정도
1	永盛興	李仙舫	직물	P	Cc
2	益泰東	王靖海	해산물	S	Cc
3	誌興東	王連陞	해산식료품	S	Cc
4	雙成發	李發林	해산물	T	Cc
5	雙盛興	林豊年	직물	T	Cc
6	天合棧	張信鄕	직물	S	Cc
7	天順裕	王傳璐	직물	T	Cc
8	東和昌	孫景三	해산물	Q	Cc
9	同盛永	沙敬毓	직물잡화	O	Cc
10	同生泰	李文珍	잡화직물	S	Cc
11	德盛興	鄺鴻童	직물	T	Cc
12	萬聚東	王承謂	잡화	S	Cc
13	和聚昌	楊翼之	직물	P	Cc

* 출처: 商業興信所 (1941), 『第四十二回 商工資産信用錄』, 商業興信所, 外國人10-19쪽을 근거로 작성.

|부표2-10| 개항기 인천 화상의 상호 및 종업원 수(1906)

번호	상호	업종	인수
1	雙盛泰	주단포목	11
2	瑞盛春	주단포목	13
3	永來盛	주단포목	12
4	義源興	주단포목	10
5	仁來盛	주단포목	10
6	公源厚	주단포목	7
7	西公順	주단포목	10
8	錦成東	주단포목	11
9	德增祥	주단포목	8
10	德順福	주단포목	10
11	東昌興	주단포목	7
12	源生東	주단포목	10
13	同順泰	주단포목	6
14	裕盛號	주단포목	7

번호	상호	업종	인수
15	順成恒	주단포목	5
16	裕盛樓	주단포목	11
17	義生盛	서양잡화	15
18	怡泰	서양잡화	15
19	德興	서양잡화	10
20	天理公司	부동산	12
21	金生東	잡화	9
22	同和祥	잡화	5
23	聚和祥	잡화	3
24	元增盛	잡화	2
25	永盛仁	잡화	2
26	和豊誠	잡화	3
27	仁增泰	잡화	6
28	同盛合	잡화	3
29	鴻甡東	잡화	3
30	義昌信	잡화	5
31	三合永	잡화	2
32	增盛德	잡화	3
33	義順東	잡화	6
34	源泰盛	잡화	6
35	誌興東	잡화	6
36	仁合東	잡화	8
37	雙合盛	잡화	5
38	和盛昌	잡화	3
39	新倫記	양복점	12
40	源泰	양복점	12
41	義聚祥	잡화	2
42	裕興永	잡화	4
43	協昌	잡화	3
44	福盛東	잡화	3
45	同增義	잡화	2
46	大成盛	잡화	4
47	瑞昌祥	잡화	3
48	永生盛	잡화	4
49	福興東	잡화	6

번호	상호	업종	인수
50	同增仁	잡화	3
51	增盛和	잡화	3
52	信成東	잡화	3
53	雙合發	잡화	3
54	正興仁	잡화	3
55	源興和	잡화	5
56	來昌恒	잡화	4
57	仁增和	잡화	3
58	吉盛樓	잡화	5
59	順成東	잡화	4
60	大生成	잡화	3
61	公義盛	잡화	3
62	同春茂	잡화	4
63	巨昌泰	잡화	3
64	同春盛	잡화	5
65	源順利	잡화	2
66	福順興	잡화	2
67	同春恒	잡화	3
68	同益公	잡화	3
69	大成永	잡화	3
70	雙成順	잡화	3
71	仁聚祥	잡화	3
72	義盛東	잡화	2
73	大興成	잡화	3
74	同聚和	잡화	3
75	聚盛東	잡화	3
76	大興盛	잡화	3
77	同泰盛	잡화	2
78	永順福	잡화	3
79	德聚永	잡화	2
80	天合棧	객잔(客棧)	15
81	福聚棧	객잔	14
82	協興棧	객잔	14
83	春記棧	객잔	10
84	天成棧	객잔	12

번호	상호	업종	인수
85	合泰棧	객잔	10
86	蔡南樓	식당	10
87	東興樓	식당	16
88	合興館	식당	4
89	四合館	식당	5
90	東海樓	식당	7
91	興隆館	식당	3
합계	91개소	-	549

* 출처: 1906年4月(음력), 仁川中華會館呈, 〈仁川本業港興商號戶口人數〉, 「華商人數清冊…各口華商清冊」, 『駐韓使三館檔案』(동02-35, 041-03)을 근거로 작성.

【부록3】 사료 원문 및 번역문

『원문㉮』 『인천화상상회보고서』 (인천화교협회소장)

仁川華商商會華商狀況報告 中華民國二十四年三月

一) 關於朝鮮仁川由中國輸入大宗貨品之盛衰情況原因及補救之方法

(甲) 中國蔴布因受增稅及日本代用品之影響致減少來源

自民國七八年每年由上海輸入蔴布約六萬件上下, 價值銀五百五十萬兩, 日海關估價每百元抽稅七元五角, 至民國九年第一次增稅, 粗者每百斤十八元, 細者三十二元. 當此時期銷路尚不看減以日本貨尚無代用品也, 民國十三年第二次增稅粗者二十二元, 細者四十元, 自此銷路減十分之二三, 民國十五年第三次增稅, 粗者每百斤三十四元, 細者五十二元, 最細者七十二元, 自此以後來源大減不及從前之半數, 民國二十一年第四次增稅照第三次每百元稅額更增加三十五元, 自此而後來源頓減輸入之數不過餘十分之一二而已.

(乙) 中國絲綢貨及歐美貨不能輸入之原因

從前在中國絲綢貨輸入最盛時代, 由蘇州、鎭江、杭州、盛澤經上海輸入者, 每年價值銀五百萬兩上下, 關稅每百元抽七元五或十元, 山東綢、昌邑繭綢、濰縣色調由烟台輸入者價値銀五十萬兩, 歐美貨漂布、市布、羽綢、洋紗、花洋紗、太西緞、羅緞、羽綾等由上海輸入者, 價値銀一千萬兩上下, 自民國九年起日海關加税綢貨, 每百斤按五百二十元徵税, 惟此時日本綢貨出品無多, 故中國綢貨仍能輸入所減少者, 不過十分之二三耳, 至民國十三年, 日本各色人造綢貨出品甚夥, 日海關對於中國綢貨更加高税率, 至値百抽百, 自此而後綢貨無法推銷來源遂告絶止矣, 現在假令日海關對於中國綢貨恢復原來税率亦不能爲多量之輸入, 因日本人造絲出品日益發達, 價値低廉, 鮮人用之最爲相當, 至歐美布疋自民國十七八年之後已斷絶來源, 盖因日本工業振興所以棉織等品花色日新速駕, 於歐美之上是以物美價廉之日貨代替歐美之高値品也.

(丙) 棉花輸入之近況

棉花一項自民國七八年間至十九年, 華商由上海輸入之小包棉花平均每年在二萬包以上約一百二三十萬斤, 由青島輸入者每年一千餘包約十餘萬斤, 迨至近一二年來由上海輸入者僅三四千包約三十餘萬斤, 由青島輸入者只四五百包約四五萬斤, 其原因由於近二三年間日商三井等由天津裝運大宗棉花來鮮, 其賣價較華商由天津輸入棉花之原價尙廉, 是以華商由天津輸入棉花之路遂絶, 而上海青島等處輸入之數量日益減少, 風聞日商由天津辦棉花時出口無税事, 果屬實應墾我政府對於華商運輸棉花出口税率亦予免徵, 不惟可得奬勵出口之利, 且所以挽救海外華商已頽之形也, 近來朝鮮所生産棉花多於從前是亦華商輸入棉花益少之一因也, 現在棉花市價上海棉花每百斤〨十〢元, 青島棉花〨十〤元, 天津棉花〨十元.

(丁) 大宗山貨輸入之情況

(一) 辣椒以山東青州出産爲最多亦爲最良, 自民國二十一年至二十三年每年由青島輸入之數量, 少者在一萬包以上約二百萬斤, 多者在二萬包以上約四百萬斤, 其初海關估價每百斤十二元按三十成税税金爲三元六角, 自二十年估價增至十四元仍照百分之三十抽税税金爲四元二角税率, 雖已增高, 而輸入仍未減少, 盖因辣椒一物爲鮮人每食必需之要品故也, 近聞朝鮮官地甚多, 官府將發給農民開墾播種辣椒, 果爾則我國辣椒輸入必大受其影響矣, 二十三年由青島天津輸入辣椒共數約〡萬〥千包每包〡〥〧共約二百三十五萬斤, 現在市價每斤〢十三元.

(二) 紅棗係山東濟南一帶出産, 自民國四年以來由青島輸入每年在一萬包以上約一百餘萬斤, 其初日海關估價每百斤六元, 按七五抽税每百斤四角五分, 至民國九年增税每百斤六元九角來源仍未減少, 至十三年增税十元來源遂減去少半數, 二十二年減税每百斤納税金七元, 二十三年加税每百斤納税金八元, 本年朝鮮紅棗歉收, 而年景豊富故銷路極佳, 是年由青島輸入紅棗七千餘包, 每包約〡百三十共約九十餘萬斤, 每百斤買價約國幣〥〥元, 現在賣價每百斤約〢十二〥元.

(三) 柿餠係山東濟南青州等處出産, 多由青島輸入, 自民國四年至八年輸入五千包上下約八十餘萬斤, 海關估價每包四元按七五抽税每百斤三角, 至民國九年每百斤增税十元銷路大減, 每年輸入不過千包左右, 其原因固爲税率太重. 而朝鮮自産柿餠漸增亦甚受影響也, 二十三年由青島輸入柿餠約〡千包每包〡百〧十斤共約〡十〧萬斤, 現在市價每百斤〡十〦元, 查中國貨所以不能與日本貨競爭者, 因日本關税既持保護政策税率屢次增加, 雖對於粗質物品至低之數亦加至値百抽三十， 而對於細品則課以値百抽百之重稅, 如瓜菓食品等均按値百抽百徵稅, 此華貨所以不能來鮮之極大原因, 近來凡是輸鮮華貨日本皆有代替品, 且異常華美價値尤廉華貨不能與抗此亦華貨減少輸入之要因也.

(戊) 東岸鹽斤輸入狀況

我國東岸鹽斤從來由帆船輸入朝鮮販賣， 民國八年仁川尙有鹽商八家, 群山四家, 鎭南浦三家, 木浦一家. 至十九年統計每年輸入數量平均約一億五千萬斤, 仁川一處即可銷一萬萬斤, 在此十二年間華鹽隨意輸入自由販賣仁川關稅每萬斤徵收十元， 銷路亦極暢旺， 自民國十九年鹽斤免稅鹽務歸朝鮮專賣局管理， 買賣有定價, 輸入有定數, 鹽商不得自由販賣, 因此華鹽輸入一落千丈, 鹽商受此拘束因難已極, 現時華僑鹽商存在者只有仁川四家. 自民國二十年至二十三年每年輸入鹽斤不過五六千萬斤， 每年正月由專賣局發放輸入許可其總數約在二萬斤以上， 惟華商所以未能承攬, 輸入多額者, 一因帆船裝鹽口岸只限於山東石島、金口二處, 其畜産量有限, 恐供不應求. 二因昔時石島不准輪船裝鹽近則有中日合辦之華成公司壟斷， 鹽市專以日輪運鹽斤赴朝鮮販賣以致帆船大受影響, 無鹽可裝. 三因輪運鹽斤我國出口稅率每斤一角二分, 而帆運稅率每百斤則爲二角, 此我政府待遇商民最不平等之處, 按國家稅率例應劃一方, 足以示威信而昭大公, 今帆船受此影響營業益形困難, 而山東鹽運使乃謂因輪運與帆運鹽斤名義之不同不知, 兩者所運殆無二致， 其實質全同， 而課稅各異誠百思難得其解者也. 四因山東運鹽帆船一百五十餘隻並不裝運他種貨物， 盖以運鹽爲專門營業不兼營副業, 但裝運地點旣限於石島、金口二處, 而山東鹽運使近來又飭東岸各鹽灘, 今年晒鹽照例年減去三分之一額外, 不准多晒. 鹽民以晒鹽爲生命, 若不晒鹽生命何所依托, 且晒鹽全憑天氣, 早年産量多澇年産量少, 每以旱年之所餘補澇年之不足, 今限制鹽民晒鹽, 若遇澇年將如何補救. 且東岸鹽斤其大量多運來鮮, 即使冬日少有餘存正可備, 來年春日輸鮮之用並不影響, 於國內鹽務今春專賣局將放許可統計東岸所存之鹽不足各帆船一次運載, 若再飭鹽灘減少晒鹽, 則帆船益更無鹽可運, 如不急謀救濟方法, 則鹽斤輸鮮之權利將逐漸失去, 此應懇我政府收回限制晒鹽或命維持鹽田, 体恤商艱者也. 查我國帆運鹽斤入鮮極盛時代不止仁川一口, 若群山、木浦、鎭南浦等處要皆得爲多數之輸入, 厥後因民國二十年間華鹽歉收鹽斤出口稅率又重, 致鹽商事前由朝鮮專賣局所承攬許可輸入鹽斤之訂額, 亦能如數交足, 不惟依章認罰, 而此後群山、木浦、鎭南浦三處鹽商之輸入權完全喪失竟爲日商所獨占, 今所幸存者只仁川一口, 現又逢危急險境, 此實値得我政府加意保護維持者也.

二) 國貨入口困難狀況

國貨入鮮因仁川關稅壁壘森嚴增稅太重, 以致來源絶少, 着能恢復原來稅率, 生意尙有發展之望, 此則希望我政府於互惠條件之下, 設法補救之, 庶能挽回商權以廣推銷我之産物也.

三) 朝鮮出口困難狀況

仁川輸出以海産爲大宗, 向來運往煙台、青島、天津等處爲數甚多. 自我國增稅以來, 亦大受影響, 運往絶少, 現在大多數運經大連安東, 轉銷於東三省各地, 風聞有由大連轉運山東河北沿岸各海口偸稅上岸者爲數亦甚多云.

四) 關於仁川華商盛衰之概況

自民國八年至十五年此八年間乃商業最隆盛時代, 仁川商僑總數約在四千上下, 至十六年冬鮮人第一次排華暴動後, 生意乃形頓減, 至十八九年間似漸恢復, 而二十年七月第二次排華暴動又起, 此次華商損失過巨營業多不能支, 致有多數歇業回國者, 由此商業衰頹, 商權喪失, 居留之商僑所剩者不過七百百人, 而已近年以來稍爲恢復, 現在商僑總數約在二千人上下亦不遇僅能維持現狀而已, 將來之發展尙難言也.

(一) 幇別 (北幇) (南幇) (廣幇)

北幇棉布商其資本較大者六家, 計資本自二萬元至七萬元, 襍貨商六家自一萬五千元至六萬元. 塩商並代理店四家自一萬五千元至四萬元. 代理店二家每家約二萬元. 大料理店三家自壹萬元至貳萬元, 統計北幇房地產價額約七萬元, 每年收租約五千五百元. 南幇洋服店商四家其資本自五千元至一萬元, 有房産業者二家統計房地産價額約十八萬元, 每年收租約一萬元左右. 廣幇洋貨店一家資本約八千元, 有房屋産業者二家統計房地産價額約十二萬四千五百元, 每年收租約六千元.

(二) 買貨手續

當地華商購買貨物之手續, 其購自國內者計有直接辦運, 或派員採辦, 及委託行店代辦之三種, 購自日本者, 則有由大阪直接採辦與委託仲買人代訂之二種.

(三) 訂貨程序

通常之現貨期貨均係以提單押換現金交易, 惟襍貨及化粧品則於交貨後三十天或四十天後, 始行交付貨款, 到期付款之方法皆由銀行押存提單代取.

(四) 賣貨手續

賣貨手續其爲華商對華商間之交易者, 如白ㅁ棉布棉紗等品, 則於交貨後以二十天爲期交款, 如花色本疋人造絲貨化粧品及中國巾頭貨等, 則皆以三十天爲期, 而先以期票付款者也, 至對於零星襍貨則多以信用交易行之, 華商對於鮮人之交易, 則不外逞以現金, 或以貨到付款, 或由運送店及銀行以提單押換等數種之辦法.

(五) 納稅

我華僑納稅之情形, 因職業不同而各異, 然不外關稅, 營業稅, 戶別稅, 所得稅, 家屋稅, 地稅, 車輛稅及狗稅等數種.

(六) 匯兌

由仁川匯款回國電匯票匯皆可上海貨款, 可由本地朝鮮銀行支店逞匯, 但本埠有華商內寓匯兌錢莊三家, 計烟台錢莊二家, 大連錢莊一家, 每家平均資本約十萬元, 三家對於國內匯兌之總額每年平均統計約爲金票二百二十萬元內, 計匯往煙台者約一百三十萬元, 匯往上海者約六十五萬元, 與匯往青島濟南天津等需共約二十五萬元, 其他並有轉匯山東各縣者其數不詳故不俱錄.

(七) 銀行往來情形

華商與當地銀行時有融通銀款之事, 通常多以賣貨期票及提單押款, 於限定之數額內, 隨時可以借用, 其以房契地契押款於限定之數額內, 隨時可以借用, 其以房契地契押款者, 固可即無抵押品, 而能有二家殷實之鋪保者, 亦能向銀行借款至其利息每千元日息兩角四分, 若以月息計則爲七元二角矣, 華商常相往來之銀行, 以當地朝鮮銀行殖産銀行等支店爲最, 其次則爲安田銀行十八銀行商業銀行等支店矣.

(八) 兌換困難狀況

當地營業概以金票標準, 而由我國輸入貨物則以國幣爲本位, 此時金票跌落歸兌, 惟艱吃虧甚巨以致進口貨物困難, 商況亦因之不振云.

仁川華商商會華僑狀況報告 中國民國二十四年三月

一) 華僑來鮮沿革

考我民之初來朝鮮遠在啓太師箕子率兵避居之時, 至漸有貿易上之關係者固起自清代也, 其前不過自然之移殖而已. 在清代我僑大抵以朝鮮各大都市如京城、仁川、平壤、元山、新義州、淸津、釜山、大邱、群山、木浦等處爲貿易之中心地. 惟人數尙不甚衆, 其往鄕間貿易者以行商爲多數, 其設立門市營業者爲數甚少, 至清末民初以來我僑在鮮商勢日盛, 各市鎭間設立門市者逐漸繁盛, 幾有徧布全鮮之勢, 自民國七八年至十四五年之間情勢最盛, 僑民總計約在九萬餘人, 自暴動以後人數頓漸依現在情況統計不過四萬餘人而已. 至於僑民之籍別大部概係魯籍, 其他各地均爲數無多.

二) 華僑來鮮減少之原因

華僑來鮮減少之原因, 對於過去兩次之暴動, 固大有關係, 然現在之原因則

(一) 係自民國二十三年九月一日實行取締華人入鮮令所致, 其條件之最苛者有二, ⑴ 須有確實營業地點, ⑵ 須帶有提示現金百元, 二者缺其一, 則不准入境, 因此我僑來鮮者極感困難爲數劇減, 從前華僑每年新春來鮮者約二萬餘人, 而今春來者不過十分之三四而已.

(二) 各道取締勞動者之居留, 從前我僑在朝鮮各道勞動者悉聽自由, 其中以從事於農園者爲最多數, 其他如飮食店火食鋪及零散工人等爲數亦屬不少, 依法此種僑民固須得當地官府之許可方準居住, 然亦有雖不經許可手續而默認其居留勞動者, 即使須經許可要亦一經申請, 即無不許之事. 惟年來各地對於居住許可日漸嚴苛, 其甚者竟有不予許可立, 即驅逐回國情事故, 我僑在鮮之居住生活益形踽踽不安云.

(三) 木瓦石工之限制, 從前朝鮮ㅁ有興築, 其中之木石瓦工殆多, 華人以工廉而耐勞也, 故每年此種工人來鮮者甚多, 而近年以來除京仁二地外, 其他外道各處, 多有不准華工存留者, 是亦莫大之影響也.

三) 對於失業之救濟

查來鮮之僑民其大部分爲勞動階級, 每屆冬令工作減少, 因而失業者有之更加近年以來朝鮮人失業者漸增, 故各地漸行取締或限制使用中國人, 工作之範圍縮減是亦爲失業之一, 因此種失業僑民其資力較優者多自行歸國, 其貧困無力者, 則概有辦事處轉請當地華商商會及山東同鄉會資送回國.

四) 不法行爲

當地僑民皆極良善各安所業, 惟間有因生計而爲嗎啡鴉片等不法行爲販賣者, 一經駐在地官府檢擧即分別輕重按律法辦, 駐仁川辦事處亦隨時曉喩僑衆務正當營業, 勿作奸犯科致損國體.

五) 團體組織

(一) 仁川華商商會: 創自淸光緖十三年初名中華會館, 由北幫、南幫、廣幫商人團體組織而成, 後改組爲仁川華商商會 職員: 前係董事制自民國十八年遵部章改爲委員制, 計主席一人常務委員五人執行委員十五人監察委員七人, 現主席孫景三山東省牟平縣人維持方法: 由各商號捐納會費維持之, 名曰會捐, 每月收入共計在二百四五十元上下以作會內一切使費僅足開銷. 產業: 本會毘連領館地址性質與領館同, 原爲我國電報局房舍給予商會之後, 商家籌款另行建築之並購有義莊一處在仁川道禾里二百二十五番地, 距本會約五六里內有磚造客廳一處小亭子一座養病室寄柩室各一份, 莊後住屋一所僑民之養病者寄柩者埋者咸稱便焉, 計義莊地坪數八千四百十六坪, 價值七千九百九十五元二角, 建築物價值約四千元.

(二) 仁川山東同鄕會: 創自淸光緖十七年純係山東僑商組織而成地質仁川中國街五十二番地, 於民國十九年重行建築會舍校舍, 附設魯僑小學校純粹義務性質, 並施捨棺木及周濟難民. 職員: 董事制計董事長一人, 董事七人, 幹事五人, 均由山東同鄕各商號執事分任之, 現任董事長張殷三山東省牟平縣人. 維持方法: 每年經費由房租收入項下及同鄕各商號捐助維持之. 產業: 係山東同鄕各商家例年捐助之款所購買計會舍校舍價值約日金二萬元, 另外房產價值約二萬五千元.

(三) 南幫會館: 係淸光緖二十五年成立, 由安徽浙江湖北及華南各省僑民所組織, 董事制董事長王成鴻安徽省歙縣人. 館舍: 寓董事長王成鴻宅內. 產業: 名義江義堂房屋在仁川內里二○一番地土地三十五坪計樓房七間價值日金七千元.

(四) 廣幫會館: 係清光緒二十六年成立純係廣東省同鄉所組織董事制, 董事長譚廷澤廣東省高耀縣人. 館舍: 寓董事長譚廷澤宅內. 產業: 名義鄭福堂房產在仁川內里二○二三番地土地五十坪計樓房七間價值六千元仁川龍岡町七七番地土地二十二坪木造平房五間價值壹千元.

(五) 中華農會: 創自民國元年由華僑野菜商及農園發起組織, 之初中華農業會議所, 民國二十二年改稱, 今□其會中一切開銷由菜商及各農園按月捐納.

(六) 華僑小學校: 民國二年設立.

(七) 魯僑小學校: 民國十九年設立.

(八) 華商綿布同業會: 民國十三年成立係綿布商號所組織附設於山東同鄉會內, 每月會議一次所究棉布業事宜.

(九) 原塩組合: 民國十四年成立, 保華僑塩商所組織研究原塩業進行事宜, 推銷我國原塩並維持運塩帆船營業.

(十) 旅館組合: 民國十三年成立, 研究便利往來客商事項.

(十一) 中華基督教會: 民國五年成立.

六) 華僑每個人平均收入大略

商人方面每月每人約能收入日金十五元

料理商每月每人收入約十二元

飲食店火食鋪每月每人收入約七八元

木瓦作 仝 約十二元

野菜商 仝 約二十元

農工　 仝 約七八元

理髮　 仝 約十五元

以上爲扣除個人伙食費外之收入數目.

七) 商民個人每年匯回國內款項

本埠商人個人每年匯回款項統計約十餘萬元以匯至煙台再轉寄各縣者爲多.

八) 仁川華僑教育狀況

當地華僑教育計有華僑小學校及魯僑小學兩校.

(一) 華僑小學校: 創自民國二年係各幫共同設立□□□監督, 厥後因受暴動影響及消費之絀, 遂於民國二十年停辦, 至今年三月一日復行開學暫辦初級一二年級複式一班, 現有教員二人學生二十二名計男生十八名女生四名, 教授則用國語, 前曾在教育部備案, 現所最感困難者仍爲經費問題耳.

(二) 魯僑小學校: 創自民國十九年係山東省同鄉會所設立, 純粹義務性質, 校長一人教員六人, 內有日本女教員一人, 所有課程約遵部章辦理, 此外尙酌量當地情形增加日語國術英文等課, 至於教授則概用國語, 學生數目高級男生十一名, 女生五名, 初級男生五十六名, 女生四十三名, 共計爲一百十五名, 已在教育部備案, 現所感困難者亦爲經費, 然如無意外事件發生尙可維持現狀云.

九) 華僑環境略況

華僑相互間之相處爲極親密, 各團體之團結亦極堅固, 華僑對於日鮮人相處頗稱融洽. 惟有少數無知之鮮人不無誤解時有對我僑尋釁爭吵之事, 至當地官府待遇尙稱公道, 警署方面凡事亦皆秉公辦理以是互相之交易亦極圓滿, 僑民對於辦事處極相親密, 遇事均能本互助精神共同商洽辦理.

十) 僑民意見

僑民對於本國政府信仰極深, 現僑民等所感痛苦情形已概見前述. 惟望我政府設法保護, 並請注意從前既有之權利以維持僑民原有之地位而期永久耳. 尤所希望者厥爲我國工業應迅速發展, 全國鐵路應極力設法建築, 鑛山等亦應提早開發盖, 我國現有多數之失業閒散勞動者, 必須設法收容救濟, 如能急早開發建設, 不惟足以救我之貧困, 且足以出我民於水火之中, 不至使彼等流連無告, 而迫於出國謀生備受外人之虐待耳.

二十四年度仁川華商商會僑商狀況報告

仁川華商商會二十四年度商僑調査報告

一) 二十四年仁川商僑之概況

今年春期金票落價爲華商受影響, 第一原因加以山貨行市, 平常若辣椒大棗柿餅及其他雜貨銷路均見滯塞, 麻布一項所關成本較他貨爲重, 每年秋冬之間即在蜀贛等省採辦至翌年春夏之交始運銷全鮮各地適值, 今年麻布行市低落不得已虧本出售, 皆因日本出產之代替品價産, 故華商大受損失, 棉布商俱由日本購辦貨物其手續必須預定三四個月之期, 按時價將貨訂妥至期交貨, 今年人造絲棉織等物其行市, 自春至秋日日見落, 販賣之家無不賠本, 幸秋後行市稍見升提滙水價亦提漲, 雖云略可抵補究屬得不償失業, 海產者爲國內關稅所限制其輸入, 我國者爲數極少, 雖有利益已盡歸東北三省旅館通關代理店等商, 或因關稅重大以致各貨不能多來, 或因華人入鮮來客減少, 其營業之蕭條自不待言, 農園則因華人來者少, 而歸者多人工昂貴, 幸菜價增高收穫見豊, 今年農園尚可少需利益, 其他小本營業若飮食店火食鋪等, 若平素之主顧向來半爲華人半爲鮮人, 華人來者旣少, 其生意亦有減無加, 即此數端觀之, 則商僑之式微情形可知所幸者, 入冬以來金票提價滙兌方面尚可少爲抵補然比較上半年之虧數猶相差遠甚.

二) 中國輸入之商品及販賣之情形

我國輸入商品以麻布辣椒棉花天津葦席食鹽等物, 推銷於全鮮各市場華商販賣貨物, 在本埠直接賣於鮮人者少, 批發於外道華商間接賣於鮮人者最多, 今欲維持推銷開拓販路, 惟在減輕關稅, 則來貨成本亦輕, 即可與東洋之出品競爭亢, 必使全鮮華僑商民永遠存在方可達到目的.

三) 本年中國麻布輸入之數量及推銷之狀況

今年麻布輸入約二萬三千件已銷二萬件, 固春期以來日本運鮮之人造織物等價格過於低廉, 亦有類仿麻布之替代織物品, 故我國之麻布大受影響, 不得已虧本出售, 又値金票落價虧累極重約共賠金二十餘萬元, 及至冬初金票提價而麻布商早已束裝回國, 對於滙水一項已時過境遷無所用矣.

四) 本年山貨輸入之數量及推銷之狀況

中國山貨之輸入以辣椒爲最多, 往年在一萬五千包上下, 今年輸入者只一萬包之譜, 且銷路不甚暢旺, 其他紅棗柿餅藥材葦席條帚等雜貨所來者, 雖與上年略同, 而獲利則不及矣.

五) 本年東岸鹽斤輸入之數量及推銷之狀況

朝鮮鹽務專賣局管理, 我國東岸鹽斤由帆船輸入既有定額又有定價, 今年輸入鹽額與上年同約爲五千萬斤, 惟定價較上年低廉毫無利益, 幸我政府於今年三月間減輕帆船出口稅率, 所關成本既輕, 賣價雖低尙可維持現狀.

六) 本年中國貨失去銷場之輸入及其本地代用品之理由及補救之方法

白麻布原爲我國特產, 鮮俗以衣此爲上等服色, 近來外道各處極力提倡著色衣服, 當地所製麻布雖粗而價廉, 日本所造人絹極爲光滑, 用代中國麻布, 旣省使費尤爲美觀, 且中國麻布進口關稅極重, 所關成本亦因之而重, 如相競爭勢必虧本出售方可推銷受此種種影響, 故輸入日見減少, 銷路愈形滯塞, 我國靑州辣椒肉厚, 而味美向爲鮮人每食必需之品, 近來鮮境藝椒者日多, 日本辣亦有來鮮者其出産雖不及中國之美亦未嘗不可借用爲代替品, 此中國辣椒之輸入所以不能如從前之暢銷也, 今欲設法補救必須我之出口品精良, 彼之進口關稅減輕, 物價自廉銷路自廣矣. 總計本年我國貨物由仁川輸入者約在三百五六十萬元, 當年能銷十分之七八, 本埠華商販賣日本人絹綿織及其他雜貨在三百萬元之譜俱由日本來貨在當地推銷各道.

七) 本年朝鮮貨輸入中國之調査

本年朝鮮海產運銷中國者約值八九十萬元，滿洲能占十分之七, 烟台青島天津等處占十分之三, 藥材約值二十餘萬元分銷於上海香港等處.

八) 本年華僑由仁川回國者及入境者之調査

回國者一萬二千二百九十八人(自二十三年九月一日至二十四年八月三十一日). 入境者九千七百人(仝). 仁川中日雙方感情極爲融洽, 雖云實行取締華人來鮮, 而本埠之華僑來者與從前相同, 惟去各道各方面之華僑多有不能入境者，ㅁ恐自此以後來者日少則吾人之生計日艱深, 望我政府亟亟設法補救之.

九) 仁川華商海產業狀況報告

仁川水產市場自今年六月一號成立，原係仁川府尹發起開辦以來已經半載，內分鹽干魚取引員組合鹽干魚問屋組合漁業組合, 近來京畿道派員組織漁業聯合會光將鹽干魚問屋組合四十二家一概撤銷，將權利收回歸聯合會辦理，由此華商權利亦間接大受影響, 但問屋係代理漁業鮮人賣貨, 華商在問屋組合者只三家, 不關輕重所關係最重要者，華商在取引員組合者八家專買海產及代理客幇裝運, 各埠統計本埠全部海產輸出權華商能操十分之七八, 據日本方面業海產者言，取引員組合不能長久存在，只多不過一二年, 聯合會即派人到中國及滿洲各埠設立分會, 推銷海產, 如此則取銷取引員組合, 名目華商業海産之權利完全失敗, 最近取引員組合員日商古賀, 提倡將取引員組合華日鮮三方面共二十一家另組織一出口組合, 內容共買共賣同力合作利益均分, 其資本按其平素經營海産程度分派股成及分劈利益, 或作爲株式會社營業由出口組合派員到中國及滿洲各埠, 指定推銷海産在中滿方面由華商支配, 在日本台灣方面由日商支配, 照此辦法其用意在預先杜截聯合會派員向各埠擴張分會之擧, 如此辦法遠不及從前自由專辦獨得利益, 按華商所作海産出口能占十分之七八計算, 加入股成者能得半數股成之利益尙可支持, 惟恐手續辦理完全之後, 再被聯合會收去則華商海産權利一敗塗地, 査華商所作海産最多數爲小蝦皮, 按近年情況能占十分之八, 銷滿洲者十分之八, 其餘則分銷於中國各地爲數已寥寥矣.

仁川中華商會報告華商概況意見書
中華民國廿八年十月

一) 華商之組織與沿革概況

仁川臨京畿與我山東半島僅隔衣帶之水爲中韓通商重要口岸, 凡華僑來韓貿易除東北以外, 其餘沿海各省如山東河北以及蘇浙閩奧各省僑商多由此地登陸, 故仁川華僑不惟人數與當地戶口比例向來多於各地其籍貫亦較他處複雜, 當清末民初華商最盛時期, 商會以外並有山東會館南幇會館北幇會館廣幇會館以及農會並各種同業公會之組織, 而以山東會館之規模尤爲可觀, 嗣因兩次暴動華商紛紛回國, 七七事變之後, 日人又限制華商入境, 勝利以來迄今猶未正式通商, 如是舊有之華商團體除商會農會飯業公會及山東會館而外餘者均在停頓之中, 商會成立於淸光緖十三年間原名中華會館, 後改爲中華商務總會, 民國十八年始改爲今名, 初成立時爲董事制, 民國十八年全國法令統一始遵照商會法改爲委員制, 今已依法改爲理事制, 凡關於華僑工商業及一切事項以前多由商會辦理, 自上年華僑舉辦自治以後始於自治區公所事務分擔精神合作.

二) 華商之衰落概況

查韓國人民日常必需物品一向多仰賴於我國如麻布棉花紅棗辣椒以及布類, 皆爲輸入大宗, 嗣因日本一面增加入口稅率一面積極振興實業, 一切出口莫不物美價廉, 我國商品受其抵制遂使貿易步步衰落, 迨七七事變以後華商一切利權喪失殆盡, 勝利以還在美軍佔領時期雖可臨時通商, 但以貨物交換爲原則韓國生産落後根本無可易之貨, 同時我國海關對往來韓國船隻限制甚嚴常被扣留, 因此華商視爲畏途陸續有以小船由國內裝運花生米花生油豆油芝麻之類, 入口者其數量亦較歷年中韓貿易記錄相差懸殊, 不過一般僑商多係避難來, 此僅足以藉此維持現狀, 而已奈韓國政府成立以後對此類商品又禁止入口至於食鹽入口雖不在禁例, 但不能自由販賣須歸專賣局公定價格且價款常拖延數月之後始能淸付, 如是華商一線生路又陷於斷絶, 上年王代表興西晉京參加國大會議時, 曾經向我政府一再呼籲改善臨時通商辦法迨奉令准予酌加考慮期間, 而上海及青島烟台之國軍相繼撤離除香港而外更無活動餘地, 查華商由香港裝運膠皮原料栲膠紙類棉紗染料焟料子自動車胎苛士打碱料子小蘇打等貨, 雖可入口而稅嚴苛利潤微薄, 且海關及各機關之非法留難更爲無法應付, 至於營農園者多係租用韓人地畝, 以往均係按時納租, 今則地主多按出産提成, 雖係變相增租實寓排斥之意, 其餘除少數販賣或負販商人而外則爲飯業居多, 當日本投降之初, 韓人狂歡飲一時營業尙佳旋又漸行蕭疏, 於今爲甚虧累倒閉者時有所聞.

三) 韓國官廳對待華商之情形

華商在美軍佔領時期因其一切法令多未頒定所受痛苦, 已成過去事實姑不贅述, 政府成立之後對華商辦事至今仍無準則, 即以貿易而言或朝令夕改, 或漫無規定甚至各自爲政, 譬如以前香港所來各種商品雖須申請輸入許可, 但其初尙可順利辦理繼而貿易局步步限制, 但何者禁止輸入, 何者不禁止輸入, 並無明白規定, 如是所禁止者有時可以卸地而不禁止者常不許卸地, 有時貨在海關倉庫扣留, 四五個月究竟是否准予起貨, 貿易局亦不能明白答覆, 華商因此種情形所受損失不可勝計, 又如花生油類先則准許入口繼而禁止入口, 去年秋間又准許入口未及一個月又嚴禁入口, 如同一事件在主管官廳已許可而非主管之官廳竟出而嚴厲干涉使人茫然無所適從, 至於軍警之非法檢查無故留難種種情事更不勝枚擧, 其次則爲飯業或任意加稅或無理取締, 往往有小規模之飯館, 每天所賣不過三五千元, 而勒令月納所得稅金若干萬元, 或藉口檢查淸潔調取許可捐不發還, 雖亦可以通融完了, 但商民實已不勝其擾, 又如仁川華商無(兼)營報關行者共計不過二三家, 近聞亦將取締如果不許華商報關不惟業, 此者直接受其危害, 華商做貿易者均將極感不便, 總之韓國官廳對於華商之仇視與抵制實較日本爲甚.

四) 華商希望政府保護之意見

綜觀以上情形, 華商現在處境可謂艱苦已極, 若不急ㅁ改善, 勢將陷於絶無生路, 謹將急待改善而迫切希望者臚陳如左.

(一) 改善貿易制度: 查韓國政府對於輸入貨物之漫無規定及申請許可之困難情形已如上述, 如不急早改善, 華商生路將陷於絶境, 擬請大使與其政府交涉廢除許可制度, 否則何者禁止入口何者不禁止入口, 應明(命)令公布使貿易商人有所依據, 以免動輒貨物被扣枉遭損失.

(二) 推銷國産商品: 查以前由仁川進口我國商品, 在民國十五年至二十四年期間, 除痲布食鹽而外每月進口之雜貨數量亦總在一二千噸, 如今則雜貨入口多在禁止之列, 爲推廣國貨銷路並爭取利權救濟華商, 計對於後開各種商品, 擬請大使與韓國政府交涉解除禁令準許進口.

計開: 痲布, 綿布, 綢緞, 棉紗, 棉花, 棉製品, 膠皮鞋, 糖類, 酒類, 藥材, 胡椒, 芝痲, 紙類, 鐵類, 水果, 籐類, 竹類, 辣椒, 紅棗, 柿餅, 核桃, 白果, 花生, 花生米, 花生油, 豆油, 桐油, 香油, 葦席, 笤帚, 竹掃帚, 紙傘, 布傘.

(三) 保障華商法益: 查華商之中間有不自檢束以身試發者固屬有之, 而安分守己者亦恒遭誣枉之冤, 即如以上所述, 貨物扣留久不發還致使僑商枉受損失, 或藉端敲詐勒索, 或故意妨害營業以及擅行逮捕違法拘禁濫用刑罰横加暴虐種種情事實屬侵權違法, 似此情形華商匪特不能安居樂業, 生命財産亦危險萬狀, 擬請大使依法保障, 向韓國政府, 嚴重抗議不得再有此類情事發生以保僑商.

(四) 保留原有航權: 華商在七七事變以前, 曾集資購置利通號輪船一雙, 定期駛往大連烟台威海青島之間, 嗣被日本徵用軍用之後損毀無踪, 業經王代表與西呈請政府准予交涉賠償在案, 因中日媾(講)和問題迄未解決, 以致今未能賠償, 惟中韓現已通航, 該輪在尙未賠償, 以前其原有之航權應請大使交涉預爲保留, 以備將來賠償時恢復通航.

(五) 早日簽訂商約: 中韓兩國現已樹立正式邦交, 並已開始通航, 關於通商條約似應在平等互相惠原則下早爲簽訂, 俾將臨時一切措施早爲廢止以復常軌.

以上各項關係華商利害安危極爲重要極爲迫切ㅁ乞大使體察僑情俯予採納參考, 則本會幸甚僑商幸甚.

〖원문㉯〗『조선인천중화상회장정』(인천화교협회소장)

朝鮮仁川中華商會章程

第一條 本商會之設乃北幇廣幇南幇商人僑居朝鮮仁川聯合全體振興商業起見名曰人闖關中華民國商務總會.

第二條 本商會由駐紮仁川領事暨衆商公議, 將仁川中華商會館爲辦公之所.

第三條 本商會設總理協理議董議員各員, 總理一員, 協理二員, 議董四員, 議員十七員, 書記一員, 繙譯一員.

第四條 總協理三員由衆議員中投票公舉, 詳細章程悉按部章行辦.

第五條 總理協理以及議董議員以任事一年爲期限, 滿期再行公舉, 如爲衆所推得復再任以連任三次爲限.

第六條 總理協理之資格以品行端方通達事理, 或素屬行號鉅東, 或經理人兼有財產者, 或久居朝鮮素有名望者方合公舉之例.

第七條 議員之資格以通曉事務, 係行號店東或司事人或素有名望者.

第八條 凡曾經爲人控告受監禁罪者, 債務羈纏者, 欺騙貪詐劣跡昭著者, 有顛癇病者, 俱不得有被舉之權.

第九條 總理有總握商會各事之權, 內而僑商事務, 外而異國交涉, 凡一切經盡責有攸歸.

第十條 協理有贊勷商會各事之責, 與總理於商務上諮核可否斟酌損益及一切事務, 凡總理因事不能出席得以次代理.

第十一條 議董有贊助總協理維持各務, 如稽查帳目調察商情及一切謀劃.

第十二條 議員有獻可替否助理庶務, 凡關於商務進行事條陳意見以裨公益.

第十三條 書記員專理本會帳目事宜及公牘文件.

第十四條 飜譯員凡與日本官員巡警等交涉用以通語言及來往作行人之職.

第十五條 總協理議董議員皆各盡義務不支薪水, 書記飜譯例給薪水.

第十六條 本商會月有例會二次, 以一日十五日爲期, 酌論事務籌畫進行兼稽核帳目經費等.

第十七條 本會於例會外復於每年擧行大會二次, 以六個月爲一次, 討論商業廣徵意見以振作商務上精神.

第十八條 本會於例會大會外復有臨時會, 或因僑商到訴, 或有要件待商當由總理傳單報知.

第十九條 本會開會時凡總理協理議董議員均須出席, 如不出席凡經會員議決之件均須按照執行不得藉口阻撓.

第二十條 本會集議時由總理出席, 提綱絜要將已辦未辦及應辦之事逐一標示以徵衆論.

第二十一條 凡議事經總理提出之後, 各以意見伸說事之可否以擧手者爲贊成, 不擧手者爲不贊成, 以多數爲定決.

第二十二條 凡事關鉅大須議董議員齊集, 及半數以上者到會者方能有效, 其平常小事不在此例.

第二十三條 凡遇三幇商人有事爭論者, 以衆公理處, 不得意存袒庇其, 或不服調處者, 由本人自行辦理, 本會不再干預.

第二十四條 凡遇會議時, 議事未畢, 議員等不得私自先退, 如屬有要事當, 先向總理宣明方准離席.

第二十五條 凡遇例會常會大會臨時會經總理傳集, 不得無故推托不到, 如遇有病或有事出行宜, 先將緣由報知.

第二十六條 凡會議時均各就坐位, 不得行走參錯漫無規則, 及嬉笑怒罵等.

第二十七條 會議時亦許局外旁聽, 但不得發言, 如或事關秘密防有外泄不在此例.

第二十八條 本會爲專理商情事務, 遇有僑商因錢財帳目兩相爭論, 及一切不平等事, 到本會申訴者, 由總理集各員平情準理以爲公斷.

第二十九條 本會於集議各事時, 由書記將所議之事登於議事之冊.

第三十條 凡遇有僑商到訴者無論大事細故經公斷決, 由書記登錄記事冊以資日後查核.

第三十一條 凡僑商在本港有産業者皆須報告, 本會將其産業註明産業冊上, 或轉契變産亦須隨時報明以爲證據.

第三十二條 凡僑商在本港者皆須報名註冊生死, 及離埠到埠者亦須隨時報告登冊.

第三十三條 凡遇國家典禮當升旗, 當休業者, 由本會傳單遍示, 屆時當一律遵從以昭劃一違者公議酌罰.

第三十四條 本會設立其經費由衆商戶捐助分四等: 商業大者爲一等、次爲二等、又次爲三等四等, 按等第月捐經公酌定, 凡不納月捐者有事時本會不與聞, 如因有事臨時請求入會者應由公議酌納特別捐.

第三十五條 本會經費書記繙譯茶房薪工, 其次衛生費醫生費零什費, 按月由書記繕列清單貼示會內, 年終將全年來往總數結出憑衆稽核畫押以昭信實.

第三十六條 本會所有存款拾元以外俱送存銀行處, 如有應支之款概由總協理簽字到銀行支取, 其 或零什小數十元以內者, 可由書記發給登賬並取收條以憑信實.

第三十七條 本會或經費不足, 及有特別需用者, 即開臨時大會, 由總理提出原由經衆公議定, 或由商戶攤取或由業戶分徵, 不得强迫, 亦不得阻撓東公酌定以期有濟.

第三十八條 本會爲振作商務而設, 凡在議員未在議員之列者, 能洞悉商場利弊, 皆有可條分縷析,若者可行若者可止, 本會集衆聚議, 無不樂從, 其有能製一器成一業有利於商務者, 亦必獎勵而保護之.

第三十九條 本會僑居外埠自以聯絡團體爲主要, 凡遇有商戶受外人欺侮者, 一經報告調查, 屬實當擧全體以力爭之.

第四十條 群山木浦兩港應設分會, 如有事分會未能理處者, 可由本會公議酌辦, 凡年終大會應由二分會派代表到會與議各事以資聯絡.

第四十一條 本港僑商類皆集處一隅, 煙賭干犯國紀一經巡警捉拿受罰, 苦工有辱國體, 本會員遇有查出當先行戒飭俾知改悔.

第四十二條 凡在本會議董議員之列自宜愼保名譽, 如或有徇私作弊行止不端一經公同査實當由總理宣明辭退以保本會聲明.

附條

第四十三條 以上章程皆按朝鮮仁川就地商業情形便宜酌訂.

第四十四條 本章程出自草創, 恐有未能賅備應隨時體察情形妥酌增減, 稟請工商部批准以臻完善.

第四十五條 本商會俟稟奉, 工商部批准立案發給關防石列章程, 即作定章應將批詞及議案鈔錄傳觀以便共守.

『원문㉰』『조선경성화상북방회관장정』(왕위교무위원회당안)

朝鮮京城華商北幇會館章程

第一條 本會館定名爲朝鮮京城華商北幇會館.

第二條 本會館以聯絡鄕情謀公共之福利爲宗旨.

第三條 本會館設於朝鮮京城府水標町四十九番地.

第四條 凡具有商業常識之旅鮮僑胞年滿二十歲以上, 志願入本會館者, 由會員二人介紹經理事會通過即爲會員.

第五條 本會館會員有遵守會章及繳納會費之義務.

第六條 本會館有選擧被選擧及其他應享之權利.

第七條 本會館由會員大會理事三人, 候補理事二人, 組織理事會監事一人, 候補監事一人, 由理事互選一人爲常務理事主持日常事務.

第八條 理監事之任期以二年爲限, 但連選得連任.

第九條 理事會對外代表本會館, 對內處理並執行壹切會務.

第十條 監事有稽核本會館財政收支及糾察紀律等職權.

第十壹條 本會館會員大會每年開一次, 理事會每月開會一次, 倘有特別事故均得分別召開臨時會議.

第十二條 本會館經費如有不敷, 得由同幇商號臨時捐助.

第十三條 凡同幇有來本會館養病或死亡等事項, 具相當舖保並須晝夜有人看守否則蓋不收留.

第十四條 本章程如有未盡事宜得由會員大會修改之.

第十五條 本章程由會員大會通過呈奉主管機關核準施行.

大中華民國 年 月 日 仁川中華商務總會 呈

〖원문㉱〗『여선중화상회여합회조직대강』(인천화교협회소장)

旅鮮中華商會聯合會組織大綱
(二十七年二月三日總領事館核准施行)

第一條 旅鮮中華僑商爲謀工商業之發展增進, 工商業公共之福利起見, 依據中國商會法第八章之規定, 設立旅鮮中華商會聯合會.

第二條 本商會聯合會爲法人團體.

第三條 本商會聯合會應訂立章程, 呈請中華民國臨時政府核准備案.

第四條 本商會聯合會以旅鮮各商會爲會員.

第五條 本商會聯合會爲適應環境起見, 採用正副會長制.

第六條 本商會聯合會設會長一人副會長一人, 由全體會員共同推舉任期一年得連舉連任.

第七條 本商會聯合會召集會員大會, 應於一月前通知之, 但臨時會得於一星期或十日前通知.

第八條 本商會聯合會除法律別有規定外準採用中國商法各章之規定.

『원문㉶』『여선중화상회연합회장정』(인천화교협회소장)

旅鮮中華商會聯合會章程

(二十七年七月二十六日總領事館核准備案)

第一章 總綱

第一條 本會由朝鮮各地中華商會及各華僑團體聯合組織規定, 名爲旅鮮中華商會聯合會.

第二條 本會以聯絡各地中華商會及各華僑團体感情實行, 合作圖謀全鮮華僑工商業及對外貿易之發展增進, 工商業公共之福利爲宗旨.

第三條 本會設事務所於京城中華商會內.

第二章 職務

第四條 本會之職務如左.

一、關於工商業之改良發展事項.

二、關於工商業之徵詢及通報事項.

三、關於國際貿易之介紹及指導事項.

四、關於工商業統計調查事項.

五、關於工商業之調處及公斷事項.

六、關於工商業之證明及鑑定事項.

七、關於辦理商品之徵集及陳列事項.

八、關於受商人之委託辦理商業淸算事項.

九、關於總領事館及總督府重要訓令傳遞事項.

第三章 會員

第五條 本會以全鮮各地商會及華僑團体爲會員.

第六條 各會員得推派代表一人或二人出席本聯合會會員大會.

第七條 會員之權利如左.

一、有請求本會向政府請願維護救濟之權.

二、會員與會員或非會員如發生爭執時有請求本會代爲調解之權.

三、會員在會議中有發言、建議、表決、及選擧等權.

四、會員委託本會辦理本章程所規定之各種事務時得享受免費或減費之權.

第八條 會員之義務如左.

一、遵守本會章程及決議案.

二、遵章繳納會費.

三、開會時會員代表應準時出席.

第四章 入會及出會.

第九條 朝鮮各地凡經成立之中華商會或華僑團体均爲本會當然會員.

第十條 本會會員均爲法人不得擅請出會, 如有特殊情形時須先具出會理由送交本會, 經幹事會審查認爲理由充分並提經會員大會議決認可後方得出會.

第五章 組織

第十一條 本會設會長一人副會長一人幹事若干人評議員若干人.

第十二條 本會分設總務、財政、統計、交際、四科.

第十三條 本會選擧法另定訂之.

第十四條 本會設秘書一人事務員若干人由會長任用之.

第十五條 本會辦事細則另訂之.

第十六條 本會會長副會長幹事評議員均爲名譽職, 惟秘書及事務員薪金由幹事決定之.

第十七條 本會會長副會長幹事評議員之任期均爲一年, 每一年改選一次得選連任.

第十八條 會長副會長幹事評議員, 如因事辭職時, 由幹事會議另選之.

第六章 職權

第十九條 會長對外代表本會.

第二十條 會長依本章程之規定或幹事會議決行使職權.

第廿一條 會長及副會長之職權如左.

一、執行會員大會決議事項.

二、監督本會經費之用途, 及指使各科職員辦理本會章程所載之一切事務.

第廿二條 幹事會之職權如左.

一、監督各科職員執行會員大會之決議.

二、審查各科處理之會務.

三、稽核會計科之財政出入.

四、處理各會員請求辦理事件.

第廿三條 評議員之職權如左.

一、考核本會之工作.

二、協襄會務之進行.

三、審查會員之提案.

第七章 會議

第廿四條 會議之種類如左.

一、會員大會每年擧行一次於每年二月由幹事會定期召集之.

二、幹事會之開會不限期由會長或副會長認爲必要時召集之.

三、評議員之會議不限期於必要時召集之.

第廿五條 會員大會決議以會員代表過半數之出席代表過半數之同意行之, 出席代表不滿過半數者得行假決議, 將其結果通告各代表以代表過半數之同意對假決議行其決議.

第廿六條 本會會議細則另訂之.

第八章 會費

第廿七條 本會以下列各項收入爲會費.

一、會員年費

二、特別捐

第廿八條 會員年費分二種, 甲種年納日金貳拾元元乙種年納日金拾元.

第廿九條 本會如有特別事故須籌募特別捐時, 得由幹事會議決擧行, 但須提交會員大會追認之.

第三十條 會員出會時會費概不退還.

第九章 會計

第卅一條 本會會計年度以一月一日始至十二月底.

第卅二條 會計科應依會計年度分別編製預算案提交幹事會, 審查完竣附具意見將各該案提交會員大會議決或追認.

第卅三條 會員大會對于預算有增減之權.

第卅四條 會計年度屆滿新預算尚未成立之時, 會計科得照上年度預算施行, 但因大會不足法定人數新預算案不能議決時, 幹事會得代行議決提交下屆會員大會追認.

第十章 附則

第卅五條 本章程經會員大會議決, 在新政府未頒佈商法以前, 呈請京城總領事館核准備案施行.

第卅六條 本章程如有未盡事宜, 得經會員大會決議修正之, 並呈由政府備案始生效力.

〖원문㉶〗『여선중화상회연합회선거법』(인천화교협회소장)

旅鮮中華商會聯合會選擧法

(二十七年七月二十六日總領事館核准備案)

第一條 本法根據本會章程第五章第十三條訂定之.

第二條 本會職員任期屆滿或職員因事辭職缺額時, 用本法之規定選擧之.

第三條 本會職員任滿改選時須召開會員大會以無記名投票法選擧之.

第四條 職員改選時須有過半數之會員代表出席擧行之, 以得票最多數爲當選.

第五條 職員缺額補選時, 由幹事會以通訊投票法補選之, 以得票最多數爲當選.

第六條 職員缺額補選程序如左.

一、會長席缺時由副會長充任之.

二、副會長席缺時由幹事中遴選之.

三、幹事缺額時由評議員中遴選之.

四、評議員缺額時由會員代表中遴選之.

第七條 補選任期以補足前任任期爲限.

第八條 選擧場所應設投票匭, 由投票管理員管理之以記投票數目.

第九條 投票完畢時, 投票管理員應將投票匭移交開票管理員開啟計算投票數目, 相符時交由計票員記之.

第十條 改選或補選之結果, 應呈報京城總領事館轉呈新政府備案.

第十一條 本法如有未盡事宜由幹事會議修正之.

第十二條 本法由幹事會議決施行.

〖원문㉳〗 『여선중화상회연합회판사세칙(1938년7월26일 총영사관 비준)』

旅鮮中華商會聯合會辦事細則
(二十七年七月二十六日總領事館核准備案)

第一條 本細則根據本會章程第五章第十五條訂定之.

第二條 辦理本會章程規定之職務時得由會長之命令行之.

第三條 本會會長如一時席缺時得由副會長代行其職權.

第四條 本會收到文件, 得由秘書拆閱擬定辦法送請會長核示後, 擬稿交由事務員辦理.

第五條 本會如收到會員代表之建議時, 得由評議員審查附具意見提交幹事採納施行.

第六條 本會如收到會員代表之請求時, 得由幹事會議決辦理.

第七條 本會總務科管理文件之收發及保管事宜.

第八條 本會會計科管理財政之收支及預算決算事宜.

第九條 本會統計科管理會務之統計事宜.

第十條 本會交際科管理會員代表及來賓之招待事宜.

第十一條 本細則以辦事之情形得隨時由幹事會修正之.

第十二條 本細則由幹事會議決施行.

인천화상상회 화상 상황 보고
중화민국24년(1935년) 3월

1) 조선 인천에서 중국으로부터 수입되는 주요한 상품의 성쇠의 상황 및 개선 방법

(갑) 중국산 마포가 증세 및 일본 대용품의 영향을 받아 감소한 원인

민국7, 8년(1918, 1919)부터 매년 상하이에서 수입되는 마포는 약 6만 건(1건은 15-20필: 역자)으로 가격은 은 550만 량에 달했다. 일본 해관은 100엔 당 7.5엔을 세금으로 과세했다. 1920년 제1차 증세로 하급품은 백 근 당 18엔, 상급품은 32엔이었다. 당시 판매는 아직 감소하지 않았으며 일본 제품은 아직 대용품이 없었다. 민국13년(1924) 제2차 증세로 하급품은 22엔, 상급품은 40엔이 되었다. 이때부터 판매는 10분의 2, 3이 감소했다. 민국 15년(1926) 제3차 증세로 하급품은 백 근 당 34엔, 상급품은 52엔, 최상급품은 72엔이 되었다. 이때 이후 대폭 감소하여 종전의 절반에도 미치지 못했다. 민국21년(1932) 제4차 증세로 제3차에 비해 백 엔 당 세액은 더욱 증가하여 35엔이 되었다. 이때 이후 수입이 절대적으로 감소하여 수입량은 (이전의) 불과 10분의 1, 2에 불과했다.

(을) 중국산 비단 및 구미 화물을 수입할 수 없는 원인

종전 중국산 비단 상품은 수입을 가장 많이 할 시기에는 수저우

(蘇州)의 전장(鎭江), 항저우(杭州)의 성저(盛澤)에서 상하이를 경유하여 수입된 비단의 금액은 약 은 500만 량에 달했다. 관세는 백엔 당 7.5엔 혹은 10엔이었다. 산동 비단인 창이의 잠조(繭綢, 야생누에의 실로 만든 비단: 역자), 웨이현(濰縣)의 색조(色調, 색 비단: 역자)는 옌타이를 경유하여 수입되었으며 가격은 은 50만 량에 달했다. 구미의 상품인 표백 면포, 원색 면포, 순백색 비단, 면사, 꽃무늬 면사, 서양 신발 등을 상하이에서 수입한 금액은 약 은 1천만 량에 달했다. 민국9년(1920)부터 일본의 해관은 증세를 가하여 비단 상품 100근 당 520엔을 부과했다. 다만, 이때 일본산 비단 상품의 생산품은 많지 않았다. 때문에 중국산 비단 상품은 여전히 수입할 수 있어 감소된 것은 100분의 2, 3에 불과했다. 민국13년(1924)에 이르러 일본의 다채로운 인견의 생산품이 상당히 많아지고 일본 해관은 중국산 비단에 대해 100%에 달하는 높은 관세를 부과, 이때 이후 비단 상품은 판매할 길이 없어 결국 수입 중지를 고하게 되었다. 현재 가령 일본 해관이 중국산 비단 화물에 대해 세율을 이전으로 회복시킨다 하더라도 다량의 수입은 불가능하다. 왜냐하면 일본산 인견사에 의한 생산품이 날로 발달하여 가격은 저렴하며 조선인용으로 가장 합당하기 때문이다. 구미산 면포는 민국17 · 18년(1928 · 1929) 이후 수입이 단절되었다. 그 이유는 일본공업진흥소가 면직품의 색깔을 날마다 새롭게 하고 급속히 따라잡은 결과, 구미의 제품에 비해 값이 싸 일본 상품이 구미의 고가품을 대체했다.

(병) 면화 수입의 근황

화상은 민국 7 · 8년(1918 · 19)에서 1920년 사이 상하이에서 소포(小包)로 된 면화를 연평균 2만 포 이상 약 120 · 30만 근을 수입했다.

칭다오에서 수입하는 면화는 매년 1천여 포, 약 10여만 근에 달했다. 최근 1, 2년 사이 상하이에서 수입되는 면화는 겨우 3 · 4천 포, 약 30만 근에 지나지 않았다. 칭다오에서 수입하는 면화는 겨우 400 · 500포, 약 4 · 5만 근이다. (이렇게 감소한: 역자) 원인은 최근 2-3년 사이 일본의 종합상사 미쓰이 등이 톈진을 경유하여 대종인 면화를 조선에 적재 수출했는데 그 판매 가격이 화상에 비해 톈진에서 수입하는 면화의 원가가 더 저렴했다. 이로 인해 화상이 톈진에서 면화를 수입하는 루트는 결국 단절되었으며, 상하이, 칭다오 등지서 수입하는 수량도 날로 감소했다. 일본 상인은 톈진에서 면화를 수출할 때 관세가 없다고 하는데 이것이 사실이라면 우리정부에 화상이 수송하는 면화의 수출에 대해서도 징세를 면제해주도록 간청, 수출을 장려하여 이익을 얻을 수 있도록 하여 해외 화상을 도와줘야 한다. 이미 쇠퇴한 형국에서 최근 조선에서 생산된 면화가 종전에 비해 많아진 것도 화상 수입 면화가 점점 감소한 원인의 하나이다. 현재 면화의 시가는 상하이 면화가 백 근 당 52엔, 칭다오 면화가 54엔, 톈진 면화가 50엔이다.

(정) 토산품 수입의 상황

(1) 고추는 산동 칭저우산이 가장 많고 가장 질이 좋다. 민국 21년(1932)에서 23년(1934)까지 매년 칭다오를 경유하여 수입한 것은 적을 때는 1만포 이상 약 2백만 근이며 많을 때는 2만포 이상 약 400만 근에 달했다. 처음 해관 가격은 백 근 당 12엔이었으며, 30%의 세율에 따라 세액은 3.6엔이었다. (민국) 20년(1931)부터 가격은 14엔으로 올랐으며 30%의 세율에 따라 4.2엔이 부과됐다. 비록 세액은 증가했지만 수입은 아직 감소하지 않았다. 그 원인은 고추는 조선인이 매

일 먹는 없어서는 안 될 필수품이기 때문이다. 최근 조선의 관 소유지가 매우 많아 조선총독부가 농민에게 관 소유지를 배분하여 개간, 고추를 파종한다고 한다. 만약 그렇다면 우리나라의 고추 수입은 반드시 그 영향을 크게 받을 것이다. (민국) 23년(1934) 칭다오, 톈진을 경유한 수입 고추는 약 1만 5천포, 포 당 157근으로 총 약 235만 근으로 현재의 시가로 근 당 18엔이다.

(2) 붉은 대추는 산동성 지난(濟南) 일대에서 생산된다. 민국4년(1915) 이래 칭다오 경유로 수입된 붉은 대추는 매년 1만 포 이상 약 100만 근에 달했다. 해관은 처음 100근 당 가격을 6엔으로 7.5%의 세율로 100근 당 0.45엔이었다. 민국 9년(1920)에 이르러 백 근 당 가격이 6.9엔으로 증가했으나 아직 수입은 감소되지 않았다. 민국 13년(1924)에 가격이 10엔으로 증가되어 결국 반으로 감소했다. 민국 22년(1933)에 백 근 당 가격이 7엔으로 감소하고, 민국 23년(1934)에는 백 근 당 가격이 8엔으로 증가되었다. 올해 조선의 붉은 대추의 수확은 불량하지만 (산동성: 역자)의 올해의 수확은 풍성하기 때문에 판매는 매우 좋다. 본년 칭다오를 경유한 수입 붉은 대추는 7천여 포로 포 당 약 130근으로 총 90여만 근에 100근 당 판매가는 국폐로 55元이다. 현재의 판매가는 100근 당 약 22.5 엔이다.

(3) 곶감은 산동성 지난(濟南), 칭저우(青州) 등에서 산출되며 상당수는 칭다오를 경유하여 수입된다. 민국 4년(1915)부터 8년(1919)까지 수입된 곶감은 약 5천 포, 약 80여만 근에 달했다. 해관은 포 당 4엔을 가격으로 하여 7.5%의 세율로 하면 100근 당 0.3엔이었다. 민국 9년(1920) 해관의 평가액이 백 근 당 10엔으로 증가되자 판매는 크게 감소했다. 매년의 수입량은 불과 약 천 포에 불과했다. 그 원인은 세율이 너무 과중하다는 것과 조선산 곶감 생산이 점차 증가한 것에도

큰 영향을 받았다는데 있다. 민국 23년(1934) 칭다오에서 수입된 곶감은 약 1천 포, 한 포 당 170근, 총 약 17만 근이었다. 현재의 시가로 백 근 당 16엔이다. 중국산 제품이 일본산과 경쟁할 수 없는 원인은 일본은 관세로 보호정책을 견지하기 때문이다. 세율은 몇 차례에 걸쳐 증가했다. 하급품에 대해서는 낮은 관세를 부과하지만 그래도 30%의 세율에 달했다. 고급품에 대해서는 100%의 중과세를 부과했다. 만약 과일 식품 등 모든 것에 100%의 세율이 부과된다면 이들 중국산 상품이 조선에 수입될 수 없는 최대의 원인이 될 것이다. 근래 조선에 수입되는 중국산 상품은 모두 일본산 대체품이 있으며, 이들 상품은 매우 화려하고 아름다우며 더욱이 가격이 저렴하다. 중국산 제품은 일본산 제품에 대항할 수 없는데 이것도 중국산 제품 수입 감소의 요인이다.

(戊) 산동성 동해안 소금 수입 상황

우리나라의 동해안 소금은 종래 범선으로 조선에 수입되어 판매되었다. 민국 8년(1919) 인천에는 소금 상가(商家) 8개소, 군산에는 4개소, 진남포에는 3개소, 목포에는 1개소가 있었다. 1930년 통계에 매년 연평균 소금 수입량은 약 1억 5천만 근, 인천에서 1만 근을 판매할 수 있었다. 인천에서 12년간 중국산 소금은 자유롭게 수입되어 자유롭게 판매되었다. 인천세관은 만근 당 10엔을 징수했다. 판매 또한 지극히 번창했다. 민국 19년(1930)부터 소금에 대한 세금이 면제되고 소금 관리가 조선총독부 전매국 관리로 귀속되었다. 매매에는 정해진 가격이 있었으며 수입에는 정해진 할당량이 있었다. 염상은 자유롭게 판매해서는 안 되었다. 이로 인해 중국산 소금의 수입은 급격한 하락을 겪게 된다. 염상은 이러한 구속을 받아 지극히 어려운 처지에 있다. 현재 화교 염상으로 존재하는 상가는 다만 인천의 4개소에 지나지 않는다. 민국 20년(1931)부터 23년(1934)까지 매년의 소금 수입은 5 · 6천만 근에 불과했다. 전매국은 매년 정월 수입 허가를 발급하며, 그 총량은 약 2만 근 이상이었다. 단, 화상은 청부를 받을 수 없다. 다액의 수입을 하는 자는 다만 산동성의 스다오, 진커우의 두 곳에서만 소금을 범선에 실을 수 있기 때문에 그 모아둔 소금량에는 한정이 있어 아마도 공급이 수요를 만족시킬 수 없을 것이다. 종전 스다오에선 수송선이 소금을 싣는 것을 허가하지 않았으며, 근래 중일 합작의 화청공사(華成公司)가 소금 시장을 독점함으로써 일본은 소금을 조선에 운송하여 판매, (중국)범선은 큰 영향을 받아 하적 할 소금이 없다. 우리나라의 수출 세율이 근 당 0.12원으로 범선 운반 세율은 백 근 당 0.2엔이다. 이것은 우리 정부가 상민을 불평등하게 대우하는 것이다. 국가의 세법에 입각하여 처리해 위신을 보이고 공평함을 분명히 해야 한다. 지금 범선은 그 영향을 받아 영업이 점점 더 곤란해지고 있다. 산동산 소금의 운사(運使)는 여전히 운수(運輸)와 범선에 의한 소금의 명의가 서로 다르다는 것을 모른다. 양자의 운반은 거의 구분할 수 없는데 그 본질은 완전히 똑 같다. 그러나 과세는 각각 다르며 정말로 아무리 생각해도 납득할 수 없다. 산동산 소금을 운반하는 범선은 약 150척이며 다른 종류의 화물을 싣고 운반하지는 않으며, 대개 소금 운반을 전문으로 영업하며 부업을 겸영(兼營)하지는 않는다. 소금을 적재하고 운송하는 곳은 이미 스다오와 진커우의 두 곳에 한정되어 있다. 산동산 소금의 운사(運使)는 또 근래 (산동성) 동해안의 각 염전에 금년 천일염의 생산을 예년의 3분의 1로 줄이라고 하여 많은 상민을 천일염 작업으로 생계유지하는 것을 허락하지 않고 있다. 만약에 천일염을 하지 않으면 생계는 어디에 의탁할 것인가. 게다가 천일염은 완전히 날씨에 의존한다. 이전 해의 생산량이 많아도 관수(冠水)의 해는 생산량이 적다. 가뭄의 해의 잉여로 관수의 해의 부족분을 보충한다. 현재 염전의 상민에게 염전 생산을 제한하고 만약 관수의 해를 만나면 어떻게 보충할 수 있을 것인가. 게다가 산동성 동해안 소금은 대량으로 조선에 운반되어 동계는 그 운송량이 적어 여분이 생겨 보존하여 비축할 수 있다. 내년 춘계 조선으로 수송하는 분의 소금에는 영향이 없다. 국내의 소금 업무에 있어 금년 봄 전매국은 각 범선이 1차로 운송하는 동해안 소재의 소금 부족에 대한 통계 조사를 허가했다. 만약 재차 각 염전에 천일염을 줄이라고 명령한다면 범선은 점점 더 운송할 수 있는 소금이 없어진다. 만약 빨리 구제할 방법을 강구하지 않으면 조선으로의 소금 운송의 권리는 점차 사라질 것이다. 이때 우리정부에 천일염 회수 제한의 철회 혹은 염전 유지를 명령하도록 간청하여 염상(鹽商)을 보호해 주도록 해야 한다. 우리나라에서 조선으로 운송하는 소금 수출의 전성기 때는 인천 하나의 항구뿐 아니었다. 군산, 목포, 진남포 등지도 모두 다수의 수입을 했다. 그 후 민국20년(1931) 중국산 소금이 예년에 비해 생산량이 적었고, 소금 수출세율 또한 과중했다. 염상은 사전에 조선총독부 전매국으로부터 청부 허가를 받아 할당량의 소금을 수입할 수 있었으며, 수량대로 지불받을 수 있었다. 규칙에 의거하지 않으면 처벌 받았다. 앞으로 군산, 목포, 진남포의 3개소의 염상의 수입권은 결국 완전히 상실되어 일본인 상인의 독점이 될 것이다. 현재 다행히 존재하는 곳은 인천 1개소뿐이며 현재 또한 중대한 위험 상태에 직면해 있다. 이때 우리 정부는 실로 주의 깊게 보호 및 유지하도록 해야 한다.

2) 국산품 수입의 곤란 상황

국산품의 조선 수입은 인천 관세의 너무 큰 장벽에 가로막혀 있어 세금이 너무 과중하기 때문에 지극히 적었다. 원래의 세율을 회복할 수 있다면 장사는 아직 발전 전망이 있다. 우리 정부는 호혜의 조건 하에서 구제의 방안을 강구하여 상권을 만회하여 우리 상품의 판매를 확대할 수 있도록 해주기를 희망한다.

3) 조선 수출 곤란의 상황

인천의 수출은 해산물을 대종으로 한다. 옌타이, 칭다오, 톈진 등지에 운반하며 그 양은 상당히 많다. 우리나라의 관세 인상 이래 역시 큰 영향을 받아 수출량은 지극히 적었다. 현재 대다수의 운송은 다롄, 안동을 거쳐 동북3성 각지에 이송되어 판매된다. 다롄에서 산동, 허베이 연안 각 항구로 이송 운반되어 탈세로 상륙하는 양이 매우 많다고 한다.

4) 인천화상 성쇠의 개황에 관하여

민국8년(1919)부터 15년(1926)의 8년간은 상업이 가장 융성한 시기로 인천의 교상(僑商)은 총 약 4천명에 달했다. 민국16년(1927) 겨울 조선인이 제1차 배화폭동(排華暴動)을 일으킨 후, 거래는 약간 감소했으나 18 · 9년(1929, 30)에 점차 회복하는듯했다. 그러나 1931년 7월에 제2차 배화폭동이 다시 일어났다. 이번의 화상의 손실은 막대하고 영업하는 다수는 변제할 수 없어 장사를 그만두고 귀국하는 자가 많았다. 이러한 상업 쇠퇴로 인해 상권은 상실되고, 거주하는 교상으로 잔류한 자는 불과 700명에 불과했다. 그러나 최근 약간 회복되어 현재 교상의 총수는 약 2천명에 달하나 겨우 현상을 유지할 뿐으로 장래의 발전을 말하기는 아직 이르다.

(1) 방별(幇別): 북방(北幇), 남방(南幇), 광방(廣幇)

북방의 면포상은 자본규모가 비교적 큰 상점은 6개소이며 자본금은 2만 엔에서 7만 엔 사이이다. 잡화상은 6개소이며 1만5천 엔에서 6만 엔 사이이다. 염상 및 그 대리점은 4개소로 1만5천 엔에서 4만 엔 사이이다. 대리점 2개소는 각각 약 2만 엔이다. 큰 요리점 3개소는 1만 엔에서 2만 엔이다. 북방 소유 부동산의 금액은 약 7만 엔이며, 매년 임대수입은 약 5,500엔이다. 남방은 양복점이 4개소이며 자본은 5천 엔에서 1만 엔 사이이다. 부동산업자가 2개소로 부동산 금액은 18만 엔이며, 매년 임대수입은 약 1만 엔이다. 광방의 서양잡화점은 1개소로 자본은 약 8천 엔이다. 부산동업자가 2개소로 부동산 금액은 약 12만 4,500엔이며, 매년 임대수입은 약 6천 엔이다.

(2) 상품 구매 절차

당지(當地)의 화상이 상품을 구매하는 절차는 국내에서 구매하는 자는 직접 운송하며, 점원을 파견하여 구매하거나, 위탁대리점 대행의 세 종류가 있다. 일본에서 구매하는 자는 오사카(大阪)에서 직접 구매하거나 중개인에게 위탁 대행하는 두 가지 종류가 있다.

(3) 상품 주문 절차

통상(通常) 상품 주문은 선물로 하며 선하증권(船荷證券)을 저당하여 현금 거래를 한다. 잡화 및 화장품은 상품 인도 후 30일 혹은 40일 후 상품대금을 지불한다. 기일이 도래하여 상품대금을 지불하는 방법은 은행에 선하증권을 담보로 맡긴 것으로 대신 한다.

(4) 상품 판매 절차

상품의 판매절차는 화상 대 화상 간의 교역은 만약 백색의 면포, 면사 등의 상품의 경우 상품 인도 후 20일을 상품대금 지불 기한으로 한다. 꽃색의 인견사(人絹絲), 화장품 및 중국산 수건 등의 상품의 경우 상품 인도 후 30일을 지불 기한으로 하며, 먼저 약속어음으로 상품대금을 지불한다. 일용잡화에 대해서는 신용으로 거래하는 화상이 많으며, 조선인에 대한 거래는 특별한 경우를 제외하고는 현금으로 하며, 상품 도착 후 대금을 지불하거나, 운송점 및 은행에 선하증권을 담보로 맡기는 등의 몇 종류의 방법이 있다.

(5) 납세

우리 화교의 납세의 상황은 직업에 따라 다르며, 관세, 영업세, 호별세, 소득세, 가옥세, 지세, 차량세 및 견세(犬税) 등의 몇 종류가 있을 뿐이다.

(6) 외환

인천에서 본국 외환 송금은 환어음을 전신으로 보낸다. 이를 통해 모든 상하이의 상품대금을 지불할 수 있다. 본지(本地)의 조선은행 지점을 통해 자유롭게 송금할 수 있다. 단, 본항(本港)에는 화상 외환 전장(錢莊)이 3개소 있으며, 그것은 옌타이 (본점의) 전장 2개소, 다롄 (본점의) 전장 1개소이다. 3개 전장의 평균 자본금은 약 10만 엔이다. 3개소 전장의 국내 외환 송금 총액은 매년 평균 220만 엔이며 이중 옌타이 송금액은 약 130만 엔, 상하이 송금액은 약 65만 엔, 칭다오(青島), 지난(濟南), 톈진(天津) 등이 모두 25만 엔이다. 기타 지역 및 다른 산동성 각 현에 송금되는 것은 그 금액을 상세히 몰라 적지 못했다.

(7) 은행거래 상황

화상은 이곳의 은행으로부터 때때로 자금을 융통한다. 통상 상당수의 화상은 상품구매의 약속어음 및 선하증권을 저당하여 한정된 금액 이내에서 수시로 차용할 수 있다. 화상의 가옥권리증, 토지매매계약서로 한정된 금액 이내서 수시로 차용할 수 있다. 가옥권리증,

토지매매계약서로 대출받는 자는 저당 없이 차용할 수 있으며, 두 개소의 견실한 상가를 담보자로 세우면 은행으로부터 천 엔 당 하루 0.24엔의 이자로 차용할 수 있다. 이를 월 이자로 하면 7.3 엔이 된다. 화상이 가장 자주 거래하는 은행은 당지의 조선은행과 식산은행의 지점이고, 그 다음은 야스다은행(安田銀行)과 주하치은행(十八銀行), 상업은행의 각 지점이다.

(8) 태환 곤란의 상황

당지의 영업은 대략 금표(金票, 조선은행권)을 표준으로 한다. 우리나라에서 수입하는 화물은 국폐(國幣)를 본위로 한다. 요즘 금표가 하락(엔저)하여 태환 하는데 그 손실이 매우 크다. 화물을 수입하는 것이 곤란하며 상황(商況)도 이 때문에 부진하다고 한다.

인천화상상회 화교 상황 보고
중화민국24년(1935년) 3월

1) 화교 조선 이주 연혁

우리 상민이 처음으로 조선에 온 것은 멀리로는 태사(太師) 기자(箕子)가 병사를 이끌고 피난하여 이주한 때까지 거슬러 올라간다. 청대(清代)부터 점차 무역상인들이 이주하기 시작했고, 그 전에는 자연적인 이주에 불과했다. 청대에 우리 화교는 대개 조선의 대도시인 경성, 인천, 평양, 원산, 신의주, 의주, 청진, 부산, 대구, 군산, 목포 등지의 무역중심지에 거주했다. 그러나 인구는 별로 많지 않았으며 고향과의 무역을 하는 자는 행상이 다수였다. 점포를 설립하여 영업하는 자는 극소수였다. 청말민초(淸末民初) 이래 우리 화교는 조선에서의 상세(商勢)가 날로 융성하여 각 도시와 농촌에 점포를 설립하는 자가 날로 번성하여 조선 전국에 점포가 산재하는 세력을 형성했다. 민국 7·8년(1918·19)부터 민국 14·15년(1925·26)까지의 상세(商勢)가 가장 번성하여 교민의 총수는 약 9만 명에 달했다. 폭동 이후부터 인구는 점차 감소하여 현재는 약 4만 명에 불과하다. 교민의 원적(原籍)별 분포는 대부분 산동성 출신이고, 기타 지역은 모두 합해도 많지 않다.

2) 화교의 조선 이주 감소 원인

화교의 조선 이주 감소의 원인은 과거 두 차례의 폭동과 큰 관계가 있으며 현재의) 원인은 다음과 같다.

(1) 민국 23년(1934) 9월 1일부터 실시된 화인의 조선 입국 단속령은 그 조건이 가장 가혹한 것이 두 가지다. ① 확실한 영업점을 가질 것, ② 현금 100엔을 반드시 휴대하여 제시할 것. 두 가지 가운데 하나라도 만족하지 못할 경우 입국을 불허했다. 이로 인해 조선으로 이주하는 우리 화교는 극히 곤란을 느껴 그 수가 극적으로 감소했다. 이전에는 매년 봄 조선에 이주하는 화교의 수는 약 2만 명에 달했는데 올봄에는 그 10분의 3, 4로 줄어들었다.

(2) 각 도는 노동자 거류를 단속했다. 이전 조선 각 도의 화교 노동자는 자유로웠다. 그 가운데 야채재배 종사자가 가장 많았다. 기타 음식점, 호떡집 및 개별 노동자 등이었다. 여러 법률에 의거하여 이와 같은 종류의 교민은 (현지) 관청의 허가를 받아야 했으며, 거주는 비록 허가 절차를 밟지 않더라도 묵인했다. 해당 거류 노동자는 허가를 거쳐 신청을 하면 허가 받지 못하는 것은 없었다. 그러나 연래(年來) 각지의 거주 허가는 날로 엄격해지고 심한 경우는 결국 허가

를 받지 못해 구축되어 귀국하는 뜻밖의 사고를 만나는 자도 있다. 조선에 거주하는 우리 화교의 생활은 날로 불안하다.

(3) 목공, 기와공, 석공의 제한. 이전 조선에는 건축 관계의 노동자가 있었다. 그 가운데 목공, 석공, 기와공이 많았다. 화인은 임금이 저렴하고 노동을 견뎌내는 인내력이 있었다. 때문에 매년 이 같은 종류의 노동자가 조선에 오는 자가 매우 많았다. 최근 경성과 인천 두 지역을 제외한 기타 각 도(道)의 각 지역은 화교 노동자의 잔류를 허가하지 않는 곳이 많다. 이것 또한 막대한 영향을 주었다.

3) 실업구제에 대하여

조선에 오는 교민 대부분은 노동계급이다. 매년 겨울 일자리가 감소하여 실업하는 자가 있다. 최근 이에 더하여 조선인 실업자가 점차 증가하여 각지는 점차 단속을 시행하거나 중국인 사용을 제한했다. 일의 범위 축소도 실업의 하나의 원인이었다. 이런 종류의 실업으로 인해 교민 가운데 비교적 돈이 있는 자의 상당수는 스스로 귀국했지만, 빈곤한 자는 대개 판사처가 당지의 화상상회 및 산동동향회에 비용을 도와달라고 요청하여 귀국시켰다.

4) 불법행위

당지의 교민은 모두 매우 선량하고 각각은 편안히 영업하고 있다. 그러나 생계로 인해 모르핀, 아편 등을 불법으로 판매하는 자가 있다. 당지의 관청은 이들을 검거하여 법률에 근거하여 경중을 분별한다. 주(駐)인천판사처도 수시로 화교 대중을 타일러 정당한 영업에 임하도록 하고 있고, 나쁜 짓으로 법을 어겨 국체를 손상하지 않도록 하고 있다.

5) 단체조직

(1) 인천화상상회: 광서13년(1887)초 중화회관으로 설립됐다. 북방, 남방, 광방의 상인에 의해 조직된 단체이다. 성립된 후 인천화상상회로 개조됐다. 직원: 이전 동사제(董事制)가 1929년 부(部)의 장정개정으로 위원회 제도로 바뀌었다. 주석 1인, 상무위원 5명, 집행위원 15명, 감찰위원 7명이다. 현재의 주석은 손경삼(孫景三)으로 산동성 뭐핑현 출신이다. 유지방법: 각 상호의 기부금과 회비로 유지된다. 회연(會捐)이라 부르는 회비와 기부금 총수입은 매월 약 245엔이다. 이 총수입으로 상회의 일체의 비용에 충당하고, 지불한 후 약간 남는다. 재산: 본회는 영사관과 인접해 있어 주소는 영사관과 같다. 영사관이 원래 전보국 건물을 상회에 부여한 후, 상가(商家)들이 모금하여 새롭게 이를 건축했다. 그리고 인천(부) 도화리 225번지에 소재한 땅을 구입하여 의장(義莊)으로 했다. 의장은 본회에서 약 5-6리 떨어진 곳에 있으며 이곳에는 벽돌로 지은 객청(客廳) 1개소, 작은 정자 1개소, 요양실과 상여(喪輿) 보관소가 각각 1개소가 있다. 뒤편의 건물 1개소는 교민 요양자, 상여 관리자와 매장자가 거주한다. 의장의 총평수는 8,416평, 땅값은 7,995.2엔, 건축물 가격은 약 4천 엔이다.

(2) 인천산동동향회: 청국 광서 17년(1891) 순전히 산동 교상에 의해 조직되어 주소는 인천(부) 중국가 52번지다. 민국19년(1930)에 증축하여 회관 건물과 학교 건물을 건축했다. 이곳에 노교소학교(魯僑小學校)를 부설하여 순수한 의무교육을 실시한다. 또한 관(棺)을 희사(喜捨)하거나 난민을 구제한다. 직원: 동사제(董事制)이며, 동사장 1명, 동사 7명, 간사 5명을 두고 있다. 직원은 모두 산동을 고향으로 하는 각 상호의 경영자가 분담하여 맡고 있으며, 현재의 동사장은 산동성

뤄핑현 출신의 장은삼(張殷三)이다. 유지방법: 매년의 경비는 건물임대 수입 및 동향 각 상호의 기부금으로 유지한다. 재산: 산동을 고향으로 하는 각 상가(商家)가 평소의 기부금으로 구입한 회관 건물, 학교 건물은 약 2만 엔, 그 외 부동산 약 2만 5천 엔이다.

(3) 남방회관: 청국 광서 25년(1899) 성립. 안후이(安徽) · 저장(浙江) · 후베이(湖北) 및 화남 각 성 출신 교민에 의해 조직되었다. 동사제(董事制)이며 동사장 왕성홍(王成鴻)은 안후이성 시(歙)현 출신. 회관 건물: 동사장인 왕성홍의 자택. 재산: 강의당(江義棠) 명의의 건축물이 인천부 내리 201번지에 있고, 토지 35평에 루방(樓房) 7칸, 가격은 7천 엔이다.

(4) 광방회관: 청국 광서 26년(1900) 성립. 순전히 광동성을 고향으로 하는 자에 의해 조직되었다. 동사제이며 동사장은 담정택(譚廷澤)이고 광동성 가오야오현(高要縣) 출신. 재산: 정복당(鄭福堂) 명의의 건축물이 인천부 내리 2023번지에 있다. 토지는 50평, 루방 7칸, 가격은 6천 엔. 인천부 용강정 77번지의 토지 22평, 목조 1층 건물에 방 5칸, 가격은 1천 엔.

(5) 중화농회: 민국원년(1912) 화교 야채상 및 야채재배 농민의 발기로 조직되었다. 처음의 명칭은 중화농업회의소였다. 민국22년(1933)에 지금의 중화농회로 명칭이 바뀜. 현재 농회의 모든 비용은 야채상 및 야채재배 농민에 의한 매월 회비 납부에 의해 충당 됨.

(6) 화교소학교: 민국2년(1913) 설립

(7) 노교소학교: 민국19년(1930) 설립

(8) 화상면포동업회: 민국13년(1924)에 성립 됨. 면포 각 상점이 조직 하였으며 산동동향회 내에 설치 됨. 매월 한 차례 회의가 개최되며 면포업 관련 업무를 논의 한다.

원염조합: 민국14년(1925)에 성립 됨. 화교 염상을 보호하기 위해

조직 되었다. 원염(식염)을 연구하고 관련 업무를 처리한다. 우리나라의 원염을 판촉하고 소금 운반, 범선 영업을 유지한다.

(9) 여관조합: 민국13년(1924) 성립, 왕래 객상에게 편리 제공의 연구를 함.

(10) 중화기독교회: 민국5년(1916) 성립.

6) 화교 개인당 평균 수입 개요

상인 방면 매월 1인당 약 15엔의 수입

요리점 매월 1인당 약 12엔의 수입

음식점 호떡집 매월 1인당 약 7·8엔의 수입

목공, 기와공 동 약 12엔

야채상 동 약 20엔

농민, 노동자 동 약 7-8엔

이발사 동 약 15엔

이상 개인 식비를 제외한 순수입

7) 상민 1인당 매년 본국 송금액

본 항구 상인 1인당 매년 본국 송금 총액은 약 10만 엔이며, 옌타이에 송금한 후 다시 각 현에 송금하는 자가 많다.

8) 인천화교 교육상황

당지 화교 교육기관은 화교소학교와 노교소학교의 두 학교가 있다.

(1) 화교소학교: 민국2년(1913년) 각 방(幇)의 공동으로 설립되어 ㅁㅁㅁ에 의해 감독된다. 그 후 폭동의 영향 및 소비의 부족(불경기)으로 인해 결국 민국 20년(1931)에 학교의 업무가 정지되었다. 올해 3월

1일에 다시 개학하였으며 임시로 초급 1 · 2학년 학급과 혼합 1반을 두고 있다. 현재의 교원은 2명이다. 학생은 22명이며 이 가운데 남학생은 18명, 여학생은 4명이다. 수업은 국어를 사용하며 이전에 교육부에 등록되었다. 현재 가장 곤란한 것은 경비 문제이다.

(2) 노교소학교: 민국19년(1930) 산동성동향회에 의해 설립되었다. 순전히 의무교육을 실시한다. 교장 1명, 교원 6명이며 이 가운데 일본인 여교원이 한 명 있다. 모든 교과과정은 (교육)부의 규정을 준수하여 시행된다. 이외 당지의 상황을 참작하여 일본어, 국술(國術), 영어 등의 교과를 추가했다. 수업은 대개 국어를 사용한다. 학생 수는 고급반의 경우 남학생 11명, 여학생 5명이다. 초급반의 경우는 남학생 56명, 여학생 43명, 총 115명이다. 이미 교육부에 등록되어 있다. 현재 곤란을 느끼는 것은 역시 경비이다. 의외의 사건이 발생하지 않을 경우 현상을 유지할 수 있다고 한다.

9) 화교를 둘러싼 환경 개황

화교 상호 간의 사이는 극히 친밀하다. 각 단체의 단결도 또한 극히 견고하다. 화교는 일본인, 조선인에 비해 매우 서로 사이가 좋다. 다만 소수의 무지한 조선인이 우리 교상에 대해 오해하여 싸움을 걸려고 트집 잡는 일이 종종 있다. 당지의 관청은 공도(公道)로 대우한다. 경찰 방면의 모든 일도 공정하게 처리하여 상호 교류도 극히 원만하다. 교민은 판사처에 대해서도 극히 서로 친밀하다. 어떤 문제에 봉착할 경우는 상호부조 정신에 근거하여 공동 협의로 문제를 해결할 수 있다.

10) 교민의 의견

교민의 본국 정부에 대한 신뢰는 극히 깊다. 현재 교민이 느끼는 고통의 상황은 이미 앞에서 기술한대로다. 다만 우리 정부는 방법을 강구하여 보호해주기를 희망한다. 그리고 종전의 권리로 교민이 원래 향유하던 지위를 유지하고 영구히 하는데 주의해 줄 것을 바란다. 더욱 희망하는 것은 우리나라 공업의 신속한 발전을 위해 전국의 철도는 방안을 강구하여 극력 건설해야 하며, 광산 등도 개발을 앞당겨야 한다. 우리나라는 현재 다수의 실업 노동자가 있어 반드시 방안을 강구하여 구제를 위해 수용해야 한다. 긴급히 개발, 건설할 수 있다면 우리의 빈곤에서 구제할 뿐 아니라 재난을 당하고 있는 우리 인민을 구해낼 수 있으며, 그들을 어디에 하소연할 데 없이 유랑하지 않도록 할 것이며, 생계를 도모하여 외인의 학대를 받아 출국에 내몰리지 않도록 할 것이다.

민국24년도(1935년도)인천화상상회의 교상 상황 보고

인천화상상회24년도(1935년도)교상 조사 보고

1) 민국24년(1935년)인천 교상의 개황

금년 봄 금표하락(엔저)로 화상은 영향을 받았다. 제1의 원인은 토산품의 시가에 영향을 준 것이다. 고추, 대추, 곶감 및 기타의 잡화 판로는 모두 막혀버렸다. 마포의 시가에서 원가가 차지하는 비중이 다른 상품에 비해 높다. 매년 가을과 겨울 사이 스촨성(四川省), 장시성(江西省) 등지서 상품을 구매하여 다음해 봄, 여름에 이를 운송하기 시작 조선 각지에 적당한 가격을 매겨 판매한다. 금년 마포의 시장가격은 하락하여 원금 손실을 하면서까지 판매를 하지 않을 수 없었다. 일본에서 생산된 대체품의 가격으로 인해 화상은 큰 손실을 입었다. 면포상이 일본에서 상품을 구입하는 절차는 반드시 3-4개월 이전에 예약 주문을 해야 한다. 시가에 근거하여 상품 계약을 하고, 기한이 되면 상품을 인도한다. 금년 인조 면사와 면직 등의 상품 가격은 봄부터 가을에 이르기까지 매일 하락하여 판매하는 상가(商家)는 손해 보면서 장사를 해야 했다. 다행히 가을 이후의 시장 가격은 약간 상승하고, 환율도 상승했다. 간단히 말하면 적게 벌고 크게 손해 본 것이다. 해산물 업자는 국내 관세로 수입을 제한 받는다. 우리나라의 해산물 업자는 그 수가 매우 적다. 비록 이익이 있지만 동북3성의 여관, 통관대리점 등의 상인에게 돌아갔다. 또한 무거운 관세로 각 상품을 많이 수입할 수 없으며, 화인의 조선 입국자의 수가 감소하여 영업의 저조는 다시 말할 필요도 없다. 야채재배는 입국하는 화인은 감소하고 귀국하는 자가 많아 임금이 앙등했다. 다행히 야채가격은 상승했고 수확은 풍성했다. 금년의 야채재배는 약간의 이익을 거둘 수 있었다. 기타의 소자본 영업인 음식점, 호떡집 등의 경우 평소의 주요한 고객의 절반은 화인, 절반은 조선인이었다. 화인 고객은 이미 감소했다. 이들의 장사는 감소하는 것은 있어도 증가하는 것은 없다. 이와 같은 수자를 단적으로 봐서 교상의 쇠락(衰落) 상황을 알 수 있다. 입동 이래 금표상승(엔고)로 인한 환전 방면의 손실 보충은 아직 이르고 금년 상반기에 비해 손실액은 오히려 그 차가 벌어졌다.

2) 중국에서 수입한 상품 및 판매의 상황

우리나라에서 수입하는 상품은 마포, 고추, 면화, 톈진 갈대멍석,

식염 등의 물품이다. 조선 각지의 시장에서 화상이 이들 물품을 판매한다. 본 항구에서는 조선인에게 직접 판매하며 도매는 적다. 다른 도(道)에서는 화상이 간접적으로 조선인에게 판매하는 것이 가장 많다. 현재의 판매를 유지하고 판로를 개척하려 하지만, 관세로 인해 수입되는 상품이 감소되고 있다. 자본금도 줄고 있다. 동양(일본)의 생산품과의 경쟁이 심한데, 조선화교 상민을 영원히 존재하도록 하는 목적에 도달할 수 있도록 해야 한다.

3) 본년 중국에서 수입한 마포의 수량과 판매의 상황

본년의 마포 수입은 약 2.3만 건(件: 15-20필)으로 이미 2만 건이 판매되었다. 하지만 춘계 이래 일본에서 조선에 운송된 인조 직물 등의 가격은 지나치게 저렴하며 또한 마포의 대체 직물이다. 때문에 우리나라의 마포는 큰 영향을 받아 부득이 손해를 보면서 판매하지 않을 수 없었다. 또한 금표하락(엔저)으로 인한 거듭된 손실로 총 손실액은 20여만 엔에 달했다. 초동(初冬)에는 금표상승(엔고)로 마포상은 재빨리 행장을 차려 이미 귀국했으며 송금수수료는 시간의 추이에 따라 변하므로 말해도 소용이 없다.

4) 본년 토산품 수입의 수량 및 판매 상황

중국산 토산품의 수입은 건고추가 가장 많았다. 지난해의 수입량은 약 1.5만 포였다. 금년의 수입량은 1만 포에 불과했다. 판매는 왕성하지 못했다. 기타의 붉은 대추, 곶감, 약재, 갈대 멍석, 빗자루 등의 잡화 수입품은 그 이전 해와 대략 같으며, 이익 획득까지는 이르지 못했다.

5) 본년 동해안 식염 수입량 및 판매 상황

조선의 식염 업무는 전적으로 전매국에 의해 관리된다. 우리나라 동해안 식염은 범선으로 수입되며 수량과 가격은 이미 정해져 있다. 금년의 식염 수입량은 지난해와 같은 약 5천만 근이었다. 다만 정가는 지난해에 비해 저렴하여 조금의 이익도 없었다. 다행히 우리 정부가 금년 3월에 범선의 수출세율 경감으로 인한 원가 경감으로 판매가가 낮아져 겨우 현상을 유지할 수 있었다.

6) 본년 판로를 잃어버린 수입 중국 상품, 본지(本地)의 대용품 그리고 구제 방법

흰 마포는 원래 우리나라 특산품이다. 조선인은 일반적으로 이 옷을 고급 의복으로 한다. 최근 외도(外道) 각지에서 착색 의복을 입도록 적극 권장한다. 이곳에서 만든 마포는 조잡하고 가격이 저렴하다. 일본에서 만들어진 인견은 매우 광채를 발하여 중국 마포를 대체, 비용 지불의 절약뿐 아니라 미관상으로도 좋다. 또한 중국산 마포에 대한 과중한 수입 관세로 인해 관련 원가도 비싸다. 상호 경쟁하는 세력은 반드시 손실을 내고 판매하여, 이와 같은 다양한 영향을 받았다. 때문에 수입은 날로 감소하고 판로는 점점 더 막혀버렸다. 우리나라 칭저우(青州)의 고추는 살이 두툼하고 맛이 좋아 조선인의 식사에 필요한 것이다. 최근 조선에 수입된 빨간 고추는 날로 증가하고, 조선에 들어오는 일본산 고추도 있지만 상품은 중국산에 미치지 못해 과거에 대체품이 된 적이 없었다. 이 중국산 수입 붉은 고추는 종전과 같이 왕성하게 판매를 할 수 없다. 우수한 우리의 수출품을 위해 조치를 강구하여 수입 관세를 경감하고 가격을 싸게 하여 판로를 넓혀주기를 바란다. 본년 인천에 수입된 우리나라 상품은 약 350-360만 엔으로 올해에 10분의 7·8을 판매할 수 있다. 본 항구의 화상은 일본산 인견, 직물 및 기타 잡화를 약 300만 엔 판매한다. 일

본에서 오는 상품은 당지에서 각 도(道)에 판매한다.

7) 본년 중국에 수입된 조선 상품 조사

본년 중국에 운송된 조선의 해산물은 80 · 90만 엔이다. 이 가운데 만주가 전체의 10분의 7, 옌타이와 칭다오, 톈진 등지가 10분의 3을 차지한다. 약재는 약 20만 엔이며 상하이, 홍콩 등지로 판매된다.

8) 본년 인천을 통해 귀국, 입국한 화교 조사

귀국자는 1만 2,298명(1934년 9월 1일-1935년 8월 31일), 입국자는 9,774명(동 기간)이다. 인천은 중일 쌍방의 관계가 극히 좋다. 화인 입국 단속을 시행하면서 본 항구에 들어오는 화교는 종전과 같다. 다만 각 도(道)로 간 각 지역 화교의 다수가 들어올 수 없다. 그 이후부터 입국하는 자가 날로 감소하여 우리의 생계가 날로 곤란해지는 것이 걱정된다. 우리 정부가 신속히 방법을 강구하여 조치를 취해 줄 것을 바란다.

9) 인천 화상 해산업의 상황 보고

인천 수산시장은 금년 6월 1일에 성립됐다. 인천부윤이 원래 발기하여 개설한 이래 이미 반년이 지났다. 수산시장은 염간어거래원조합(鹽干魚取引員組合), 염간어도매조합, 어업조합으로 나뉘어져 있다. 최근 경기도 파견원이 어업연합회를 조직하자 염간어도매조합의 회원 42개 상가(商家)가 일제히 철수하여, 권리 회수는 연합회에 의해 처리되었다. 이로 인해 화상의 권리는 간접적으로 큰 영향을 받았다. 단, 도매는 어업을 대리하는 조선인이 상품을 판매하고, 도매조합에 가입된 화상은 3개 상가(商家)에 불과했다. 경중(輕重)에 관계없이 관련된 가장 중요한 자는 거래원조합에 가입된 화상 8개 상가로 오로지

해산물을 구매하거나 객방(客幇)을 대리하여 하적 운송한다. 각 항구의 통계에 의하면, 본 항구의 해산물 수출권은 화상이 전체의 10의 7 · 8을 취급한다. 일본 방면의 해산물 업자의 말에 의하면, 거래원조합은 오래 동안 존재할 수 없고 길어야 1-2년이 될 것이라고 한다. 연합회는 중국 및 만주 각 항구 도시에 파견, 분회를 설치하여 해산물을 판촉하고 있다. 이와 같이 하여 거래원조합의 자격을 취소하려 한다. 화상의 해산물 업자의 명목상 권리는 완전히 상실된다. 최근 거래원조합원인 일본인 상가 고카(古賀)는 거래원조합의 화상, 일본인 상인, 조선인 상인의 세 방면 21개 상가가 별도로 수출조합을 조직할 것을 제창했다. 공동구매, 공동판매로 일치 협력하여 이익을 균분하는 것을 내용으로 한다. 조합의 자본은 평소의 해산물상의 경영 규모에 따라 주식을 할당하고 이익을 균분한다. 혹은 주식회사를 만들어 영업하며 수출조합에서 직원을 중국 및 만주 각 항구 도시에 파견하여 중국과 만주 방면에선 해산물 판촉을 화상이 지배하도록 지정하고, 일본과 타이완 방면은 일본인 상인이 지배하도록 지정한다. 이 방안의 속셈은 사전에 연합회 파견원이 각 항구 도시에서 분회를 확장하는 것을 방지하려는 행위이다. 이 방안은 종전의 자유로운 상행위와 혼자 이익을 얻는 것에는 훨씬 미치지 못한다. 화상에 의한 해산물 수출은 10분의 7 · 8을 차지하는 것으로 추정된다. 조합의 주식에 가입한 자는 주식 이익의 절반을 획득할 수 있고 계속 보유할 수 있다. 단, 절차가 완전히 끝난 후 연합회가 수거하면 화상의 해산물에 대한 권리가 완전히 상실해 버리는 것이 아닐까 걱정된다. 화상이 취급하는 해산물 가운데 가장 많은 양은 작은 새우(小蝦) 건어물인데, 최근의 상황에 근거하면 80%를 차지한다. 만주 수출이 전체의 80%, 나머지는 중국 각지에서 판매하는데 그 양은 미미하다.

인천중화상회 보고의 화상 개황 의견서
1949년 10월

1) 화상의 조직과 연혁 개황

인천은 경기도에 면해 있고 우리 산동반도와 조금 떨어진 가까운 이웃(一衣帶水)으로 중국과 한국 간의 중요한 통상 항구이다. 한국에 이주한 모든 화교는 동베이(東北)를 제외한 그 나머지는 연해 각 성인 산동, 허베이(河北), 및 장수(江蘇), 저장(浙江), 푸젠(福建), 광동(廣東)의 각 성 교상의 상당수는 인천을 통해 상륙했다. 때문에 인천화교는 인구와 당지의 호구가 비례할 뿐 아니라 각지의 이주자의 원적도 다른 지역에 비해 다양하다. 청말민초(淸末民初)의 화상의 최전성기에는 상회 이외에도 산동회관, 남방회관, 북방회관, 광방회관 및 농회 그리고 각종 동업공회의 조직이 있었다. 산동회관의 규모가 가장 장관(壯觀)이었다. 이후 두 차례의 배화폭동으로 인해 화상은 잇따라 귀국했다. 중일전쟁 후 일본인은 다시 화상의 입국을 제한했다. 승전 이후부터 지금까지 정식으로 통상을 하지 못하고 있다. 이전의 화상 단체 가운데 상회, 농회, 반업공회(飯業公會) 및 산동회관을 제외한 나머지는 모두 정돈(停頓)상태에 있다. 상회는 청국 광서 13년(1887년)에 성립되어 원래의 명칭은 중화회관이었다. 그 후 중화상무총회로 개칭되고, 민국 18년(1929년)에 다시 현재의 이름으로 바뀌었다. 처음에 성립할 때는 동사제(董事制)였고, 민국 18년(1929) 전국 법령의 통일로 상회법에 의거하여 위원제로 바뀌었다. 지금은 법에 의거하여 다시 이사제로 바뀌었다. 화교의 공·상업 및 일체의 사안은 이전 거의 상회에 의해 처리되었다. 지난해부터 화교는 자치(회)를 개최한 이후 자치구공소에서 사무를 분담하고 상호 협력하기 시작했다.

2) 화상의 쇠락 개황

한국 인민의 일상 필수품은 많은 것을 우리나라에 의존했다. 마포, 면화, 붉은 대추, 붉은 고추 및 포(布)류가 수입의 대종을 이뤘다. 일본의 수입세율 인상과 산업의 적극 진흥으로 인해 모든 수출품의 품질은 좋고 가격이 싸지 않는 것이 없었다. 우리나라의 상품은 그 저지를 받아 무역은 점점 쇠락했다. 중일전쟁 이후 화상은 일체의 이권을 상실 혹은 거의 잃어버렸다. 전승 이후 미군 점령 시기에 비록 임시적으로 통상을 할 수 있었으나 상품 교역은 원칙적으로 한국의 생산 낙후로 교역 가능한 상품이 전혀 없었다. 동시에 우리나라의 세관은 왕래하는 한국 선박에 대해 엄격한 제한을 가하여 늘 억류를 당했다. 이로 인해 화상이 소형 선박으로 계속해서 국내에서 땅콩 알맹이, 땅콩기름, 콩기름, 참깨 등을 선적하여 운송하는 것은 위험한 일이라고 본다. 수입하는 것과 그 수입량도 이전의 중한(中韓)무역에 비해 상당한 차이가 난다. 다만 일반 교상(僑商)의 다수가 피난으로 이곳에 이주했는데 이것으로 현상을 유지하고 있다. 한국정부 성립 이후 이러한 종류의 상품에 대해 수입을 금지했지만 식염 수입은 금지품에 들어가 있지 않다. 다만 자유롭게 판매 할 수 없는데 반드시 전매국의 공정가격에 근거하여 반드시 수개월 후에 비로소 지불을 요청할 수 있다. 이와 같이 화상은 겨우 생존할 수 있고 단절의 위기에 빠져 있다. 지난해 왕흥서(王興西) 대표가 뤄양(洛陽)에서 개최된 국민대회에 참가했을 때 우리 정부에 대해 다시 임시통상판법의 개선을 소리 높여 요청했는데 우리 정부는 이를 수용하여 사정을 참작하고 기간을 고려하여 처리하게 되었다. 그러나 상하이, 칭다오, 옌타이의 국군은 잇따라 철수하여 홍콩 이외에는 활동할 지역이 없다. 화상은 홍콩에서 고무원료, 타닌엑스(tannin extract), 종이류, 면사, 염료, 옷감, 자동차, 솜, 탄산소다, 베이킹소다 등의 상품은 수입은 할 수 있으나 관세가 매우 가혹하여 이윤이 매우 박하다. 세관 및 각 기관의 불법적인 일의 지체에는 속수무책이다. 야채재배를 하는 농민의 다수는 한국인의 농지를 빌려 경작한다. 이전에는 시기가 되면 농지 차지료를 지불했는데 지금은 지주의 다수가 생산량에 따라 차지료를 받는다. 차지료 증가의 변화된 양상은 실로 배척의 뜻을 내포하고 있다. 그 나머지는 소수의 판매 상인과 보부상을 제외하고는 음식점 경영자가 많다. 일본의 항복 초기 한인(韓人)은 미친 듯이 기뻐하고 미친 듯이 마시고 하여 일시적으로 영업이 좋았지만, 점차 한산해져 지금은 손해를 봐서 파산(破産)할 위기에 빠져 폐업하는 자도 있다고 한다.

3) 한국 관청의 화상에 대한 정책

미군 점령시기 화상은 일체의 법령과 아직 공포되지 않은 많은 것에 의해 고통을 받았으며, 이미 과거의 사실이 되어 다시 말 할 필요가 없다. 정부 성립 후 화상에 대한 업무는 지금에 이르기까지 여전히 준칙이 없다. 무역에 대해 말하자면 아침에 명령한 것이 저녁에 바뀌고 무 규정이 심각하여 각자가 책임져야 한다. 예를 들면, 이전 홍콩에서 수입된 각종 상품은 수입허가를 신청해야 했다. 초창기는 아직 처리가 순조로웠지만 뒤이어 무역국이 일일이 제한을 가했다. 어떤 담당자는 수입을 금지하고, 어떤 담당자는 수입을 금지하지 않았다. 명백한 규정이 없기 때문에 금지하는 담당자는 어떤 때는 괜찮다고 화물을 육지에 내리지만, 금지하지 않는 담당자는 늘 화물을 육지에 내리는 것을 허가하지 않았다. 어떤 때는 해관 창고에 화물을 압수하여 4·5개월 뒤에서야 허가 하든지 불허가 하든지 조치하여 화물을 운송한다. 무역국도 화상에게 명백한 회답을 하지 않는다. 이런 것들에 의해 입은 손실은 헤아릴 수가 없다. 또한 땅콩기름은 먼저 수입허가를 했는데 곧바로 수입을 금지했다. 작년 가을 수입을 허가하고 1개월도 되지 않았는데 수입을 엄금했다. 비슷한 사건으로, 주관 관청이 이미 허가한 것을 비 주관 관청이 뜻밖에 뛰어나와 엄격하게 간섭, 얼토당토않은 것을 옳다고 주장하여 당사자를 어리둥절하게 한 것도 있다. 군경의 불법 검사는 아무런 근거 없이 일을 방해하는 등의 각종 현상은 너무 많아 일일이 열거할 수 없다. 그 다음은 음식업에 대해 마음대로 세금을 부과하고 무리하게 단속을 하며, 가끔 하루 판매가 3·5천원에 불과한 소규모 음식점에 대해 소득세를 월 몇 만원 납부하라고 강제했다. 청결 검사를 핑계로 가지고 간 허가증을 되돌려 주지 않았는데 이렇게 해도 되지 않느냐 하고 끝내 버렸다. 상인은 사실 상업상의 많은 지장을 받고 있다. 인천화상으로 세관 통관 업무를 겸업하는 자는 총 2·3개 상가(商家)에 불과하다. 만약 화상에게 세관 통관 업무를 하지 못하도록 단속할 경우, 이들은 직접적인 위협을 받게 되며, 화상으로서 무역업을 하는 자는 극히 불편을 느끼게 될 것이다. 종합적으로 볼 때, 한국 관청은 화상을 적으로 보고 있으며, 배척은 실로 일본보다 더 심하다.

4) 화상이 정부의 보호를 희망하는 의견

이상의 상황을 종합해 볼 때, 화상이 현재 처한 처지는 매우 힘들고 어렵다. 만약 긴급히 개선하지 않을 경우 화상 세력의 활로를 전혀 찾을 수 없을 것이다. 긴급한 개선을 기대하고 절박하게 희망하는 것을 삼가 왼쪽과 같이 하나씩 하나씩 진술하고자 한다.

(1) 무역제도의 개선: 한국정부의 수입화물에 대한 무 규정 및 신청 허가의 곤란은 위에서 이미 기술한 대로다. 긴급히 개선하지 않을 경우 화상의 활로는 절망에 빠질 것이다. (주한국중화민국)대사는 한국정부와 교섭하여 허가제를 폐지해주기를 바란다. 만약 그렇게 되지 않을 경우 어떤 담당자는 수입을 금지하고 어떤 담당자는 수입을 금지하지 않게 된다. 무역 상인에게 모든 것을 맡기도록 명령 공포해야 한다. 이에 따라 자칫 잘못해서 화물을 압수당하거나 손실을 입는 것을 면할 수 있다.

(2) 국산품의 판촉: 이전 인천을 통해 수입된 우리나라 상품은 민국15년(1926)부터 민국24년(1935)까지 마포, 식염을 제외한 매월 수입 잡화의 수량도 1·2천 톤에 달했다. 현재 잡화 수입품 가운데 많은 상품이 수입 금지품으로 지정되어 있다. 국산품 판로의 확대 및 이권 쟁취, 화상 구제를 위해 뒤에 열거하는 각종 상품에 대해 대사가 한국정부와 교섭하여 금지령을 철폐하고 수입을 허가하도록 요청한다.

목록: 마포, 면포, 비단, 면사, 면화, 면제품, 고무신, 설탕류, 주류, 약재, 후추, 참께, 종이류, 철(鐵)류, 과일, 등나무류, 대나무류, 고추, 대추, 곶감, 호두, 은행나무 열매, 땅콩, 땅콩알맹이, 땅콩기름, 콩기름, 유동나무씨 기름(桐油), 향유(香油), 갈대멍석, 빗자루, 대나무 빗자루, 종이 우산, 천 우산.

(3) 화상의 법적 이익 보장: 화상 가운데 검속되지 않았는데도 스스로 위법한 것을 보고하는 자가 있다. 자신의 분수를 알고 자신을 지키는 자도 무고로 죄를 덮어쓸 때가 있다. 위에서 서술한 대로다. 화물을 압수하여 오래 동안 되돌려 주지 않아 교상(僑商)은 큰 손실을 입었다. 혹은 어떤 구실을 만들어 문제를 일으키거나, 공권력으로 협박하거나, 강탈하거나 했다. 혹은 고의로 영업을 방해하거나 마음대

로 체포하여 불법으로 구금하고, 형벌을 남용하고, 제멋대로 포악한 짓을 하는 등의 여러 상황은 사실 권리를 침해하는 위법에 속하는 것이다. 이러한 상황에서 화상은 편안히 영업을 할 수 없을 뿐 아니라 생명과 재산도 극히 위험하다. 대사가 법에 의거하여 보장하도록 한국정부에 다시는 이와 같은 사건이 발생하지 않도록 엄중히 항의하여 교상을 보호해주기를 바란다.

(4) 원래의 항해권 유지: 화상은 중일전쟁 이전 자금을 모아 이통호(利通號) 윤선 한 척을 구입했다. 이 윤선은 정기적으로 다롄, 옌타이, 웨이하이, 칭다오 간을 왕복 운항했다. 일본에 의해 군용으로 징용된 후 파손되어 자취를 감추었다. 이미 왕홍서 대표는 정부에 배상 교섭을 허가하도록 요청하여 문서로 기록되어 있다. 중일간의 강화(講和)문제가 아직 미해결되어 지금까지도 배상을 받지 못하고 있다. 다만 중국과 한국은 현재 이미 통항(通航)상태에 있고, 해당 윤선은 아직 배상을 받지 못한 상태여서 이전 윤선의 원래의 항행권은 대사가 교섭하여 사전에 미리 확보 유지함으로써 장래 배상 시 통항을 회복할 수 있도록 해야 한다.

(5) 통상조약의 조기 체결: 중한 양국은 이미 정식으로 국교를 수립했으며 이미 통항을 개시했다. 통상조약에 관해서는 평등, 호혜의 원칙 하에서 빨리 체결되어야 한다. 임시적인 일체의 조치는 하루빨리 폐지하여 정상을 회복해야 한다.

이상의 각 항은 화교의 이해와 안위와 관련하여 극히 중요하며 극히 절박한 것이다. 대사는 화교의 상황을 잘 살피어 참고 수용하여 주기를 바란다. 본회의 행복이 크면 교상의 행복도 크다.

『번역문⑭』『조선인천중화상회장정』(인천화교협회소장)

제1조 본 상회는 조선 인천에 거주하는 북방, 광방, 남방 상인의 연합으로 설립한다. 전체 상업 진흥의 견지에서 명칭은 인천중화민국 상무총회라 한다.

제2조 본 상회는 주찰 인천 영사 및 중상의 공의에 의해 인천중화회관을 사무소로 한다.

제3조 본 상회는 총리, 협리, 의동, 의원을 둔다. 총리 1명, 협리 2명, 의동 4명, 의원 17명, 서기 1명, 통역원 1명을 둔다.

제4조 총리와 협리 3명은 의원 가운데 투표를 통해 모두의 추천으로 선출하며 상세한 장정은 부(工商部) 장정에 따라 시행한다.

제5조 총리, 협리 및 의동, 의원의 임기는 1년으로 한다. 만기가 되면 다시 선거를 한다. 만약 중의(衆議)로 다시 선출할 경우 재임의 연임은 3차례를 한도로 한다.

제6조 총리, 협리의 자격은 품행단정하며 사리에 통달하고 혹은 상점의 지배주주(鉅東) 혹은 지배인 겸 재산이 있는 자 혹은 오래 동안 조선에 거주한 명망가로 모두가 추천하기에 합당한 자이어야 한다.

제7조 의원의 자격은 사무에 정통하고 상점의 주주이거나 집사(執事) 혹은 명망가로 한다.

제8조 이전에 고소되어 감금된 죄를 지은 자, 채무에 연루된 자, 기만 사기 악랄한 짓을 한 자, 간질(癎疾)병인 자 모두는 피선거권을 가질 수 없다.

제9조 총리는 상회 각 업무의 상황을 모두 파악하고 있어야 하며 교상(僑商) 사무 이외에 타국 교섭(외무) 관련 일체의 계획과 책임을 진다.

제10조 협리는 상회 각 사무를 도와줄 책임이 있다. 총리에게 상무(商務)상의 손익 및 일체의 사무를 참작하여 그 가부(可否)를 자문한다. 총리가 사정상 출석할 수 없을 때 대리를 담당할 수 있다.

제11조 의동은 총리, 협리를 도와 각 사무를 유지해야 한다. 장부를 조사하고 상무 상태 및 일체를 살펴 조사하여 획책(劃策)한다.

제12조 의원은 보좌의 역할을 다하여 서무를 처리하고 상무 진행 관련 사안은 의견을 진언하여 공익의 도움이 되도록 한다.

제13조 서기는 본회의 장부 사무 및 공문서를 주로 처리한다.

제14조 통역(원)은 일본 관원, 경찰 등과 교섭할 때 언어 소통과 교제를 통해 직무를 수행한다.

제15조 총리, 협리, 의동, 의원은 각각 의무를 다하되 급료는 지급하지 않는다. 서기와 통역원에게는 급료를 지급한다.

제16조 본 상회는 1일과 15일 월 2회의 정기모임을 가지고 사무 계획의 진행 및 장부, 경비의 감사 등에 대해 상의한다.

제17조 본회의 정기모임 이외에 6개월에 한 번 1년에 두 번 정기대회를 개최하여 상업을 토론하고 의견을 구하여 상무(商務)상의 정신을 진작한다.

제18조 본회는 정기모임과 정기대회 이외에 임시회를 둔다. 교상(僑商)이 고소하여 상의할 중요 안건이 있으면 총리에 의해 전단지로 보고하고 알린다.

제19조 본회의 개회는 총리, 협리, 의동, 의원 모두가 반드시 출석하여야 한다. 결석할 경우 회원 의결의 안건은 반드시 규정에 따라 집행되어야 하며 구실을 삼아 방해해서는 안 된다.

제20조 본회의 회의 시 총리는 출석하여 처리 안건, 미처리 안건, 처리해야 할 안건으로 요점을 적확히 표명하여 순서대로 중론을 구한다.

제21조 모든 의사(議事)는 총리에 의해 제출된 후 각자 의견을 제시하고 제시 안건의 가부는 거수하는 자는 찬성, 거수하지 않는 자는 불찬성으로 하여 다수로 결정한다.

제22조 모든 중대 안건은 의동, 의원이 일제히 모이거나 회의 참석자가 반수 이상이어야 유효하다. 평시의 작은 안건은 이 사례에 준하지 않는다.

제23조 삼방(三幇) 상인이 상호 논쟁하는 사안이 있으면 중의에 의해 처리하며 이를 편들거나 조정 처리에 불복하는 자는 본인이 스스로 처리해야 하며 본회는 다시는 간여하지 않는다.

제24조 회의 시 의사 진행이 끝나지 않았는데 의원 등이 마음대로 먼저 퇴장해서는 안 되며 어떤 사정이 있으면 먼저 총리에게 그 뜻을 밝히고 자리를 떠나는 것을 허락 받아야 한다.

제25조 정기모임, 정기대회, 임시회는 총리에 의해 집회 소집이 전달된다. 병이 아닌데도 도의(道義)를 행할 일이 없는데도 이유 없이 결석해서는 안 되며 먼저 그 연유를 보고해야 한다.

제26조 회의 시 각자는 자리에 앉아야 하며 규칙 없이 마음대로 걸어 다니거나 기뻐 웃고 성내 욕 등을 해서는 안 된다.

제27조 회의 시 국외자의 방청을 허락한다. 단, 발언을 해서는 안 된다. 비밀 방지와 관련된 사항을 누설하는 것은 이 사례에 준하지 않는다.

제28조 본회는 주로 상황(商況)사무를 처리한다. 교상(僑商)이 금전이나 장부 문제로 서로 논쟁하거나 모든 불평등한 사안이 본회에 접수되면 총리에 의해 각 임원을 소집하여 공공의 도리에 따라 처리한다.

제29조 본회는 회의 소집 때 서기가 의안을 의사록에 기록해야 한다.

제30조 교상(僑商)의 고소 안건은 물론 그 안건의 자세한 원인과 공단

(公斷)에 의해 결정되며 서기는 기사록에 기록하여 금후에 조사하고 조회하도록 한다.

제31조 본 항구의 모든 교상(僑商), 재산이 있는 자는 모두 반드시 본회에 보고해야 한다. 본회는 그 재산을 재산 장부에 등기하거나 계약 및 재산 변경의 경우 수시로 보고하여 증거를 삼도록 한다.

제32조 본 항구의 교상(僑商)은 이름을 보고하여 생사(生死)를 등기해야 한다. 본 항구를 떠나는 자, 도착하는 자도 수시로 보고하고 등기해야 한다.

제33조 국기 게양하는 국가 식전(式典)의 경우 휴업하는 자에게는 본회가 전단지로 알린다. 그때는 일률적으로 분명히 하여 준수하도록 하며 위반한 자는 공의로 처벌을 상의한다.

제34조 본회는 그 경비를 중상(衆商) 각 호(戶)에 의해 충당한다. 기부금은 4등급으로 나누며 상업을 크게 하는 자는 1급, 그 다음은 2급, 그 다음은 3급, 4급으로 한다. 각 등급별 월 기부금은 공의를 거쳐 상의하여 정한다. 월 기부금을 납부하지 않는 자는 유사시 본회는 관여하지 않는다. 일이 있어 임시적으로 입회를 청구하는 자는 반드시 공의로 상의하여 특별 기부금을 납부해야 한다.

제35조 본회의 경비는 서기, 통역원, 급사(給仕)의 급료, 그 다음은 위생비, 의사비(醫師費), 잡비가 있다. 매월 서기에 의해 명세서를 본회 내에 붙여 알린다. 연말에 연간 왕래 총액 결산은 모두에 의해 조사, 조회하고 서명하여 신용할 수 있도록 한다.

제36조 본회의 모든 예금은 10元 이외는 은행에 보내 예금한다. 지출해야 할 경우는 모두 총리, 협리의 서명으로 해당 금액을 은행에서 인출한다. 혹은 10원 이내의 소액은 서기가 지급하고 장부에 기록함과 동시에 영수증을 받아 신용할 수 있도록 한다.

제37조 본회의 경비가 부족하거나 특별히 사용할 필요가 있는 경우는 임시대회를 개최한다. 총리가 그 이유를 제출하여 중의(衆議)를 거쳐 정한다. 각 상호(商戶)가 분담하거나 각 영업소에 분담 징수한다. 강요해서도 방해해서도 안 되며 적절히 정하여 도움이 되어야 한다.

제38조 본회는 상무를 진흥하도록 한다. 의원 및 의원이 아닌 자를 두며 시장의 이익과 폐해를 정확히 파악하고 모든 것을 조리 있게 세세히 분석한다. 본회가 중의를 모은 것은 기꺼이 따르고 그중에 제조하는 것은 사업을 이루게 하고 상무에 유리한 것은 반드시 장려하고 이를 보호해야 한다.

제39조 본회는 인천항 이외 지역에 거주하는 교상(僑商)과 단체로 연계하는 것을 주로 한다. 상호(商戶)가 외인의 기만과 모욕을 당할 경우 곧바로 보고 조사하여 사실이면 전체가 힘을 합하여 이와 싸운다.

제40조 군산, 목포의 두 항구에는 분회를 설치해야 한다. 분회가 처리할 수 없는 사안이 있을 경우 본회의 공의로 상의하여 처리한다. 연말 대회 때 양 분회에 대표를 파견하여 각 안건을 논의하고 이를 통해 연계하도록 한다.

제41조 본 항구의 교상(僑商) 동료가 한 곳에 모여 아편 흡인하고 도박을 하여 국기를 위반할 경우 곧바로 순경(巡警)에 체포되어 처벌 받는다. 강제노동은 국체를 모독할 때 부과한다. 본 회원이 조사를 받을 경우 먼저 타이르고 회개하게 한다.

제42조 본회의 의동, 의원은 스스로 삼가 명예를 지킨다. 마음대로 부정행위를 하고 행동이 바르지 않을 경우 곧바로 공동으로 사실을 조사하여 총리에 의해 사퇴시키고 이를 모두에게 알림으로써 본회의 명성을 유지하도록 한다.

부칙

제43조 이상의 장정은 모두 조선 인천 현지의 상업 상태에 근거하여 이익을 주도록 결정한다.

제44조 본 장정은 새롭게 시작하는 것으로 완전히 포괄할 수 없는 것이 있을 수 있다. 수시로 상태를 살펴 증감(增減)을 상의하여 품청(稟請)한다. 공상부(工商部)의 비준을 받아 완전하도록 한다.

제45조 본 상회는 품(稟)을 상신한다. 공상부(工商部)가 입안을 비준하고 공인(公印)을 발급하는 즉시 오른쪽의 장정은 확정되며 결재문(決裁文) 및 의안초록은 회람하여 서로 준수하도록 해야 한다.

대중화민국 년 월 일 인천중화상무총회 정(呈)

[번역문㉰] 『조선경성화상북방회관장정』(왕위교무위원회당안)

제1조 본 회관의 명칭은 조선 경성 화상 북방회관이라 한다.

제2조 본 회관은 고향에 대한 감정을 공유하고 공공의 복리를 도모하는 것을 종지로 한다.

제3조 본 회관은 조선 경성부 수표정 49번지에 둔다.

제4조 상업 상식이 있는 조선 거주 교포로 만 20세 이상인 자가 입회 지원을 하면 본 회관의 회원 2명의 소개와 이사회 통과를 거치면 즉시 회원이 된다.

제5조 본 회관의 회원은 장정을 준수하고 회비를 납부하는 의무가 있다.

제6조 본 회관의 회원은 선거 및 피선거권을 가지며 기타의 권리를 향유할 수 있다.

제7조 본 회관의 회원대회에서 이사 3명, 후보이사 2명을 선출하여 이사회를 조직하고, 감사 1명, 후보감사 1명으로 하며, 이사의 호선으로 1명은 상무이사로 일상의 사무를 담당한다.

제8조 이사 및 감사의 임기는 2년으로 하며, 단 연임은 가능하다.

제9조 이사회는 본 회관을 대외적으로 대표하며, 본 회관의 대내 일체의 회무를 처리하고 집행한다.

제10조 감사는 본 회관의 재정수지를 조사하고 기율 등의 직권을 감찰한다.

제11조 본 회관의 회원대회는 매년 1차례 개최한다. 이사회는 매월 한 차례 개최한다. 특별한 사고가 있을 경우는 구분을 지어 임시회의를 개최할 수 있다.

제12조 본 회관의 경비가 부족할 경우는 같은 방(幇)의 상가(商家)에 의해 임시로 기부 받을 수 있다.

제13조 같은 방의 동향인이 병으로 인한 요양 혹은 사망 등의 일로 본 회관을 찾아올 경우, 그에 상당한 시설을 구비하고 주야로 간병인을 두어야 한다. 만약 그렇지 못할 경우는 수용해서는 안 된다.

제14조 만약 본 장정에 미진한 사항이 있을 경우는 회원대회에서 이를 수정한다.

제15조 본 장정은 회원대회의 통과를 거쳐 주관 기관에 봉정하여 허가를 받아 시행된다.

〖번역문㉣〗『여선중화상회연합회조직대강』(인천화교협회소장)

제1조 여선중화교상은 상공업의 발전 증진을 도모한다. 상공업 공공의 복리의 견지에서 중국 상회법 제8장의 규정에 의거하여 여선중화상회연합회를 설립한다.

제2조 본 상회연합회는 법인단체로 한다.

제3조 본 상회연합회는 장정을 결정하여 중화민국임시정부에 품청하고 비준을 받아 기록으로 남겨둬야 한다.

제4조 본 상회연합회는 여선 각 상회를 회원으로 한다.

제5조 본 상회연합회는 환경 적응의 견지에서 정·부 회장제를 채용한다.

제6조 본 상회연합회는 회장 1인, 부회장 1인을 둔다. 전체 회원 공동의 추대로 하여 임기는 1년 연임할 수 있다.

제7조 본 상회연합회는 회원 대회를 소집하며 1개월 이전에 이를 통지해야 한다.

제8조 본 상회연합회는 법률이 별도로 규정한 이외에는 중국 상법 각 장의 규정을 채용한다.

〖번역문㉮〗『여선중화상회연합회장정(1938년7월26일 총영사관 비준)』

제1장 총칙

제1조 본회는 조선 각지 중화상회 및 각 화교단체연합조직 규정에 의해 명칭을 여선중화상회연합회로 한다.

제2조 본회는 각지의 중화상회 및 각 화교단체에 연락하여 우정을 깊이하고 전 조선 화교의 공상업 및 대외 무역의 발전 증진, 공상업 공공의 복리를 협력 도모하는 것을 종지로 한다.

제3조 본회는 사무소를 경성 중화상회 내에 설치한다.

제2장 직무

제4조 본회의 직무는 왼쪽과 같다.

1. 상공업의 개량 발전에 관한 사항.
2. 상공업의 자문 및 통보에 관한 사항.
3, 국제무역의 소개 및 지도에 관한 사항.
4. 상공업 통계 조사에 관한 사항.
5. 상공업의 중재 및 공공 재단(裁斷)에 관한 사항.
6. 상공업의 증명 및 감정(鑑定)에 관한 사항.
7. 취급 상품의 모집 및 진열에 관한 사항.
8. 상인의 위탁을 받아 상업 청산을 처리하는 것에 관한 사항.
9. 총영사관 및 총독부의 중요 훈령을 전달하는 것에 관한 사항.

제3장 회원

제5조 본회는 전 조선 각지의 상회 및 화교단체를 회원으로 한다.

제6조 각 회원은 대표 1인 혹은 2인을 파견하여 본 연합회 회원대회에 출석해야 한다.

제7조 회원의 권리는 왼쪽과 같다.

1. 본회는 정부에 청원, 보호, 구제를 청구할 권리가 있다.

2. 회원이 회원 혹은 비회원과 논쟁이 발생할 경우 본회에 중재를 청구할 권리가 있다.

3. 회원은 회의 중 발언, 건의, 표결 및 선거 등의 권리가 있다.

4. 회원이 본회에 본 장정이 규정한 각종 사무의 처리를 위탁할 때 무료 혹은 비용 인하를 향유할 권리가 있다.

제8조 회원의 의무는 왼쪽과 같다.

1. 본회의 장정 및 결의안을 준수한다.

2. 회비 납부를 준수한다.

3. 개회 시 회원 대표는 때에 맞춰 출석해야 한다.

제4장 입회 및 탈퇴

제9조 조선 각지에 성립된 모든 중화상회 혹은 화교 단체는 반드시 본회의 회원이 되어야 한다.

제10조 본회 회원은 모두 법인으로 마음대로 탈퇴를 청구해서는 안 된다. 만약 특수한 사정이 있을 경우는 먼저 사퇴의 이유(서)를 준비하여 본회에 송부해야 한다. 본회는 간사회를 통해 심사하고 이유가 충분하다고 인정하고 회원대회의 의결을 통해 인정될 경우 탈퇴할 수 있다.

제5장 조직

제11조 본회는 회장 1인, 부회장 1인, 간사 약간 명, 평의원 약간 명을 둔다.

제12조 본회는 총무, 재정, 통계, 교제의 네 개 과를 둔다.

제13조 본회의 선거법은 따로 정한다.

제14조 본회는 비서 1명, 사무원 약간 명을 두며 회장이 이들을 임명한다.

제15조 본회의 사무세칙은 따라 정한다.

제16조 본회의 회장, 부회장, 간사, 평의원은 모두 명예직으로 한다. 다만 비서 및 사무원의 급료는 간사가 결정한다.

제17조 본회의 회장, 부회장, 간사, 평의원의 임기는 1년으로 한다. 매 1년마다 한 차례 개선(改選)하며 연임하여 선출될 수 있다.

제18조 회장, 부회장, 간사, 평의원이 사정상 사직할 때는 간사회의에서 따로 선출한다.

제6장 직권

제19조 회장은 대외적으로 본회를 대표한다.

제20조 회장은 본 장정의 규정 혹은 간사회의 의결에 의거하여 직권을 행사한다.

제21조 회장 및 부회장의 직권은 왼쪽과 같다.

1. 회원대회 결의사항의 집행

2. 본회의 경비의 용도를 감독하고 각 과 직원을 지휘하며 본회 장정에 게재된 일체의 사무를 처리한다.

제22조 간사회의 직권은 왼쪽과 같다.

1. 각 과 직원을 감독하고 회원대회의 결의를 집행한다.

2. 각 과 처리의 회무를 심사한다.

3. 해당 회계과의 재정 출입을 조사한다.

4. 각 회원이 청구한 사무 안건을 처리한다.

제23조 평의원의 직권은 왼쪽과 같다.

1. 본회의 업무를 점검한다.

2. 회무의 진행에 협조한다.

3. 회원의 제안을 심사한다.

제7장 회의

제24조 회의의 종류는 왼쪽과 같다.

1. 회원대회는 매년 2월에 1회 거행한다. 간사회가 이 대회를 정기 소집한다.

2. 간사회의 회의 개최는 기간에 한정하지 않고 회장 혹은 부회장이 필요할 때라고 인정할 경우 회의를 소집한다.

3. 평의원 회의는 기간에 한정하지 않고 필요할 때 소집한다.

제25조 회원대회는 회원 대표 과반수의 출석, 대표 과반수의 동의로 결의한다. 출석 대표가 과반수에 미치지 못할 경우는 가결의(假決議)를 할 수 있고 그 결과는 각 대표에 통고하여 대표 과반수의 동의로 가결의에 대한 의결을 할 수 있다.

제26조 본회의 회의세칙은 별도로 정한다.

제8장 회비

제27조 본회는 이하의 각 항 수입을 회비로 한다.

1. 회원의 연회비

2. 특별 기부

제28조 회원의 연회비는 두 종류로 나뉜다. 갑종 연회비는 20엔, 을종 연회비는 10엔이다.

제29조 본회는 특별한 사고가 있어 특별 기부금을 모금할 경우는 간사회의의 의결에 의해 실시한다. 다만 회원대회에 제안하여 추인을 받아야 한다.

제30조 회원이 납부한 회비는 일체 되돌려 주지 않는다.

제9장 회계

제31조 본회의 회계 연도는 1월1일부터 12월말까지로 한다.

제32조 회계과는 회계연도별로 예산안을 편제(編制)하여 간사회에 제안한다. 심사가 완료된 후 의견을 첨부하여 각 해당 안건을 회원대회에 제안하여 의결 혹은 추인을 받는다.

제33조 회원대회는 예산에 대한 증감의 권한이 있다.

제34조 회계연도 기간이 만료되고 신 예산이 아직 성립되지 않았을 경우 회계과는 전년도의 예산에 의거하여 시행할 수 있다. 단, 대회가 법정 인원의 부족으로 인해 신 예산안을 의결할 수 없을 경우는 간사회가 의결을 대행하여 차기 회원대회에 제안하여 추인을 받을 수 있다.

제10장 부칙

제35조 본 장정은 회원대회의 의결을 거쳐 신정부가 상법을 공포하기 이전에 경성총영사관에 비준을 요청하여 기록으로 등재하고 시행한다.

제36조 본 장정은 만약 관련 사안이 종료되지 않을 경우는 회원대회의 결의를 거쳐 이를 수정한다. 또한 정부에 요청하여 기록으로 등재해야만 효력을 발생한다.

〖번역문ⓑ〗『여선중화상회연합회선거법(1938년7월26일 총영사관 비준)』

제1조 본 법은 본회 장정 제5장 제13조에 의거하여 정한다.

제2조 본회의 직원임기 만료 혹은 직원이 사정으로 사직하여 결원이 있을 경우 본 법의 규정을 이용하여 이를 선출한다.

제3조 본회 직원 임기 만료로 개선할 때는 반드시 회원대회를 개최하여 무기명 투표법으로 선거를 한다.

제4조 직원 개선은 과반수 회원대표의 출석이 있어야 실시할 수 있으며 득표가 가장 많은 자가 당선된다.

제5조 직원 결원으로 보궐선거를 실시할 경우 간사회가 투표법을 통지하고 보선을 실시, 가장 많은 득표자를 당선자로 한다.

제6조 직원 결원의 보궐선거 순서는 왼쪽과 같다.

1. 회장 결원의 경우는 부회장이 이를 대신한다.
2. 부회장 결원의 경우는 간사 가운데서 선택한다.
3. 간사 결원의 경우는 평의원 가운데서 선택한다.
4. 평의원 결원의 경우 회원대표 가운데서 선택한다.

제7조 보궐선거로 당선된 자의 임기는 전임자의 임기를 보족(補足)하는 것을 한도로 한다.

제8조 선거 장소는 투표함을 설치하여야 하며 투표 관리원에 의해 투표 개수를 기록하여 관리한다.

제9조 투표가 완전히 종료되었을 경우 투표 관리원은 개표관리원에게 투표함을 인계하여 열어 투표 개수를 계산해야 한다. 피차 일치할 경우 개표원이 이를 기록한다.

제10조 개선 혹은 보선의 결과는 경성총영사관에 보고하여야 하며 신정부에 전달하여 기록하여 등재한다.

제11조 본 법은 만약 관련 사안이 종료되지 않을 경우는 간사회의가 이를 수정한다.

제12조 본 법은 간사회가 의결하여 실시한다.

〖번역문㉳〗『여선중화상회연합회판사세칙(1938년7월26일 총영사관 비준)』

제1조 본 세칙은 본회 장정 제5장 제15조에 의거하여 정한다.

제2조 본회 장정 규정의 직무를 수행할 경우 회장의 명령에 의해 이를 실시한다.

제3조 본회의 회장이 비어있을 경우는 부회장이 그 직권을 대행한다.

제4조 본회는 문서를 접수하여 비서가 검열하고 방법을 정해 회장에게 보내 지시를 의뢰한 후 사무원에 의해 보고한다. 사무원이 처리한다.

제5조 본회가 회원대표의 건의를 접수할 경우는 평의원의 심사로 의견을 첨부하여 간사에게 제안하고 간사가 채택하여 실시할 수 있다.

제6조 본회가 회원대표의 청구를 접수할 경우는 간사회의 의결로 처리할 수 있다.

제7조 본회의 총무과는 문건의 수발 및 보관 사무를 관리한다.

제8조 본회의 회계가는 재정 수지 및 예산 결산 사무를 관리한다.

제9조 본회의 통계과는 회무의 통계 사무를 관리한다.

제10조 본호의 교제과는 회원 대표 및 내빈의 초대 사무를 관리한다.

제11조 본 세칙은 사무의 상황에 따라 수시로 간사회에 의해 수정되어야 한다.

제12조 본 세칙은 간사회 의결에 의해 시행한다.

【부록4】 인천화교 관련 조선 · 일본과 청국 · 중국 간에 체결된 조약 번역본

㉮ 『조청상민수륙무역장정』(朝淸商民水陸貿易章程)315)

朝鮮은 오랜 隣邦이므로 法典과 禮式에 關한 一切는 모두 定制가 있으므로 다시 議論할 必要가없고 오직 現在 各國이 이미 水路로 通商하고있는 만큼 우리도 急히 「航海禁止」를 廢止하여 兩國의 商民으로 하여금 一體 相互貿易에 從事케 하여 한가지로 利益의 惠澤을 받게하는 것이 마땅한 바 그 境界線과 「互市」의 例도 또한 隨時하여 變通할 것이나 오직 今番締結하는 水陸貿易章程은 中國이 屬邦을 優待하는 厚意에서 나온 것인 만큼 다른 各國과 一體 均霑하는 例와는 같지 않으므로 여기에 各項約定을 左와 如히 한다.

第 1 條 此後로부터 北洋大臣의 書札을 가지고 派遣된 「商務委員」은 前에 朝鮮에 駐在하여 이미 「開港」한 것은 專혀 中國商民을 保護하기 爲한 것 인데 이 商務委員과 朝鮮官員의 往來에 있어서는 모두 均等 無差別로 優待하기를 「禮」와 如히 하되 萬一 重大事件에 부딪쳤을 境遇에는 便宜 解決을 하지 못하고 朝鮮官員이 獨自的으로 決定할 境遇에는 商民一同은 北洋大臣에 請願하고 이를 朝鮮國王에 問議하여 朝鮮政府로 하여금 處理하도록 書札을 移送할 것이오, 朝鮮國王도 또한 大臣을 派遣하여 天津에 駐在시키고 아울러 다른 官員까지 派遣할것이며 이미 中國에 와서 開港한데 있어서는

315) 國會圖書館立法調査局 (1965), 『舊韓末條約彙纂 (1876-1945) 下卷』, 394-398쪽.

앞서 充當된 商務委員 즉 中國官員과 朝鮮의 「道」, 「府」, 「州」, 「縣」 等 地方官吏의 往來하는 데에도 또한 均等 無差別로 優待하되 萬一 疑難의 事件에 부딪쳤을 境遇에는 그 事由를 들어서 天津에 駐在한 大臣으로 하여금 詳細하게 南·北洋大臣에게 請願하여 決定하게 하고 兩國의 商務委員에게 支給되는 經費는 兩國이 各自 負擔할 것이요, 私意로 供給을 徵索하지 못한다. 此等官員이 固執과 偏性으로 視務에 不美하면 北洋大臣과 朝鮮國王은 彼此間 照會하여 即時로 撤歸시킨다.

第 2 條 中國商民이 朝鮮海岸에 있어 萬一 提訴할 일이 있으면 그것은 반드시 中國商務委員의 審判을 받을 것이나 此外 「財產罪犯等件」에 對하여 萬一 朝鮮人民이 原告가 되고 中國人民이 被告가 될 때에는 반드시 中國商務委員으로 하여금 逮捕, 判斷하여 주고 萬一 中國人民이 原告가 되고 朝鮮人民이 被告가 될 때에는 반드시 朝鮮官員으로 하여금 被告의 犯罪事實을 가져다가 中國商務委員과 會合하고 按律하여 審判한다. 朝鮮商民이 中國에 있어 이미 沿岸地方에서 所有한 一切 財產犯罪等 事件은 被告 原告가 何國民임을 莫論하고 모두 中國地方官으로 하여금 法文을 按하여 審判하고 아울러 朝鮮委員에게 通知하여 備置하게 한다. 萬一 그 判決한 事件을 朝鮮人民이 不服할 때에는 朝鮮商務委員으로 하여금 「大司憲」에게 稟請하여 다시 訊問하여서 平正을 期하도록 許하고 무릇 朝鮮人民이 그 本國에 있어서도 中國商務委員에게나 或은 中國에 있어서도 各地方官에게 中國人民을 相對로 提訴하는 衙門賤役人等까지도 私的으로 財貨를 討索하지 못한다. 毫라도 規例에 違反된 者는 檢擧하여 管轄官으로 하여금 嚴重處罰하게 한다. 만일 兩國人民이

或 本國에 있어서나 或 彼此通商海岸에 있어서나 本國法律에 抵觸된者로써 彼此地域에 逃避하면 그 地方官은 一변 彼此의 商務委員에게 通知하고 即時 逮捕하여 相互 近處商務委員에게 보내어 本國으로 押送 處斷하게 하되 押送途中에 다만 拘禁하는 것은 可하나 凌辱 虐待는 못한다.

第 3 條 兩國商船이 彼此 通商海岸에 入泊하는데 따라 交換된 所有의 卸戴(各種物件포장)과 其他 海關稅 一切는 例에 依하여 다 兩國의 即定約款에 準하여 處理할것이나 或 彼此海邊에서 風浪을 만나면 水淺한곳을 좇아 止揚하고, 食物을 購買하고, 船隻을 修理하는 全般 經費는 모두 船主의 自擔으로 하고, 만일 船隻이 破損되면 地方官은 便法을 設하여 特別保護하고 그 船內에 있던「客商」,「뱃사공」등은 近處海岸의 商務委員에게 보내어 本國으로 回送하도록 하며 彼此의 互相回送하는 費用을 省約하고 만일 兩國商船이 風浪을 만나 破損되어 다시 修理를 要할 外에 가만이 開港에 往來하며 貿易하는 者는 檢擧하여 船隻과 貨物은 官에서 沒收하고 朝鮮의「平安」,「黃海」道와「山東」,「奉天」等「省」沿海地方廳은 兩國漁船이 往來하며 捕獲한 魚類는 모두 이를 沿岸에 積置시키고 食物甜水의 購買는 勿論 貨物貿易도 私的으로 못한다. 이에 違反하는 者는 그 船隻과 物貨는 官에서 沒收하고 其外에도 所在地方에서 犯罪한 事實이 있으면 即時 該地方官으로 하여금 그近處 商務委員에게 보내어 第2條에 依한 懲戒處斷을 하게하고 彼此間 漁船에서 徵收할 魚稅는 本法遵行한지 2年後를 기다려 再次 會議 酌定을 行한다.

第 4 條 兩國商民은 彼此 이미 開港된 沿岸에서 貿易에 從事하되

職分을 便安히 하고, 法律을 잘 지킬것이며, 그 租借地와 賃房과 家屋建築을 准許하고, 그곳 土産物과 禁法에 關하지 않은 貨物의 交換도 許하고, 供出할 貨物을 除하고 반드시 物貨와 船隻의 稅納은 모두 彼此海關通行約款에 依할것이오, 完納以外에 土, 貨物을 所持하고 이 곳 海港을 經由하고자 하는 者는 이미 納入한 港口稅外에 出港할때에 完納한 證書를 보이고 港口稅의 半을 더 내어야 한다. 朝鮮人民으로서 「北京」에 駐在하는 者를 除하고는 依例 交易을 准許하고 또 中國商民은 朝鮮에 入國하여 「楊花津」, 漢城에서 坐賣行商하는 것을 准許하며 各色 物貨를 集合하여 內地에 搬入하고 店鋪에 陳列, 販賣하는 것은 不許한다. 만일 兩國商民이 內地에 入하여 그 地方物貨를 採取하고자 할 때에는 반드시 彼此 商務員과 「地方官會」에 申請하여 「銜給子를 執照」(身分證같은 것을 對照)하여 採掘하는 場所와 車馬 船隻을 詳記하고 商人 自身의 雇傭들어 沿途에서 檢閱을 받고 또 반드시 里程까지도 記載하여야 하고, 만일 彼此의 內地에 入하여 游覽하고자 할 때에는 반드시 商務委員 또 地方官會에 申請하여 「銜子를 執照」하여야 한다. 그리고도 앞서갔던 그 沿途地方에서 犯法한 事實이 있으면 모두 地方官으로부터 近處通商海岸으로 押送하여 第2條에 依하여 嚴重處斷하되 押送途中에 다만 拘禁은 할지 언정 凌辱 虐待는 하지 못한다.

第 5 條 自來로 兩國境界線에 있어 「義州」, 「會寧」, 「慶源」等 地方같은 데에는 互市의 前例가 있으나 왼통 官員의 主張으로 말미암아 恒常 拘礙點이 많았음으로 이번에는 鴨綠江 對岸의 「柵門」과 「義州」兩處와 또 「圖們江」對岸의 「琿春」과 「會寧」兩處에 人民이 隨時로 往來交易을 聽從하도록 約定하고 다만 兩國이 彼此 開市하는 곳

에는 「關卡」을(官署같은 것) 設立하여 「土匪」를 査察하고 稅金을 徵收하되 그 徵收한 稅金은 出入하는 「口」稅를 莫論하고 「紅蔘」을 除한 外에는 普通「100分之 5를 받고 從前의 館宇(여관 같은것), 餼廩(食物供給)」, 「芻糧」(牛馬의 飼料), 「送迎」등 費用은 모두 廢止하고 國境人民들이 錢財의 犯罪한데 이르러서는 반드시 彼此地方官으로 하여금 文簿을 按하여 律을 定하여 判決하되 그 一切 詳細한 約款은 반드시 北洋大臣과 朝鮮國王이 派遣한 官員이 現場에 와서 實地踏査한 後 會合商議를 기다려 仰裁를 稟請한다.

第 6 條 兩國商民은 何處海岸 또 어느 國境地帶를 莫論하고 모두 洋藥, 地方藥 또 軍器를 만들고, 運搬, 販賣를 准許하지 않는다. 違反하는 者는 檢擧하여 輕重에 따라 嚴重處治하고 紅蔘一件에 있어서는 依例 朝鮮商民이 中國地方에 持入하여 脫稅함으로 犯則하는 者는 100分의 15를 追徵하고 中國商民이 所持한 紅蔘을 私的으로 朝鮮地方에 搬出하고 政府의 特許를 經由하지 않은 者는 檢擧하고 貨物을 官에서 沒收한다.

第 7 條 兩國의 驛道는 從來 柵門陸路로만 從來하여 여러가지 需應費用이 極히 繁多하였는데 現在「海防」이 이미 열렸으니 各自가 便利한 것을 取하여 海道로 來往하는 것을 聽從하되 오직 朝鮮에는 現在 兵船, 輪船 같은 것이 없으니 朝鮮國王으로부터 北洋大臣에게 請求하여 暫時동안 이라도 商局의 輪船을 派遣하여 每日定期로 往還하게 하는 것이 可하다. 一次는 朝鮮政府에서 船費若干을 辦出하고 此外에 中國兵船이 朝鮮海邊에 가서 調練과 아울러 各處港口에 停泊하여 그 「國防」을 鞏固하게 하는데 있어 地方官의 諸般需應費

一切은 없애버리고 糧穀을 購買하는 經費까지도 모두 兵船의 自備로 하고 이 兵船은 「管駕」(船長) 以下 朝鮮地方官과 더불어 均等하니 優禮로 相待하고 「뱃사공」이 上陸할 때에는 兵船의 官員으로부터 嚴하게 注意시켜 조금도 騷擾, 행패 가 없도록 한다.

第 8 條 이번에 定한바 貿易約款은 당분간 簡約을 主로 한다. 兩國官民은 모두 여기 記載된 것을 一體 이를 嚴守하여야 하고 此後에 모름지기 增하고 損할 것이 있으면 반드시 隨時 北洋大臣으로 하여금 朝鮮國王과 協議하여 좋을대로 淸國皇帝의 勅旨을 請하여 確定施行한다.

光緖 8年 8月 23日(1882년10월4일)

欽差署理北洋通商大臣大子太傅前華文殿大學士直隷總督部堂一等肅毅伯李

督同 二品銜津海關道 周 馥

二品銜候選道 馬 建 忠

會同 朝鮮國 奏副使 金 弘 集

奏正使 趙 寧 夏 議定

問議官 魚 允 中

㉯ 『한청통상조약』(韓淸通商條約)316)

大韓國皇帝陛下와 大淸國皇帝陛下는 各其의 臣民間의 親睦友好의 永遠한 關係를 樹立하기를 眞心으로 願하며 이 目的을 為하여 條約을 締結하기로 決定하고 各其의 全權委員으로서

大韓國皇帝陛下는 特派全權大臣 從三品議政府贊政 外部大臣 朴齊純을 大淸國皇帝陛下는 特派全權大臣 一品 銜太僕寺卿 徐壽朋을 任命하였다. 右委員은 各其의 全權委任狀을 互相交換하여 그 形式이 良好妥當함을 認定하고 左의 諸條項을 協定한다.

第1條 今後 韓國皇帝와 淸國皇帝 및 兩國臣民들 間에는 永遠한 平和와 親好가 있을것이며 兩國臣民들은 兩締約各國間에 있어서 完全한 保護와 優待의 利益을 享有한다.
萬苦 他國이 兩締約國의 一方政府를 不當하게 或은 暴虐하게 取扱할 때에는 兩締約國의 他方은 該事件의 報告에 接하면 곧 妥協을 招來하기 위하여 斡旋에 努力하여야 하며 이리하여 友誼를 表하여야 한다.

第2條 本修好通商條約을 締結한 後 兩締約國은 各其 相對國의 首都에 外交代表를 任命駐劄시키며또한 隨意로 外國貿易을 하는 他方의 開港場에 領事代表를 任命할수있다. 該官들은 互相平等에 基礎하여 他方官과 通信함에 同等한 關係를 가진다. 兩國政府의 外交官 및 領事官들은 差別待遇함이없이 最惠國代表들의 當該級에 一致되는 모든 特權 權利 免除를 互相 享有한다. 領事官들은 그들이 駐在하는 政府로부터 認可狀을 받고 비로소 그職務를 執行하여야

316) 國會圖書館立法調査局 (1965), 『舊韓末條約彙纂 (1876-1945) 下卷』, 369-375쪽.

한다. 隨員의 移動 및 公文書 傳達吏에게는 何等의 制限을 設定하거나 或은 困難을 加하지 않는다. 領事官들은 信義 誠實한 官吏가 되어야 한다. 어떠한 商人도 該官의 職務를 執行함을 不許하며 어떠한 領事官도 貿易에 從事함을 不許한다. 領事官을 任命하지않은 開港場에 他國의 領事를 代行시킬수있다. 萬苦 어느 나라의 領事官이든지 자기들의 職務를 不正한 方法으로 執行하는 境遇에는 關係國의 外交代表에게 이를 通告한 後 該官들을 撤回하여야 한다.

第3條 韓國商人 및 商船들이 淸國貿易港으로 貿易을 目的하여 入航하는 때는 淸國稅關規則 및 最惠國臣民들에게 賦課하는 關稅와 같은 同等한 條件에 依하여 輸出入稅 噸稅 및 其他 一切의 稅金을 支拂한다. 韓國開港場으로 貿易을 目的하여 入航하는 淸國商人 및 商船은 韓國稅關規則 및 最惠國臣民들에게 賦課하는 關稅와 같은 條件에 依하여 輸出入稅 噸稅 및 其他 一切의 稅金을 支拂한다. 兩國臣民들은 各其相對國의 모든 開港場에 貿易을 目的하여 往來할수 있다. 貿易 및 稅關取에 關한 規則들은 最惠國이 享有하는 諸規則과 同一하여야 한다.

第4條 ①淸國開港場으로 가는 韓國臣民들은 租界地域內에 居住할수있다. 또한 隨意로 住宅을 賃借하고 或은 土地를 賃借하며 또는 倉庫를 建立할수있다. 그들은 各種의 土産品 製造品 및 禁止하지않는 各種物品을 自由롭게 交易 買賣한다. 韓國開港場으로 가는 中國臣民들은 租界地域內에 居住할수있다. 또한 隨意로 住宅을 賃借하고 或은 土地를 賃借하며 또는 倉庫를 建立할수있다. 그들은 各種의 土産品 製造品 및 禁止하지 않는 各種의 物品을 交易한다.

②兩締約國의 開港場에서 土地賃借, 家屋建築, 基地管理 地代

및 地稅支佛에 關한 一切問題 또한 同等한 性質의 其他 諸問題는 開港場의 租界 및 市會規則에 依하여 決定한다. 該規則은 違犯하여서는 안된다. 萬若 兩締約國의 各開港場의 外國公同租界에 어떤 한 外國의 專管下에 한 租界가 있을때에는 土地賃借에 關한 問題 및 이와 同等한 問題는 租界規則에 依해서 解決한다. 該規則은 違反하여서는 않된다.

③淸國臣民들은 韓國開港場의 外國租界地域外의 土地 或은 家屋을 賃借 或은 購買함에 關하여 外國人들에게 許與한 一切의 特權 및 利益을 享有한다. 그러나 그렇게 占有한 一切의 土地는 淸國地方規則의 慣例에 對한 諸條項을 遵守할것이며 地方官吏들이 課稅함에 適當하다고 認定한 地稅의 支佛을 하여야 한다.

④兩國의 人民들은 兩締約國의 開港場에서 外國貿易을 하는 地域外에서 土地 或은 家屋을 貸借하며 或은 倉庫를 開設함을 不許한다. 本約定의 違犯에 對한 刑罰로서는 土地를 沒收하며 또한 原價의 2倍의 罰金에 處한다.

⑤土地를 取得 或은 賃借함에 있어서 強制 或은 威脅도 不許한다. 그리고 그렇게 占有한 土地는 該國家의 版圖에 屬한다.

⑥萬若 兩締約國의 一方의 臣民들이 商品을 他國의 한 開港場으로부터 同國의 다른 한 開港場으로 運送하는 境遇에는 最惠國臣民의 境遇와 같은 稅金 關稅 禁令 規定을 遵守한다.

第5條 ①淸國臣民으로서 韓國에서 어떤 罪科를 犯하면 淸國領事當局이 淸國法律에 依하여 이를 裁判하며 處罰한다. 淸國에 있는 韓國臣民이 어떤 罪科를 犯하면 韓國領事官은 韓國法律에 依하여 이를 裁判하며 處罰한다. 淸國臣民으로서 淸國에 있는 韓國臣民의 生

命 或은 財産에 對하여 어떤 罪科를 犯하면 淸國當局은 淸國法律에 依하여 이를 裁判하며 處罰한다.

韓國臣民으로서 韓國內에 있는 淸國臣民의 生命 或은 財産에 對하여 어떤 罪科를 犯하면 韓國當局은 韓國法律에 依하여 이를 裁判하며 處罰한다. 兩國臣民사이에 論爭이 惹起되는 境遇에는 被告囚의 當該官이 該國法律에 依하여 裁決한다. 原告國의 正當하게 公認된 官吏는 裁判에 參加하며 裁判手續을 審聽할수있다. 그리고 該官의 地位에 該當한 禮待를 받는다. 萬若 該官이 願한다면 證人을 面會하며 審問할 權利를 가진다. 그리고 萬若 該官이 裁判手續을 滿足하게 생각하지 않을때에는 이에 抗議할수 있다.

②萬若 兩締約國의 一方의 臣民이 自國法律에 對하여 罪科를 犯하고 相對國의 臣民의 住宅內에나 或은 船舶中에 避難하는 境遇에는 地方官吏는 領事官에 通告한 後 犯罪者 逮捕에 援助를 주기위하여 警官을 派遣하며 裁判을 提起한다. 犯罪者國 當局은 該事件을 裁判한다. 이러한 犯罪者를 庇護 隱匿함을 不許한다.

③兩締約國의 一方의 臣民이 自國法律에 對하여 罪科를 犯하고 他方國內에 避難하는 境遇에는 當該國官吏는 申請을 받고 該犯罪者를 查明하며 裁判을 위하여 本國에 引渡하여야 한다. 어떠한 犯罪者도 庇護 隱匿함을 不許한다.

④日後 兩締約國의 一方의 臣民에 對하여 現存하는 異議를 撤去하도록 他方의 法律 및 訴訟手續을 變更 改正하는 境遇에는 治外法權은 撤廢한다.

第6條 淸國에서는 外國에 米穀輸出을 언제든지 禁止한다. 韓國에서는 이러한 種類의 禁止를 안한다. 그러나 韓國內에서 食量의 缺乏을 憂慮할 理由가 있을때에는 언제든지 米穀輸出에 對한 禁令을 實

施하며 韓國地方當局이 關係 淸國當局에게 公式으로 通信하는때부터 淸國臣民들이 이를 遵守할것을 協定한다.

第7條 萬若 兩國臣民이 交易함에 있어서 一方國의 臣民들이 欺詐衒賣 或은 賃借不償을 하는 境遇에는 兩國의 官吏들은 該當事者 (犯罪者) 들을 逮捕함에 嚴格한 手段을 取할것이며 賃借不償을 追辨시킨다. 兩締約國政府는 그러한 種類의 負責를 代辨안한다.

第8條 淸國臣民들은 遊覽 或은 貿易할 目的으로서 旅行券을 가지고 韓國內地를 旅行하는 權利를 가진다. 그러나 該臣民들이 基地에서 貿易을 為하여 居住 或은 開店함을 禁止한다. 本約定을 違犯한者에 對하여서는 該商品을 沒收하며 該商品 原價의 2倍의 罰金에 處한다. 韓國臣民들은 遊覽 或은 貿易할 目的으로서 旅行券을 가지고 淸國內地를 旅行하는 權利를 가진다. 그리고 이 點에 관하여는 最惠國臣民의 待遇를 享有한다.

第9條 各種砲器, 彈丸, 火器, 彈藥筒, 銃劍, 搶類, 硝石, 火藥, 棉花藥「다이나마이트」및 其他 爆發物과 같은 各種兵器 및 軍需品의 購買는 兩締約國의 官吏에게만 許容한다. 該 各種 兵器 및 軍需品은 이를 輸入하는 國家의 官吏가 發行한 許可狀을 가진 臣民들만이 輸入할수있다. 萬若 이러한 物品을 內密히 輸入하든지 或은 販賣하든지 하는 境遇에는 該物品은 收沒하며 違犯者는 該品 原價의 2倍의 罰金에 處한다. 韓國內에 阿片을 輸入함을 禁止한다. 萬若 淸國臣民이 外國阿片 或은 淸國阿片을 輸入하는 境遇에는 該阿片은 沒收하며 違犯者는 該品 原價의 2倍의 罰金에 處한다. 韓國으로

부터의 紅蔘輸出은 恒常 禁止한다. 萬若 淸國臣民이 特別許可없이 輸出하는 境遇에는 이를 押收하며 또한 該違犯者를 處罰한다.

第10條 兩締約國의 어느 一方의 船舶이 暴風雨에 遭遇하거나 薪糧의 缺乏으로 因하여 他方의 海岸에 머물게 될때에는 언제든지 該船들은 暴風雨를 避하기 為하여, 或은 薪糧의 補給을 얻기 為하여, 或은 船具를 修繕하기 爲하여 港灣에도 入航할수있다. 該費用은 船主가 支辨한다. 이러한 境遇에 地方官民들은 可能한 範圍內의 모든 援助를 할것이며 必需品을 提供하여야 한다. 萬若 어떤 船舶이 內密히 未開港場에서 或은 通航을 禁止한 어떤 場所에서 貿易하는 境遇에는 實際貿易施行 如何를 莫論하고 地方當局 및 最近傍 稅關吏들은 該船舶 및 貨物을 沒收하며 또한 該違犯者들은 該品의 原價 2倍의 罰金을 支佛하게 한다. 萬若 兩締約國의 어느 一方의 船舶이 他方의 海岸에서 難破되는 境遇에 地方當局은 該事件의 報告를 받고 곧 乘船員들을 援助하며 直接 必要한 物品을 提供하고 또한 船舶救護 및 荷物保存에 必要한 方策을 取하여야 한다. 地方官들은 또한 該乘船員들을 本國에 還送하며 該船舶 및 그 貨物을 救護하는 方策을 取하도록 最近傍 領事館에게 該事件을 通知하여야 한다. 該費用은 船主 或은 該船 혹은 關係當局이 支辨한다.

第11條 兩締約國의 어느 一方의 官民들은 地方 領土內의 貿易地方에 居住하며 또한 法的資格으로 地方民을 雇用할 權利를 가진다.

第12條 本條約締結後 只今까지 兩國사이에 實施한 國境貿易을 規定하는 稅關規則을 作成한다. 이미 越境하여 土地를 開墾하는 모든

人民들은 平日裡에 各其의 職業에 從事할수있으며 또한 生命 및 財産의 保護를 享有한다. 今後의 越境 移住는 紛糾를 避하기 為하여 兩國側에서 禁止한다. 貿易市의 位置 決定에 關한 問題는 國境規則을 作成한 後에 討議 決議한다.

第13條 雙方 軍艦은 外國貿易을 하는 開港場 或은 未開港場을 莫論하고 地方의 모든 港口에 自由롭게 入港한다. 그러나 그들이 商品을 輸入함은 不許한다. 어느 一方國의 軍艦에 必要한 一切의 供給品은 稅金支佛을 免除한다. 兩締約國의 어느 一方國 軍艦의 官員들은 他方國 領土內의 어떠한 地方에도 上陸할수있으나 旅行券을 가지지않고 (韓國) 內地를 通行하지 못한다. 萬若 船舶用 物品이 어떤 理由에 依하여 販賣되는 境遇에는 該購買者는 該當稅를 支佛하여야 한다.

第14條 本條約은 韓國皇帝陛下와 淸國皇帝陛下가 署名調印하여 批准한다. 그리고 該批准은 늦어도 調印日부터 1個年以內에 京城에서 交換한다. 그리고 今後兩國政府는 臣民들이 이를 遵守하도록 周知시킨다.

第15條 漢文體는 韓 · 淸兩國이 共通하므로 本條約 및 今後 公式書信은 無庇를 期하기 為하여 漢文으로 作成한다.

光武3年(1899년) 9月 11日

大韓帝國特命議約全權大臣從二品議政府贊政外部大臣

朴 齊 純 印

光緖25年(1899년)8月 初7日

大淸帝國欽差議約全權大臣二品銜太僕寺卿

徐 壽 朋 印

㉰ 『인천구화상지계장정』 (仁川口華商地界章程)317)

제1조 조선 인천항 제물포의 해관 서북 지역의 지도상 붉은 그림 내로 밝힌 소재지는 화상(華商)의 거주지로 부여하며, 뒷날 화상 거주지가 가득 찰 경우 새로 소재지를 확충하여 (화상을) 유치하여야 하며, 화상은 또한 각국 조계 내에서도 무역, 거주 할 수 있다.

제2조 해당 소재지는 원래 산이 높고 바다 구덩이로서 거주하는 자가 없었다. 해변은 큰 돌과 석회를 사용하여 벽돌로 견고히 쌓아야 하며, 부두는 산 가까이까지 지반을 높게 채워야 한다. 높은 곳은 평평하게 파내어 저지로 한다. 지계 내의 가도(街道), 하수도, 교량 등은 모두 안온(安穩) 견고히 건설해야 한다. 평지를 만들고 부두를 구축(構築)하는 모든 경비는 마땅히 조선정부에서 부담해야 하며, 사람을 파견하여 공사를 감독하여 처리하고 아울러 중국의 주재 상무관 및 상동(商董) 1명과 회동하여 일체의 공정의 비용, 부두, 가도, 하수도, 교량의 비용과 가옥 건축의 비용을 분석하여 할당하고, 매일 업무의 등기 등록을 해두어 앞으로 해당 토지를 공지경매법으로 화인(華人)에게 토지를 빌려주고 가격을 받은 후 바로 원부(原簿)와 대조하여, 이 가옥 건축의 대지(臺地) 평탄 비용으로서 회수한다.

제3조 조선의 공사 감독원 및 중국의 공사 감독 상동(商董) 1명의 필요한 급료는 각국의 자부담으로 하며 중국의 주재 상무관의 급료는 자신의 급료가 있으니 역시 논의할 필요가 없다.

317) 國會圖書館立法調査局 (1965), 『舊韓末條約彙纂 (1876-1945) 下卷』, 422-425쪽. 그러나 번역에 잘못된 곳이 많아 필자가 대폭 수정했음을 밝혀 둔다.

제4조 온전히 평탄하게 된 해당 토지는 가도, 하수도, 교량, 부두 이외에 가옥을 건축한 토지는 쌍방의 상무관의 회동을 통해 적당히 정하는데, 지단(地段)에 따라 지도를 구별하여 프랑스의 미터로써 측량하고 명확히 도면 내에 지단(地段)수, 호수, 미터를 기입하여 앞으로 이 지단 평탄 비용을 서로 논의하고, 지단을 상 · 중 · 하의 3등급으로 공평히 분별하여 모(某)씨, 모 지단, ㎡ 당 동전 약간 식으로 저가로 정하며, 공매(公賣) 식으로 화상에게 영대차지하게 한다. 평탄 비용은 조선정부가 4분의 1을 지출하고 또한 평탄 비용 이외의 모든 잔여 비용도 절반을 지출하며, 아울러 평탄 비용의 4분의 1은 준비금으로서 적치(積置)하여, 후일 지계내의 일체의 수리비용으로 충당한다. 만약 잉여지가 있으면 쌍방의 상무관이 이미 공매된 각 지가에 비추어 공평 판단하여 공가(公價)로 영대차지 하여 화인의 거주지로 부여한다.

제5조 토지의 경매 기한은 쌍방이 협의하여 정하며 기한 이전에 공고한다. 인천 주재 중국의 상무관과 회동하여 경매(競賣法)을 시행하여 높은 가격을 낸 자가 획득한다. 만약 두 사람이 같은 가격인 경우, 두 사람은 다시 공매를 실시한다. 땅을 획득한 사람은 먼저 성명을 등기하고 당일에 해당 지가의 5분의 1을 계약금으로 징수하고, 남은 금액은 10일 이내에 완납하며, 지계(地契)의 영수비로 동전 1천문을 지급한다. 만약 10일 이내에 정해진 지가를 완납하지 못할 경우 곧 계약금을 위약금으로 한다.

제6장 가옥 건축의 토지의 연간 지세는 3등급으로 한다. 상등지는 바다에 가까운 토지로서 매년 ㎡ 당 40문, 중등지는 바다에서 약간

면 토지로 30문, 하등지는 산에 가까운 토지로 20문을 납부한다. 매년의 전년 12월 15일에 중국 상무관이 해당 토지의 다음 해의 세를 징수한다. 다음 해 정월 이내에 해당 지세의 3분의 1을 조선 감리 상무관에게 보내어 수입하게 하고, 그 나머지 3분의 2 및 이전 공지경매 잔여액, 평탄 비용의 4분의 1은 모두 준비금 항목에 귀속시켜 저장한다. 그 저금의 방법은 장래 영국, 미국, 독일 각 국 준비금 저장의 가장 합당한 것에 비추어 준비금 항목에 넣어 저축하여 온당함을 기한다. 이 준비금은 가도, 하수도, 교량, 부두, 가로등, 순포(巡捕)의 수리 및 지계 내 일체의 공공비에 충당한다. 이 비용은 조계 사무를 관리하는 신동회의(紳董會議)가 먼저 사용처와 금액의 품을 올려, 쌍방의 상무관이 지출 사용처를 분명히 한다. 만약 해당 준비금이 부족할 경우 쌍방의 상무관은 서로 상의하여 토지를 영대차지한 자에게 납부하도록 명령한다.

제7조 토지계약 양식은 왼쪽에 열기(列記)한다. 조선 감리 사무 모(某)씨는 지계를 화상 모(某)씨에게 발급을 허가하는 사안에 대해 인천항 화상 지계 내 모 가(街), 모 호(號)의 등지(等地) 일단(一段)을 동쪽은 모에 이르기까지 서쪽, 남쪽, 북쪽은 모에 이르기까지 모 도합 몇 ㎡을 지가로 동전 약간을 영수함에 응당 지계를 발급한다. 이 지계는 해당 화상이 받아 보존하여, 해당 토지에 영원히 자기 사업으로 임의로 가옥을 건축, 거주하고, ㎡ 당 매년 12월 15일 이전에 중국 상무공서에 가서 다음 해 지세 몇 10문을 완납하고 감리에게 전달하여 영수하게 한다. 이 계약대로 시행하여 지연되지 않아야 한다. 이 계약은 같은 양식으로 3부를 작성하고 연월일 밑에 호수(號數)를 열기하고 증명 관인(關防)을 절반씩 나누어 찍힌 것을 발급한다. 해당 화상

은 영원히 허가증 1부를 보관하고, 조선 감리 1부, 중국 상무공서 1부를 보관한다. 만약 수재, 화재, 도적으로 지계를 유실할 경우 해당 화상은 호수 및 지계 유실 사유를 명기하여 중국 상무관에게 구품(具稟)을 올려서 조선정부에 알리고 고시(告示) 및 신문 광고에 게재한다. 1개월 후 상례에 의하여 계약 규칙금으로 동전 1천문 및 신문 게재 비용을 납부하면 신 지계의 발급을 허가하고 구 지계는 후일 찾아내어도 폐지(廢紙)로 인정되며, 지계자에게 전달되어야 한다.

광서(光緖) 年 月 日 印 모 호, 지계는 정확히 화상 모에게 발급한다. 조선 감리사무아문 관인 반분 호수 증명 관인

제8조 조계가 만약 의외의 천재를 만나 산과 바다가 용출하거나 꺼지는 일이 발생할 경우 준비금으로 보수하지 못할 때는 조선정부에서 비용을 지출해야 하며, 또한 별도의 모금을 하는 것은 쌍방의 상무관이 회의를 통해 비용과 모금액을 결정하여 수리하게 한다.

제9조 인천 주재 상무관 공서 1개소는 조계 내 산에서 가까운 하등지에 건축하며, 해당 지가의 연간 세액은 톈진(天津) 조선상무공서 장정에 비추어 취급한다.

제10조 제물포에서 십 수리 떨어진 지역에 가령 화상이 적당한 산전(山田)을 선택하여 매장의지(埋葬儀地)로 만든다 해도 수목을 심고 건물을 건축할 만큼 충분히 넓어야 한다. 해당 토지는 조선과 타국과의 의지 장정에 비추어 취급하며, 아울러 정부가 영원히 보호한다.

제11조 이후 만약 장정의 증감할 곳이 있을 경우는 수시로 중국총판 상무관(中國總辦商務官)과 조선정부가 합당하게 협의하여 결정해야 하며, 쌍방이 기명 날인을 하여 시행한다.

광서10년 3월 7일(1884년 4월 2일)

중국총판조선상무 천쑤탕(陳樹棠) 인
조선독판교섭통상사무 민영목(閔泳穆) 인

중국총판조선상무관이 북양대신(北洋大臣)에게 상세한 정황을 정서(淨書)하여 해당 사항을 상의하고 통지를 받은 후 시행한다.

부칙 2개조

1. 현재 화상 조계 내에 있는 조선의 해관, 부두, 건물은 응당 속히 이전해야 하며, 해관의 구 건물 및 부두의 석수 우물 두 곳은 일체 평가하여 은 150량을 납부하고, 조선정부는 해당 은량을 평탄 비용으로 등기한다.

2. 목하 화상이 가옥을 건축할 부지 건은 허가를 받는 것이 긴요하며, 조선정부는 구 해관 출입구 앞을 윤허하여 평탄키 쉬운 토지를 먼저 평평하게 파고 지단 수를 나누어 화상에 의해 가옥을 건축한다. 그리고 먼저 건축한 토지 내에서 좋은 부지 1지구를 선택하여 해당 토지 전부를 적절히 평탄케 하고 이 지구의 가격에 따라 경매한 후, 혹은 전후좌우의 높은 가격에 비추어 은량을 납부하면 지계를 발급한다.

㉣ 『인천, 부산 및 원산의 청국조계 장정』[318]

제1조 한국의 인천, 부산 및 원산의 청국 조계의 위치, 구역 측도 및 지구의 등급은 별지 도면에 이를 표시한다. 장래 조계가 협소할 때는 다시 협정을 한 후 그 구역을 확충하여 청국 인민의 거주지로 한다. 청국 인민은 또한 자유롭게 각국 조계 내에서 거주, 무역할 수 있다.

제2조 조계내의 지구는 경대(競貸)의 방법에 의해 이를 청국 인민에 영원히 대여한다. 단, 본 장정 실시 이전에 청국 인민이 정당한 절차에 의해 취득한 지구는 이를 본 장정에 의거하여 영원히 대여한 것으로 간주한다.

제3조 조계내의 지구에 대해서는 왼쪽의 비율로 지세를 부과한다.

1등지 2㎡ 당 1개년 금 1전6리

2등지 2㎡ 당 1개년 금 1전2리

3등지 2㎡ 당 1개년 금 8리

2㎡ 미만은 이를 2㎡로 간주한다.

제4조 차지인은 매년 양력 12월 15일까지 다음해 1개년 분의 지세를 납부해야 한다. 경대에 의해 새롭게 지구를 차입한 자는 경대의 다음날부터 그해 12월 31일까지의 지세를 경대의 당일부터 10일 이내에 완납한다. 앞의 2항의 지세는 청국영사관에서 이를 수령하고 총액의 3분의 1은 납부 기한 후 1개월 이내에 이를 이사관(理事官)에 송부한다. 3분의 2는 이를 보존하여 조계에 관한 경비에 충당한다.

318) 1910年, 「新定仁川 · 釜山 · 元山租界謄本」, 『駐韓使館檔案』(동02-35, 055-01). 이 당안의 중국어 장정과 일본어 규정을 참고로 한국어로 번역했음. 중국어 장정 명칭은 '仁川 · 釜山 · 元山淸國租界章程'이고, 일본어 규정 명칭은 '仁川釜山及元山淸國居留地規程'이다.

제5조 차지인은 앞의 조 제1항 또는 제2항의 기한 후 1개월 이내에 지세를 납부한 때는 제1항의 경우에는 다음해 1월 1일부터 기산하여 제2항의 경우는 경대의 다음날부터 기산하여 1개년 1할2푼의 율로 이자를 징수한다. 만약 앞의 조 제1항 또는 제2항의 기한 후 1개년을 경과해도 아직 지세 및 이자를 납부하지 않을 때는 이사관과 청국영사관이 협의하여 해당 지구를 경대에 부친다. 앞의 항 경대의 경우, 최고가 입찰인을 낙찰인으로 한다. 만약 2명 이상이 동액의 최고가 입찰을 할 경우는 해당 입찰인으로 다시 입찰한다. 낙찰인은 즉일(卽日) 낙찰 가격의 5분의 1을 착수금으로 납부하고 그 잔액을 경대의 당일로부터 10일 이내에 납부한다. 만약 전기(前記)의 기한 내에 낙찰금을 완납하지 않을 경우는 착수금을 몰수하여 낙찰을 무효로 한다. 더욱이 해당 지구를 경대에 부친다. 낙찰금은 순차로 이를 경대 비용 및 경대 당일까지의 지세, 이자 및 공과에 충당한다. 또한 잉여가 있을 경우는 이를 구(舊) 차지인에게 교부해야 한다.

제6조 조계내의 지구에 대해서는 이사관이 별지의 양식으로 지권을 발급한다.

제7조 지권의 발급을 받거나 또는 지권으로 인정받은 것은 왼쪽의 수수료를 납부해야 한다.

발급비 1건 당 금 1원

인증비 1건 당 금 50전

제8조 제2조 단서의 장정에 의해 지구의 영원 대여를 받은 것은 본 장정 실시 후 1개년 이내에 그 권리를 증명해야 할 서류를 청국영사관을 거쳐 이사관에게 제출, 신 지권의 발급을 청구해야 한다. 단, 종래 이사관이 발급한 지권은 본 장정에 의거하여 발급한 것으로 간주한다.

제9조 조계내의 도로, 교량, 하수구 등은 청국영사관의 관리에 속한다. 조계 재류 청국 인민은 이들을 유지해야 한다. 그 비용은 거류지 경비 가운데서 지출해야 한다. 단, 신설 또는 변경을 필요로 할 때는 청국영사관과 이사관이 협의하여 결정한다.

제10조 조계에 관한 경비는 제4조 제3항의 규정에 의해 지세 총액의 3분의 2를 가지고 지변(支辨)하고 부족할 경우는 조계 재류 청국 인민이 이를 부담해야 한다. 천재지변에 의해 도로, 교량, 하수구 등이 파손되어 조계 재류 청국 인민이 그 수선비(修繕費)의 전액을 부담하기 어려울 경우는 협의하여 한국정부에서 보조금을 지출하는 것을 가(可)로 한다.

제11조 일한(日韓) 양국 정부 및 정부의 허가를 받은 자는 조계 내에서 통신, 교통, 상하수도, 전기, 가스 등에 관해 필요한 설비를 할 수 있다. 이 경우 미리 이사관이 청국영사관과 협의하여 조계에 방해가 되지 않도록 기해야 한다. 만약 이들 설비를 위해 도로 등을 파괴할 경우는 그 경영자가 이를 수선해야 한다. 이전의 항의 설비 가운데 정부 및 공공단체의 경영에 속하는 것에 대해서는 어떠한 세금 또는 공과를 징수하지 않는다.

제12조 한국정부는 공익상 필요하다고 인정할 경우 조계 앞 해면을 매축할 권리를 보류한다. 만약 한국정부가 조계 앞을 매축할 경우는 공공의 부두를 설치하여 청국 선박의 정박에 편의가 되도록 한다. 또한 도로를 개설하여 청국 인민의 교통에 장애가 되어서는 안 된다. 청국 인민이 필요할 경우는 청국영사관 및 이사관을 경유하여 한국 정부의 허가를 얻어 조계 전면을 매축하며 부두를 설치할 수 있다.

제13조 한국정부는 조계 밖에 청국 인민 묘지를 제공하며 이를 영원히 보호해야 한다. 이미 설치된 것은 모두 이전에 의거하여 이를 보

존해야 한다. 만약 이를 확장 혹은 이전하고 또는 장래 새롭게 설정할 경우는 한국과 타국 간 묘지에 관한 사례를 참작하여 이사관과 청국영사관이 협의하여 이를 정해야 한다.

제14조 본 장정을 수정 또는 변경할 경우는 일청(日淸) 양국 정부에서 각 위원을 임명하여 협의해서 결정해야 한다. 본 장정은 일본문, 한문 각 2통을 만들어 서명 조인하고 쌍방 각 2통을 보존하고, 일청 양국 정부의 승인을 받는 날부터 1개월 후에 실시한다.

明治43년(1910년) 3월 11일

대일본국 통감부 외무부장 참여관 고마츠 미도리(小松綠)

宣統2年(1910년) 2월 1일

대청국 주찰 한국총영사관 마팅량(馬廷良)

㉰ 『조선의 중화민국 거류지 폐지 협정』319)

제1조 인천, 부산 및 원산의 중화민국 거류지는 각각의 소속된 새롭게 정해진 조선 지방 구역에 편입된다.

제2조 전기의 중화민국 거류지의 행정 사무는 해당 지방 관청에서 모두 이를 담당한다.

제3조 전기 중화민국 거류지의 지역 내의 영대차지권을 가진 자는 자기의 선택에 의해 해당 영대차지권을 소유권으로 변경할 수 있다. 단, 오른쪽의 변경을 하지 않을 경우 영대차지권자는 그 영대차지에 대해 각국 거류지내의 동종의 영대차지에 준해 100㎡ 당 연액 1등지 및 2등지 6엔, 3등지 2엔의 차지료를 납부해야 한다. 해당 차지 및 그 위에 있는 가옥에 대한 부과금 조세 및 공과(公課)에 관한 사항에 대해서는 각국 거류지 내의 영대차지에 관한 것과 완전히 동일한 취급을 해야 한다.

제4조 영대차지권을 소유권으로 변경할 때는 그 토지 및 그 위에 있는 가옥에 대한 부과금, 조세 및 공과에 관해서는 일본신민 및 최혜국민과 동일의 취급을 하도록 한다. 전기의 변경에 대해서는 하등의 조세 수수료 또는 징수금을 납부할 필요가 없다.

제5조 해당 등기 관서는 전기의 영대차지권 및 그에 관한 부수적 권리의 등기를 해야 한다. 이 등기는 법령의 규정에 따라 제3자에 대항할 수 있다. 전기 부수적 권리에 관한 중화민국 영사관에 현존하는 등기의 정본(正本) 또는 적법한 등본은 이를 해당 등기 관서에 인계하

---

319) 중국어 장정 명칭은 '在朝鮮中華民國居留地廢止之協定'이며 일본어 명칭은 '在朝鮮支那共和國居留地廢止ニ關スル協定'이다. 1913年11月22日, 「在朝鮮支那共和國居留地廢止ニ關スル協定」, 『日本外務省外交史料館』(アジア歴史資料センター, B13090917400).

도록 한다. 인계하는 등기는 일본법규에 의해 효력을 인정한다.

제6조 중화민국 거류지에 속한 중화민국 인민의 전용 묘지는 지방 재류 중화민국 인민에게 해당 일본 법규의 규정에 따라 이를 관리하도록 한다. 단, 오른쪽의 묘지에 대해서는 하등의 조세 및 공과를 징수하지 않도록 한다.

본 협정은 양국 정부의 승인을 거친 후 실시하도록 한다. 본 협정은 일본문, 한문 각 2통을 작성하여 각각의 본국 정부의 위임을 받은 상당의 위임자가 이에 기명 조인하도록 한다.

대정2년(1913년)11월22일 조선경성에서

대일본제국 조선총독부 외사과장 고마츠 미도리(小松綠)

대중화민국 주조선총영사 푸스잉(富士英)

【부록5】 근대인천화교연표

연	월	인천화교관련사항
1882	10	조청상민수륙무역장정(朝清商民水陸貿易章程) 체결
1883	1 11 11 12	인천 개항 윤선왕래상해조선공동합약장정(輪船往來上海朝鮮公道合約章程) 체결 이내영(李乃榮) 인천상무위원 업무 개시 청국 초상국(招商局) 부유호(富有號) 인천운항개시
1884	1 4	부유호 운항 정지 인천구화상지계장정(仁川口華商地界章程)체결
1885	1 10	인천 상무공서관(商務公署館, 영사관) 준공 이음오(李蔭梧)인천상무위원 임명, 1886년4월까지 근무
1886	8 -	홍자빈(洪子彬)인천상무위원 임명, 1888년3월까지 근무 袁世凱, 청국조계 확장을 조선정부에 요구
1887	- - -	三里寨가 새로운 청국조계가 됨 화교 王씨와 姜씨 인천에서 야채 재배 시작 인천중화회관 조직 성립
1888	3 4	이음오(李蔭梧)인천상무위원 임명, 1889년8월까지 근무 초상국 광제호(廣濟號)인천입항(청일전쟁직전까지운항)
1889	4 8	일본우선(日本郵船)상해 · 연대 · 인천항로개설,비후환(肥後丸) 운항개시 홍자빈(洪子彬)인천상무위원 임명, 1893년2월까지 근무
1891	3 -	러시아기선회사 Sheveleff 인천 · 연대 경유 상해-블라디보스톡 항로개설 인천산동동향회 성립
1893	2	유자경(劉子慶)인천상무위원 임명, 1894년6월까지 근무
1894	7	7 청일전쟁 발발, 원세개 인천을 통해 귀국 7 조선정부, 인천상무공서 폐쇄, 인천화교 대량 귀국 12 조선정부, '보호청상규칙' 공포
1895	4 9 12	청국과 일본 간 시모노세키조약 체결 조선정부, 영국총영사관의 잔류 화교 보호를 승인 청국정부, 당소의(唐紹儀)를 조선총상동(朝鮮總商董)으로 임명
1896	8 11	당소의 화상규조(華商規條) 제정 청국정부, 당소의를 주조선총영사에 임명, 조선정부는 인정않음
1897	8	홍콩상해은행, 인천에 대리점을 개설, 대리점은 흠링거상회가 담당

연	월	인천화교관련사항
1899	4 9 -	일본 제일은행(第一銀行)인천지점 금괴매수, 화상 금괴매수권 탈취 11 한청통상조약(韓淸通商條約) 조인, 인천영사관 재개 남방(회관) 조직 성립
1900	7 -	경인철도 전선 개통, 경인간 전화 개통 광방(회관) 조직 성립
1901	1 - 11	서수붕(徐壽朋)청국공사, 중국인의 조선 연안 어업을 인정하도록 조선정부에 요구, 조선정부는 거절 인천세관, 청국의 불법 어선에 벌금 부과
1902	1 5 -	허인지(許引之)인천영사 임명, 1905년1월까지 근무 인천화교소학교 설립, 그러나 인천화교협회소장자료에는 1903년 설립으로 나옴
1903	4 11	한청전선연접조약(韓淸電線連接條約) 조인 청국정부, 상회간명장정(商會簡明章程) 공포
1904	2	일본군 인천 상륙, 러일전쟁 개시
1905	1 5 - 9 11	주문봉(周文鳳)인천영사 임명, 1905년9월까지 근무 인천영사 우위창(吳雨昌), 공금을 구 전보국 건물 개축비로 사용하는 것을 허가, 중화회관 건물이 완성 '을사보호조약' 체결, 조선의 외교권 박탈당함 당은동(唐恩桐)인천영사 임명, 1909년까지 근무
1906	2	청국정부, 주한공사관 철수 결정, 주한국총영사관 개설, 인천영사관 개설
1909	9	가문연(賈文燕)인천영사 임명, 1913년3월까지 근무
1910	3 8 - 11 -	'인천 · 부산 및 원산의 청국거류지 규정' 조인 일본정부, 통감부령 제52호 '조약으로 거주의 자유가 없는 외국인에 관한 건'을 공포 타운젠트상회가 홍콩상하이은행의 인천대리점이 됨(1930년 폐쇄될 때까지 지속)
1911	5	조선총독부, '관영사업에 청국인 사용을 금지하는 건' 공포, 총독 허가제로 함
1912	1 -	중화민국, 경성총영사관 개설, 인천영사관 개설 인천중화농업공의회 성립
1913	3 11 12	장홍(張鴻) 인천영사 착임, 1916년5월까지 근무 '조선의 중국조계 폐지에 관한 협정' 조인 인천중화상무총회 조직, 14년1월 승인 됨
1914	3	31 인천, 부산, 원산 청국조계 폐지됨, 4월1일부터 인천부에 편입 됨

연	월	인천화교관련사항
	3	인천화교소학교가 사숙(私塾)형태에서 정식 학교가 됨
	8	제1차 세계대전 발발, 1919년6월까지
	12	인천 화농 곡수용 부부 피습 당함, 인천중화농업공의회 모금운동전개
1915	12	새로운 상회법 공포로 공식적으로는 인천중화총상회로 개칭
1916	9	장국위(張国威) 인천영사 임명, 1920년9월까지 근무
1917	6	인천중화기독교회 설립
1920	8	통일관세 실시로 화상 수입 직물 수입세 인상
	9	허범동(許范同) 인천영사 임명, 1922년6월까지 근무
1922	6	오대(吳臺) 인천영사 임명, 1928년2월까지 근무
	-	화방정(花房町)에 인천중화기독교회 예배당 신축
1923	가을	인천화교소학교 신축 교사 완공, 신축교사로 이전
1924	7	31 조선총독부 사치품관세 공포, 중국산비단 100% 관세
	-	인천 화상면포동업회(華商綿布同業會) 조직
	-	인천 여관조합 조직
1925	3	10 영일협정관세 폐지, 인천화상 영국산면직물 수입 타격
	-	인천 원염조합(原鹽組合) 조직
1927	3	조선영업세령 공포, 영업세가 부세(府稅)에서 국세로 바뀜
	12	7 전북 이리에서 배화사건 일어나 인천으로 파급
	12	24 주경성총영사관 영사 일행 군산중화상무회 방문
1928	4	황승수(黃承壽) 인천영사 임명, 1930년4월까지 근무
	10	장개석 북벌 성공으로 경성총영사관 청천백일기 게양
	12	인천영사관 경찰서의 화교노동자 단속 강화 항의
1929	6	인천중화상무총회 · 인천중화총상회 명칭 인천화상상회로
	10	세계대공황 시작
	11	인천중화농업공의회 내분으로 업무 정지
1930	3	조선총독부, '소금의 수입 또는 이입에 관한 건' 및 '소금판매인규정' 공
	-	포, 소금 전매제 실시
	3	경성총영사관, "조선화교개황"(朝鮮華僑概況)간행
	5	인천영사관 폐쇄
	5	인천중화노공협회(中華勞工協會) 설립
	10	경성총영사관주인천판사처 개설(1945년8월까지 지속)
	12	조선총독부, 민영사업 및 관영사업 화교노동자사용제한 조치
	12	인천산동동향회관 증축, 회관에 노교소학교 설치

연	월	인천화교관련사항
1931	6	중국 군함 해잔호(海琖號) 인천 입항, 산동동향회와 인천화상상회 환영
	-	만찬 개최
	7	3 새벽 인천배화사건 발생, 5일까지 이어짐
	7	5 저녁 평양배화사건 발생
	7	15 중국 군함 화교 위안 차 인천 입항
1932	1	인천 시민, 신정(新町)야채공설시장의 화상 독점에 반대하는 진정을 인천
	-	부청에 함
	3	인천세관, 노교소학교 사용교과서 '반일'교과서를 몰수
1933	-	인천중화농회 정식 성립
1934	1	인천경찰서, 의선당 내 재가리 화교단체 해산 명령
	6	미국정부 은매입법 공포, 중국 화폐 평가절상, 중국 금융공황 발생
	9	중국인 입국 시 100엔의 제시금과 취업처 확실한 자 이외는 입국
	-	제한
	10	인천항 입항 중국인 노동자 10명 입국 불허가
1935	3	인천화상상회 지역의 교민 및 화상 조사 보고서 펴냄
	6	인천부, 인천수산시장 개설
1936	5	주인천판사처, 공동묘지 2,771평을 매각, 조선인 거주자 반발
	8	인천 지나정에서 화재 발생
1937	5	18 인천화상해산조합 성립
	7	7 중일전쟁 발발, 인천화교소학교 업무 정지
	7	18 범한생(范漢生)총영사, 난징국민정부 일본대사관에 사임 통보
	12	14 친일협력정권인 베이징임시정부 수립
	12	28 인천화상상회 및 한성중화상회 임시정부 참가 선언
	12	28 총영사관의 청천백일기를 오색기로 바꿈
	12	29 범 총영사 각 영사관에 오색기 바꿀 것을 지령, 주인천판사처의 증광훈
	-	(曾廣勛) 주임 거절
1938	1	20 충칭국민정부 조선 총영사관과 영사관 폐쇄 조치
	1	인천화교소학교 다시 문을 염
	2	3 여선중화상회연합회 조직 대강 성립,한성중화상회주석 주신구(周愼九)
	-	회장, 인천화상상회주석 손경삼 부회장
	4	조선총독부, 본국 귀국 화교의 재입국을 조건부 허가
	5	조선에서 국가총동원법 시행
	6	손경삼 주석 이통환(利通丸) 억류 해제 요구, 22일 인천 입항
	7	26 여선중화상회연합회장정, 선거법 성립
	10	인천화교 장문유(張文有) 라디오로 중국방송 청취 이유로 금고 4개월
	-	언도 됨
	11	동순동(同順東)에 고용된 화교 7명 외환관리법위반으로 체포됨

연	월	인천화교관련사항
1939	2	인천화교소학교, 일본어 교사 스가타 켄지(菅田謙治) 채용
	2	여선중화상회연합회1주년 기념행사 개최
	9	18 조선총독부 가격통제(9 · 18정지령)
	11	조선총독부, '외국인의 입국체재 및 퇴거에 관한 규칙' 공포
1940	4	여선중화상회연합회 주신구 회장, 사자명(司子明)부회장 난징에서
	-	개최된 왕정위(汪精衛)정권성립 축하연에 참석
	6	조선총독부, 직물배급제 실시
	10	조선총독부, 밀가루배급제 실시
	10	'사치품제조판매제한규칙' 공포, 화상 요리점 타격
	11	왕정위 정권 교무위원회위원장 진제성(陳濟成) 조선방문
	11	인천화교소학교, 일본어교사 데라이 치에코(寺井千惠子) 채용
1941	5	화상무역협의회 설립, 손경삼이 회장
	5	10 여선중화상회연합회, 제2회 회원대회를 개최
	12	범한생 총영사 주고베총영사로 이임, 25일 임경우(林耕宇) 신임 경성총영사
	-	착임
1942	4	인천화교 사항락(史恒樂) 등 9명 방화 등을 통해 항일운동 한 혐의로
	-	체포됨(인천사건)
	7	임경우 총영사, 오무장공사(吳武將公祠)에 1931년 배화사건 희생자의 위패
	-	를 안치함
1943	9	조선총독부, 야채의 배급제를 실시
	11	일본 도쿄 일본대사관에서 조선 각 영사가 참가하는 제2차 영사회의를 개최
1944	2	1 주인천판사처 관원 인천화상무역조합 회의에 출석
1945	8	15 일본 항복, 왕정위 정권 경성총영사관, 부산영사관, 인천판사처 업무
	-	정지, 폐쇄
	9	미군정청 설치
	12	미군정청, 조선 체류 중국인노동자 본국 송환(48년까지1,940명)
	-	인천화상상회가 인천중화상회로 개칭
1946	7	미군정청, 외국무역규칙 제1호 공포, 무역업을 허가제, 47년8월폐지
	11	한중임시통항무역판법 성립
	12	미군정청, 왕정위 정권 조선 영사관 근무 관원 11명과 가족 21명을 상해
	-	로 보냄. 이들은 한간(漢奸)재판을 받게 됨
1947	2	10 주한성중화민국총영사관 개관
	4	홍콩 무역 개시
	5	15 화상 대표 67명 모여 여선중화상회연합회를 결성
	9	한중임시통항무역판법 공포

연	월	인천화교관련사항
1948	4	미군정청 외무처, 1947년도 인천항 입항 중국인은 3,580, 출국은 1,454명
	-	이라고 발표
	7	인천화교자치구공소 설립
	8	15 대한민국건국
	9	16 허소창(許紹昌) 서울총영사 착임
	12	26 한국 국적법 공포
1949	2	한국정부, 수입쿼터제를 실시
	7	중화민국정부, 주한대사관 설립하고 초대 대사 소유린(邵毓麟) 25일
	-	착임
	6	한국정부, '대외무역 기타 거래의 외국환취급규칙' 공포
	8	7·8 진해에서 이승만과 장개석 회담
	10	중화인민공화국 수립
	11	17 '외국인의 입출국과 등록에 관한 법률' 공포
	12	10 제1회전국교무회의를 주한대사관에서 개최, 화교대표160명참가
	12	말경 50년초까지 한국정부 화상 창고를 봉쇄
1950	5	인천화교 새로운 외국인 등록법률에 불만 표출
	5	10 타이뻬이에서 한중통상조약 조인
	6	25 한국전쟁 발발

저자소개

이정희(李正熙)

1968년 경북 성주에서 태어나 경북대학교 경제학과를 졸업하고 일본 교토대학(京都大學)에서 박사학위를 받았다. 《영남일보》 기자로 있다가 일본 세이비대학(成美大學) 경영정보학부 교수를 역임하고 현재는 인천대학교 중국학술원 교수로 재직 중이다. 주로 화교역사 연구 및 산동지역연구를 진행하고 있다. 주요 저작으로는, 『차이나타운 없는 나라: 한국 화교경제의 어제와 오늘』, 『朝鮮華僑と近代東アジア』 (2013년 일본화교화인학회 연구장려상 수상)등이 있고, 「近代朝鮮華僑製造業硏究: 以鑄造業爲中心」 등 다수의 논문이 있다.

송승석(宋承錫)

1966년 인천에서 태어나 연세대학교 중문과를 졸업하고 동대학원에서 박사학위를 받았다. 현재, 인천대학교 중국학술원 교수로 재직 중이다. 주로 타이완문학과 화교문화를 연구하고 있다. 대표논문으로는, 「인천 중화의지(中華義地)의 역사와 그 변천」, 「화교, 번역, 정치적 글쓰기: 진유광(秦裕光)의 한국화교 서사(書寫)를 중심으로」, 「식민지타이완의 이중어상황과 일본어글쓰기」 등이 있고, 『동아시아현대사 속의 한국화교』, 『동남아화교화인과 트랜스내셔널리즘』, 『아시아의 고아』 등의 역서가 있다.

중국관행자료총서 06

근대 인천화교의 사회와 경제

— 인천화교협회소장자료를 중심으로

초판 인쇄 2015년 5월 20일
초판 발행 2015년 5월 29일
초판 2쇄 2016년 7월 5일

중국관행연구총서 · 중국관행자료총서 편찬위원회

위 원 장 | 장정아
부위원장 | 안치영
위 원 | 김지환 · 박경석 · 송승석 · 이정희

저 자 | 이정희 · 송승석
펴 낸 이 | 하운근
펴 낸 곳 | 學古房

주 소 | 경기도 고양시 덕양구 통일로 140 삼송테크노밸리 A동 B224
전 화 | (02)353-9908 편집부(02)356-9903
팩 스 | (02)6959-8234
홈페이지 | http://hakgobang.co.kr/
전자우편 | hakgobang@naver.com, hakgobang@chol.com
등록번호 | 제311-1994-000001호

ISBN 978-89-6071-519-6 94980
978-89-6071-320-8 (세트)

값 : 28,000원

이 도서의 국립중앙도서관 출판예정도서목록(CIP)은 서지정보유통지원시스템 홈페이지(http://seoji.nl.go.kr)와 국가자료공동목록시스템(http://www.nl.go.kr/kolisnet)에서 이용하실 수 있습니다.(CIP제어번호: CIP2015014242)